中华人民共和国文化和旅游部

“川菜烹饪技艺”保护与传承项目资金资助

……………………………………………………………

四川饮食文化遗产与川菜非遗传承人

杜莉　张茜　郑伟——著

四川科学技术出版社

图书在版编目（CIP）数据

四川饮食文化遗产与川菜非遗传承人 / 杜莉, 张茜, 郑伟著. -- 成都 : 四川科学技术出版社, 2023.11
ISBN 978-7-5727-1195-4

Ⅰ. ①四… Ⅱ. ①杜… ②张… ③郑… Ⅲ. ①饮食－文化遗产－研究－四川 Ⅳ. ①TS971.202.71

中国国家版本馆CIP数据核字(2023)第209114号

四川饮食文化遗产与川菜非遗传承人

SICHUAN YINSHI WENHUA YICHAN YU CHUANCAI FEIYI CHUANCHENGREN

杜莉　张茜　郑伟⊙著

出 品 人　程佳月
责任编辑　程蓉伟
版式设计　程蓉伟
封面设计　李　庆
责任出版　欧晓春
出版发行　四川科学技术出版社
成都市锦江区三色路238号　邮政编码 610023
官方微博：http://weibo.com/sckjcbs
官方微信公众号：sckjcbs
传真：028-86361756
成品尺寸　210mm × 265mm
印　　张　16.75
字　　数　350千
制　　作　成都华桐美术设计有限公司
印　　刷　成都金雅迪彩色印刷有限公司
版　　次　2023年11月第1版
印　　次　2023年11月第1次印刷
定　　价　168.00元

ISBN 978-7-5727-1195-4

邮　　购：成都市锦江区三色路238号新华之星A座25层　邮政编码：610023
电　　话：028-86361758

饮食文化是人类文明的重要组成部分，它生动地反映了一个民族的文化属性、生活方式和传统习俗。作为人类非物质文化遗产的一部分，它是饮食历史长河的见证者和记载者，从而承载了宝贵的历史价值、艺术价值、科学价值、社会价值及经济价值。

（程蓉伟/摄影）

在保护中传承 在传承中升华

1998年，我在英国南安普敦大学学习期间，无意间看到英国地图上的几处海岸线都标识着“heritage”（遗产）这个单词，我不太明白其中的含义，便向当时一同求学的同事请教，他们都是搞人类营养学研究的，也说不出个所以然来。后来进入饮食文化业后，我被原四川省文化厅推选为专家，承担了评选四川省非物质文化遗产项目及代表性传承人的重任。为此，我又再次认真学习了联合国教科文组织的《非物质文化遗产公约》，以及《中华人民共和国非物质文化遗产法》（2011年6月1日起实施）、《关于加强我国非物质文化遗产保护工作的意见》（2005年国务院办公厅发），这才让自己对非物质文化遗产的内涵有了较为深入的认识。

在参加饮食类非物质文化遗产项目的评审过程中，我提出川菜传统烹饪技艺也应纳入申请非物质文化遗产项目的范畴。但是，当时的一些专家认为，川菜景象一派繁荣，大可不必加以保护。后来，随着四川社会经济的快速发展，城市化进程的进一步加快，劳动力成本显著增加，许多著名餐馆、著名菜肴和传统技艺逐步陷入濒于消失的境地，特别是伴随着一些著名老厨师的故去，很多川菜传统技艺及饮食习俗都面临着濒于失传的危险。鉴于此，四川旅游学院川菜发展与饮食文化研究院作为保护和传承单位，义不容辞地承担了申报川菜传统烹饪技艺作为四川省级和国家级非物质文化遗产项目的使命。通过长期不懈的努力，最终将川菜传统烹饪技艺成功列入省级和国家级非物质文化遗产名录，并由此推荐且被四川省文化和旅游厅批准了十名川菜烹饪技艺省级非遗代表性传承人，进而推荐其中两人参评国家级非遗代表性传承人。

为了更好地保护和传承川菜传统烹饪技艺，既有必要也应该对川菜饮食文化遗产进行系统、全面、深入的研究，从理论归纳和传承实践两方面开展深入探索，总结规律，不断创新和升华，以促进川菜产业健康、有序和可持续发展，更好地满足广大民众对美好生活的向往，不断提高社会文明程度。由杜莉教授牵头撰写的《四川饮食文化遗产与川菜非遗传承人》一书，无疑是一项具有十分重大意义的举措，不仅首开全面梳理、整合、归纳四川地区源远流长的饮食文化遗产的先河，而且对奠定四川饮食文化遗产的理论体系和保护传承路径都具有重要的学术价值和推动作用。

是为序。

卢　一

2023年10月5日于青城山读味楼

（该序作者为四川省学术和技术带头人、二级教授，世界中餐业联合会副会长、国际烹饪教育委员会主席）

前言

文化遗产是一个国家、地区、民族文化基因的重要表现，主要包括物质文化遗产和非物质文化遗产两大类。加强文化遗产保护，既是传承中华民族优秀传统文化的必然要求，也是留住文化根脉、守住民族之魂应有的题中之义。党的十八大以来，以习近平总书记为核心的党中央高度重视中华优秀传统文化的传承与弘扬，多次强调全面加强文化遗产的保护、传承工作。

饮食文化遗产是中国文化遗产的重要组成部分，也是最具滋味、活色生香的独特文化遗产，以其存在的状态及独特性，可划分为饮食类物质文化遗产、饮食类非物质文化遗产、饮食类物质与非物质兼具的文化遗产（即饮食文化景观/饮食文化空间）。四川作为中国西部地区的重要省份，蕴藏着丰厚的饮食文化遗产。其中，川菜烹饪技艺类非物质文化遗产（简称“川菜非遗”）是四川饮食文化遗产中一颗耀眼的明珠，川菜非遗传承人是川菜非遗保护、传承的核心内容和重要传承主体。

目前，在四川饮食文化遗产和川菜非遗传承人方面的研究成果较少，许多研究常围绕川式菜肴、小吃等主题展开，而对分散在四川各地的大量饮食类文化遗产向来缺少必要的统计与梳理。同时，对不同四川饮食文化遗产项目的保护与开发，乃至川菜非遗传承人的传承活动及其策略等相关研究也亟待加强。为了更好地保护四川饮食文化遗产及川菜烹饪技艺，推动中华优秀传统文化的创造性转化、创新性发展，四川旅游学院杜莉教授带领团队，经过近三年时间的详细调查

和深入研究，编撰完成了《四川饮食文化遗产与川菜非遗传承人》一书。本团队通过实地考察、问卷调研、代表性传承人采访等方式收集相关信息资料，从中了解四川各地饮食文化遗产、川菜非遗传承人的传承实践情况，同时运用数据分析法对采集相关的数据进行深入梳理、归纳、剖析和研究。

《四川饮食文化遗产与川菜非遗传承人》一书由上下两篇，共五章构成。上篇为“四川饮食文化遗产的基本体系、构成特征与保护传承”，分为三章，即“四川饮食文化遗产的概念与基本体系”“四川饮食文化遗产的基本构成及特征”“四川饮食文化遗产的保护、传承与可持续发展”。首先，在阐释四川饮食文化遗产概念的基础上构建了多层级、立体式的四川饮食文化遗产基本体系，全面分析了四川饮食类非物质文化遗产的基本构成、各区域保护与传承情况及其特征，四川饮食类非物质文化遗产与老字号的基本构成、各区域保护与传承情况及其特征；其次，归纳、分析了四川饮食文化遗产保护与传承的总体现状及问题，并在分析和借鉴省外、国外文化遗产在保护与传承成功经验的基础上，提出了四川饮食文化遗产保护传承与可持续发展的对策及建议，以促进四川饮食文化遗产的保护传承与发展。下篇为“川菜非遗传承人体系构成、队伍建设与传承实践”，分为两章，即“川菜烹饪技艺类非遗传承人队伍建设”“川菜烹饪技艺类非遗代表性传承人的传承实践”。首先，阐释了四川饮食类非遗代表性传承人、川菜烹饪技艺类非遗项目及代表性传承人的概念与体系构成，探

讨了传承人的重要地位与作用；归纳、分析了川菜非遗代表性传承人队伍建设成效及存在的问题，提出了川菜非遗代表性传承人队伍建设的路径和对策；其次，通过访谈和个案研究，总结、分析了省级川菜烹饪技艺类非遗代表性传承人王开发、张中尤、卢朝华、杨国钦四位大师的师承及授徒情况，以及有关川菜烹饪技艺的传承实践活动，同时还梳理和分析了一部分省级、市级与县（区）级川菜非遗代表性传承人的实践活动，以期为川菜非遗项目的保护传承提供具体的案例借鉴。可以说，《四川饮食文化遗产与川菜非遗传承人》一书既有饮食文化遗产，尤其是饮食类非物质文化遗产项目及其代表性传承人方面的理论探讨，又有个案的实践分析，在一定程度上丰富了四川饮食文化遗产和川菜非遗传承人的研究内容。

由于四川饮食文化遗产内容丰富、类别较多，各级别代表性传承人数量多、分布区域较分散，本书受人员、时间等因素所限，难免有错谬和遗漏之处，恳请有关专家学者及相关人士不吝赐教。同时，还望本书成为引玉之砖，促进更多专家学者充实和完善相关研究，更好地推动中国饮食文化遗产的保护与传承，更进一步鼓励和发挥饮食类非物质文化遗产代表性传承人的引领作用，传承和弘扬中华传统优秀饮食文化。

笔 者
2023年8月于成都

四川饮食文化遗产的基本体系、构成特征与保护传承

第一章 | 四川饮食文化遗产的概念与基本体系

第二章 | 四川饮食文化遗产的基本构成及特征

第三章 | 四川饮食文化遗产的保护、传承与可持续发展

川菜非遗传承人体系构成、队伍建设与传承实践

第一章 | 川菜烹饪技艺类非遗传承人队伍建设

土牛鞭春

上篇

四川饮食文化遗产的基本体系、构成特征与保护传承

第一章 四川饮食文化遗产的概念与基本体系

第一节 遗产与文化遗产的概念及分类

一、遗产的概念及分类

“遗产”一词，在我国最早见于《后汉书·宣张二王杜郭吴承郑赵传第十七》：“（郭）丹出典州郡，入为三公，而家无遗产，子孙困匮。”此后，“遗产”一词散见于我国古代许多典籍。在古代，遗产被定义为个人或家族遗留的有形之物，包括房屋、钱财及各种用品等。到近代，遗产的内涵得到扩展，主要指社会世代积累和传承的物质财富和精神财富[①]。进入现当代社会以后，遗产的概念发展、衍变得更加完整而统一，主要包括两大方面：一是指逝者留下的财产，包括财物、债券等；二是泛指历史上遗留下来的精神财富或物质财富。

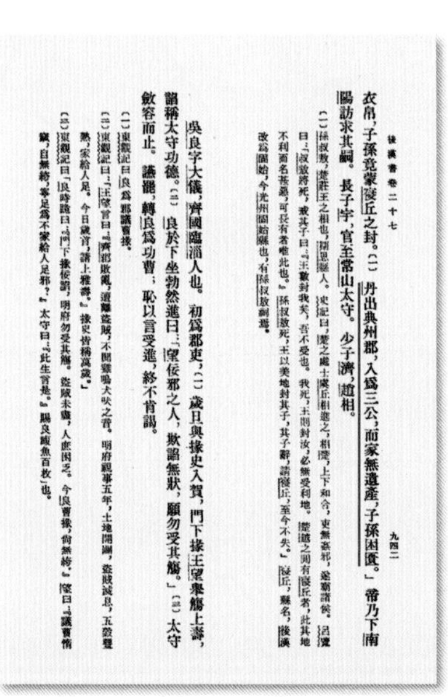

後漢書卷二十七　九四二

衣帛，子孫竟蒙寢丘之封。〔一〕丹出典州郡，入爲三公，而家無遺產，子孫困匱。」帝乃下南陽訪求其嗣。長子宇，官至常山太守。少子濟，趙相。

〔一〕孫叔敖，楚莊王之相也，期思縣人。史記曰，楚之處士虞丘相進之，相楚，上下和合，吏無姦邪，盜賊諸侯。呂氏春秋曰：「叔敖將死，戒其子曰：『王數封我矣，吾不受也。我死，王則封汝，必無受利地。楚越之間有寢丘者，此其地不利而名甚惡，可長有者唯此也。』孫叔敖死，王以美地封其子，其子辭，請寢丘，至今不失。」寢丘，縣名，後漢改爲固始，今光州固始縣也，有孫叔敖祠焉。

吳良字大儀，齊國臨淄人也。初爲郡吏，〔一〕歲旦與掾史入賀，門下掾王望舉觴上壽，諂稱太守功德。〔二〕良於下坐勃然進曰：「望佞邪之人，欺諂無狀，願勿受其觴。」〔三〕太守斂容而止。讌罷，轉良爲功曹；恥以言受進，終不肯謁。

〔一〕東觀記曰良爲郡議曹掾。

〔二〕東觀記曰：「王望言曰：『齊郡敗亂，遭離盜賊，不聞雞鳴犬吠之音。明府視事五年，土地開闢，盜賊誠息，五穀豐熟，家給人足。今日歲首，請上雅壽。』掾史皆稱萬歲。」

〔三〕東觀記曰：「良時跪曰：『門下掾佞諂，明府勿受其觴。盜賊未盡，人庶困乏。今良曹掾，尚無袴。』寵曰：『議曹惰窳，自無袴，寧足爲不家給人足邪？』太守曰：『此生言是。』賜良鰒魚百枚」也。

《后汉书·宣张二王杜郭吴承郑赵传第十七》（卷二十七）书影

西方国家对遗产的认识与中国没有本质的差别。在西方语言中，英文“遗产”（heritage）来源于中世纪拉丁语hrditarius，

① 王金伟，韩宾娜：《线性文化遗产旅游发展潜力评价及实证研究》，《云南师范大学学报（哲学社会科学版）》2008年第5期，第120页。

其原意是指父辈留下来的财产。19世纪以后，遗产的内涵发生了显著变化，有人把祖先留下的具有重要价值的公共财物作为遗产，法国出现了“国家遗产”的概念。遗产的文化属性与社会意义不断深刻，与社会之间的联系也更加紧密。进入20世纪后，遗产的概念不断在全球范围内延伸与扩展。在内涵上，遗产从“父辈留下来的财产”延伸到“整个人类的共同继承物”，1964年颁布的《威尼斯宪章》将国家遗产扩展为人类遗产；在外延上，从有形文化遗产扩展到无形文化遗产。数十年来，联合国教科文组织逐渐建立起一套完整的人类遗产保护体系。世界遗产作为人类遗产的具体代表，在《保护世界文化和自然遗产公约》中做了明确界定：狭义的世界遗产，包括世界文化遗产、世界自然遗产、世界文化与自然遗产等三大类别；广义的世界遗产，则根据形态和性质分为文化遗产、自然遗产、文化和自然双重遗产、文化景观遗产、文化线路遗产、记忆遗产、无形文化遗产（即非物质文化遗产）等类别。

二、文化遗产的概念及分类

（一）文化遗产的概念

文化遗产是世界遗产的重要组成部分，国内外学者对文化遗产的界定比较复杂多变。从国际来看，最初使用的词语为文化财产，如联合国教科文组织1954年制定的《武装冲突情况下保护文化财产公约》。此处的“文化财产”主要指具有历史、艺术和科学价值的财产，与中国所称的“文物”一词类似[①]。到1972年10月17日，联合国教科文组织公布的《保护世界文化和自然遗产公约》则使用“文化遗产”一词，并对其进行了明确而系统的界定，认为文化遗产主要指从历史、艺术或科学角度看具有突出的普遍价值的“文物、建筑群和遗址”。此时，也主要是从物质属性的角度来定义文化遗产。但是，在20世纪70年代，“文化财产”一词依然在使用，如1970年，联合国教科文组织制定的《关于禁止和防止非法进出口文化财产和非法转让其所有权的方法的公约》。进入20世纪80年代以后，联合国教科文组织的部分会员国越来越重视本国民间传统文化与非物质属性的文化遗产保护。1989年11月，联合国教科文组织公布了《关于保护传统文化和民俗的建议》，并开展了人类口头与非物质文化遗产代表作遴选工作。到2003年10月，联合国教科文组织通过了《保护非物质文化遗产公约》（简称《公约》），正式宣告“无形文化遗产”被纳入了“文化遗产”概念的外延[②]。该《公约》指出，无形文化遗产（即非物质文化遗产）的概念是指被各群体、团体，有时是个人视为其文化遗产组成部分的各种社会实践、观念表述、表现形式、知识、技能，以及相关的工具、实物、工艺品和文化空间[③]。2005年3月，我国积极响应联合国教科文组织的《保护非物质文化遗产公约》，并为此出台了《国务院办公厅关于加强我国非物质文化遗产保护工作的意见》，正式对我国非物质文化遗产做了界定，指出“非物质文化遗产是指各族人民世代相承、与群众生活密切相关的各种传统文化表

① 王云霞：《文化遗产的概念与分类探析》，《理论月刊》2010年第11期，第5页。
② 刘世锦，林家彬，苏扬：《中国文化遗产事业发展报告（2008）》，社会科学文献出版社，2008年，第92页。
③ 李春霞：《遗产：源起与规则》，云南教育出版社，2008年，第176-177页。

中国非物质文化遗产标志

现形式和文化空间”[①]。2005年12月，国务院印发了《关于加强文化遗产保护的通知》，第一次以正式文件的形式对文化遗产的概念及内涵进行界定，指出“文化遗产包括物质文化遗产和非物质文化遗产”“物质文化遗产是具有历史、艺术和科学价值的文物”“非物质文化遗产是指各种以非物质形态存在的与群众生活密切相关、世代相承的传统文化表现形式，包括口头传统、传统表演艺术、民俗活动和礼仪与节庆、有关自然界和宇宙的民间传统知识与实践、传统手工艺技能等，以及与上述传统文化表现形式相关的文化空间”[②]。这是中国政府在其规范性文件中对“文化遗产”及其两大类“物质文化遗产”与“非物质文化遗产”概念所做的权威界定。2011年2月，由全国人大常委会颁布的《中华人民共和国非物质文化遗产法》，进一步确定了“非物质文化遗产”的概念，指出“非物质文化遗产，是指各族人民世代相传并视为其文化遗产组成部分的各种传统文化表现形式，以及与传统文化表现形式相关的实物和场所”[③]。如果结合联合国教科文组织和中国对文化遗产的界定及阐释，可以简要地说，文化遗产是指人类在历史发展过程中创造、积累并遗留下来的物质财富与精神财富的总和，主要包括物质文化遗产和非物质文化遗产。

（二）文化遗产的分类

由于文化遗产数量繁多、性质各异，保存状态不同，为了更好地对文化遗产进行保护、管理和利用，文化遗产保护工作者和相关学术界根据不同的分类标准，对文化遗产进行了多种分类，主要有以下四种分类方式及类别，其中又以文化遗产的存在状态，即性状划分的一种分类体系最为常用，也较为主流。

第一，以文化遗产的存在状态来划分，主要分为物质文化遗产、非物质文化遗产两大类。此外，文化遗产保护专家孙华认为，在它们两者之间还存在兼具物质与非物质文化遗产两者特点的一种复合类型，即“物质文化遗产的‘文化景观’或非物质文化遗产的‘文化空间’”[④]。

《中华人民共和国非物质文化遗产法》

① 中华人民共和国中央人民政府网站：http://www.gov.cn/zhengce/content/2008-03/28/content_5937.htm，检索日期：2019年11月10日。

② 中华人民共和国中央人民政府网站：http://www.gov.cn/xxgk/pub/govpublic/mrlm/200803/t20080328_32711.html，检索日期：2019年11月10日。

③ 中华人民共和国中央人民政府网站：http://www.gov.cn/flfg/2011-02/25/content_1857449.htm，检索日期：2019年11月10日。

④ 孙华：《〈文化遗产概论〉（上）——文化遗产的类型与价值》，《自然与文化遗产研究》2020年第1期，第8-17页。

《卖浆图》，清代姚文瀚绘。本幅画描绘了市井卖浆的情景，男女老幼十人群集，或煽炉煮浆，或提壶贩饮，或引颈而饮，场面热闹（台北故宫博物院藏）

其中，物质文化遗产是具有历史、艺术和科学价值的文物，依据《中华人民共和国文物保护法》的相关规定，主要分为不可移动文化遗产和可移动文化遗产两大类[①]。不可移动文化遗产包括建筑、雕塑、遗址等；可移动文化遗产包括有机质文物和无机质文物。有机质文物包括纸质文物、竹木文物和纺织类文物；无机质文物包括金银质文物、铜质文物、铁质文物、土质文物、陶制文物和石质文物等。根据《中华人民共和国非物质文化遗产法》的相关规定，非物质文化遗产主要包括六大类，即传统口头文学，以及作为其载体的语言；传统美术、书法、音乐、舞蹈、戏剧、曲艺和杂技；传统技艺、医药和历法；传统礼仪、节庆等民俗；传统体育和游艺；其他非物质文化遗产[②]。物质与非物质兼具的文化遗产，主要是指文化景观和文化空间。文化景观是物质文化遗产的一种特殊类型，即至今还基本保持着原来的功能和文化传统，并随时代推移而发生着变化的相对活态文化遗产。如古城镇和村落，以及至今仍在使用传统工艺的牧场、农庄、作坊等。文化空间是非物质文化遗产的一种特殊类型，“是定期举行传统文化活动或集中展现传统文化表现形式的场所”[③]。孙华指出，文化空间与文化

① 中国人大网站：http://www.npc.gov.cn/npc/c30834/201711/f7f1401d1e654236bc106c99c4d33d33.shtml，检索日期：2019年12月15日。

② 中华人民共和国中央人民政府网站：http://www.gov.cn/flfg/2011-02/25/content_1857449.htm，检索日期：2019年12月15日。

③ 中华人民共和国国务院《国家级非物质文化遗产代表作申报评定暂行办法》，《国务院关于公布第一批国家级非物质文化遗产名录的通知》，国发2006年18号。

《春宴图卷》（局部），宋代，佚名绘，绢本设色（北京故宫博物院藏）

景观实际上有较大范围的重叠，在一定意义上可将两者视为一种文化遗产类型，正是这种复合的文化遗产类型将物质文化遗产与非物质文化遗产紧密地联系起来[①]。

第二，以文化遗产的功能用途来划分，可分为农业文化遗产、工业文化遗产、饮食文化遗产、商贸文化遗产、军事文化遗产等多种文化遗产形态，并且每一类型下面还可按照不同标准细分为不同的小类，如农业文化遗产，可根据生产方式不同而细分为传统农村、近代农场两种类型。

第三，以文化遗产的几何形态来划分，可分为点状文化遗产、线状文化遗产、面状文化遗产。点状文化遗产，主要指文物点或文物保护单位；线状文化遗产，主要指呈线形或线性排列的文化遗产，如遗产廊道等；面状文化遗产，主要指文化遗产的集中区域。

第四，以文化遗产创造或产生的时代来划分，可分为古代遗产和近现代遗产。古代遗产又可细分为远古时代遗产、中古时代遗产和近古时代遗产。近现代遗产又可细分为近代遗产、现代遗产。

需要指出的是，以上有关文化遗产的分类方式及类别不是相互对立、截然分离的，而是可以多层级分类、彼此相互关联的。其中，“饮食文化遗产”作为文化遗产的重要组成部分，是从文化遗产的功能用途划分而来，还可根据其存在状态及时代特征进一步细分。

第二节 四川饮食文化遗产的概念与基本体系构建

一、四川饮食文化遗产的概念

四川饮食文化遗产，是整个文化遗产的重要组成部分，也是最有滋味的文化遗产类别。近年来，国内对饮食文化遗产的研究方兴未艾，但往往集中于饮食文化遗产具体对象的研究，以及强调饮食类非

① 孙华：《〈文化遗产概论〉（上）——文化遗产的类型与价值》，《自然与文化遗产研究》2020年第1期，第8-17页。

物质文化遗产的保护与传承等方面，至今仍对饮食文化遗产的概念缺乏较为明确的界定，仅对饮食文化遗产的内涵及范围有所涉猎。一些餐饮行业协会及烹饪大师多认为饮食文化遗产主要是指菜点烹饪技艺[①]。一些专家学者则认为饮食文化遗产范围更广、层次更立体，既包括茶、酒、盐、醋、酱油、腐乳、豆豉、豆瓣、榨菜、凉茶及菜点制作技艺，也包括烹饪科学与食品工艺等内容[②]。其实，饮食文化遗产除了具有自身的特性外，还具有文化遗产的共性特征。本文在结合有关文化遗产概念的基础上提出：饮食文化遗产是指人类在饮食品的生产与消费历史过程中创造、积累并遗留下来的物质财富与精神财富的总和。由此推论四川饮食文化遗产的概念，简单而言，是指四川民众在饮食品的生产与消费历史过程中创造、积累并遗留下来的物质财富与精神财富的总和。

二、饮食文化遗产的分类及四川饮食文化遗产的基本体系

（一）饮食文化遗产的分类

饮食文化遗产数量众多，种类丰富，存在状态有别。目前，国内对饮食文化遗产的分类研究尚处于起步阶段，划分标准各异。关于饮食文化遗产的分类，可以将文化遗产的分类作为依据，按照不同的分类标准进行设定，如以饮食文化遗产创造或产生的时代作为划分标准，可分为古代饮食文化遗产和近现代饮食文化遗产两大类；以饮食文化遗产的功能用途作为划分标准，可分为馔肴文化遗产、茶酒文化遗产、餐饮器具文化遗产等。但是，为了更直观、更好地对标联合国教科文组织和我国政府关于文化遗产的法律、法规及条例，这里主要以饮食文化遗产的存在状态（即性状）来划分，并参考孙华所提出的文化遗产的另一种特殊复合类型，将饮食文化遗产划分为饮食类物质文化遗产、饮食类非物质文化遗产、饮食类物质与非物质兼具的文化遗产（即饮食文化景观/饮食文化空间）。其中，饮食类物质文化遗产又分为三个类别：第一类是古代饮食文献；第二类是古代炊餐器具；第三类是饮食遗址及其他文物类。其中，除饮食遗址是不可移动的文化遗产外，其余皆是可移动的文化遗产。饮食类非物质文化遗产可分为两大类、五个小类：一类是注重饮食行为本身、侧重反映饮食思想和精神的遗产，主要是饮食习俗类；另一类是注重饮食行为产生的物质结果的遗产，主要包括特色食材生产加工、菜点烹制技艺、茶酒制作技艺、烹饪设备与餐饮器具制作技艺四个类别。饮食文化景观和饮食文化空间则既是至今保持着原有饮食文化传统并发生着变化、相对活态的饮食文化遗产，又是集中展现传统饮食文化表现形式的场所，主要指饮食类老字号，包括茶酒类、餐饮类、调味品类、其他食品类四类。在饮食类物质文化遗产和非物质文化遗产之间，则是通过饮食文化景观和饮食文化空间这种复合的饮食类文化遗产将二者紧密地联系起来，构成完整的饮食文化遗产体系。参见饮食文化遗产分类图及饮食文化遗产关系图。

① 程小敏：《中餐申遗是否要"高大上"？（上）》，《中国食品报》2014年10月7日，第A2版。

② 邱庞同：《对中国饮食烹饪非物质文化遗产的几点看法》，《四川烹饪高等专科学校学报》2012年第5期，第11页。

饮食文化遗产分类图

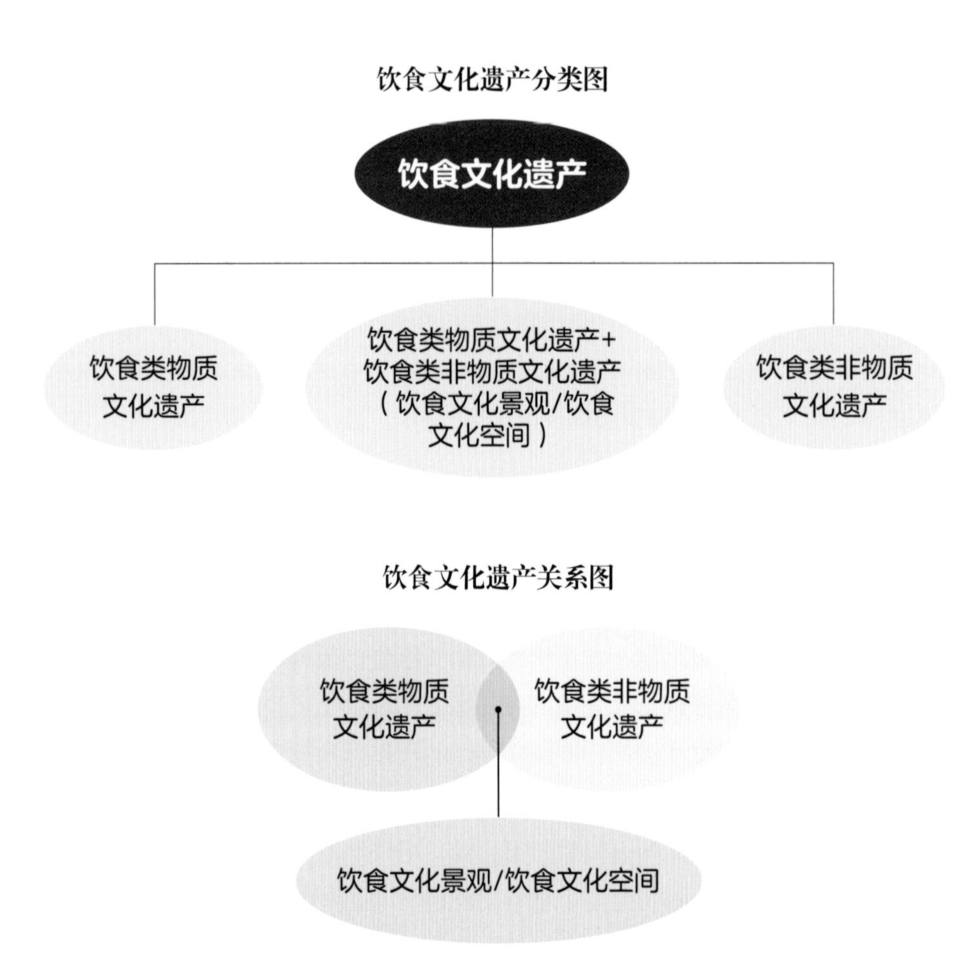

饮食文化遗产关系图

（二）四川饮食文化基本体系的构建

本文根据饮食文化遗产的性状、分类方法及类型，并结合饮食品生产加工与消费的全过程及特点，构建出四川饮食文化遗产多层级的基本体系：

第一层级，主要由饮食类物质文化遗产（文物）、饮食类非物质文化遗产、饮食文化景观/饮食文化空间三大类构成。

第二层级，由上述三类中每一大类的子类构成。其中，饮食类物质文化遗产（文物）主要由古代饮食文献、古代炊餐器具、饮食遗址及其他文物三个子类构成。饮食类非物质文化遗产主要由特色食材生产加工、菜点烹制技艺、茶酒制作技艺、烹饪设备与餐饮器具制作技艺、饮食习俗五个子类构成。饮食文化景观/饮食类文化空间，主要由饮食类老字号构成。

第三层级，由各子类的具体细类构成。在饮食类物质文化遗产的三个子类中，古代饮食文献由先秦至魏晋南北朝时期饮食文献、唐宋时期饮食文献、元明清时期饮食文献构成；古代炊餐器具由新石器时期炊餐器具、夏商周时期炊餐器具、秦汉至唐宋时期炊餐器具、元明清时期炊餐器具构成；饮食遗址及其他文物由饮食遗址、古代饮食类画像砖、古代饮食类陶俑构成。在饮食类非物质文化遗产的五个子类中，特色食材生产加工主要由主辅料生产加工、调味料生产加工构成；菜点烹制技艺由烹饪基本工艺、菜肴制作技艺、面点小吃制作技艺构成；茶酒制作技艺由茶的制作技艺、酒的酿造技艺构成；烹饪设备与餐饮器具制作技艺由烹饪设备制作技艺、餐饮器具制作技艺构成；饮食民俗由日常食俗、岁时节庆食俗、人生礼俗、食材生产习俗构成。在饮食文化景观/饮食文化空间中，饮食类老字号由茶酒类老字号、餐饮类老字号、调味品类老字号、其他食品类老字号构成。

四川饮食文化遗产基本体系的总体情况参见四川饮食文化遗产基本体系构成图。

四川饮食文化遗产基本体系构成图

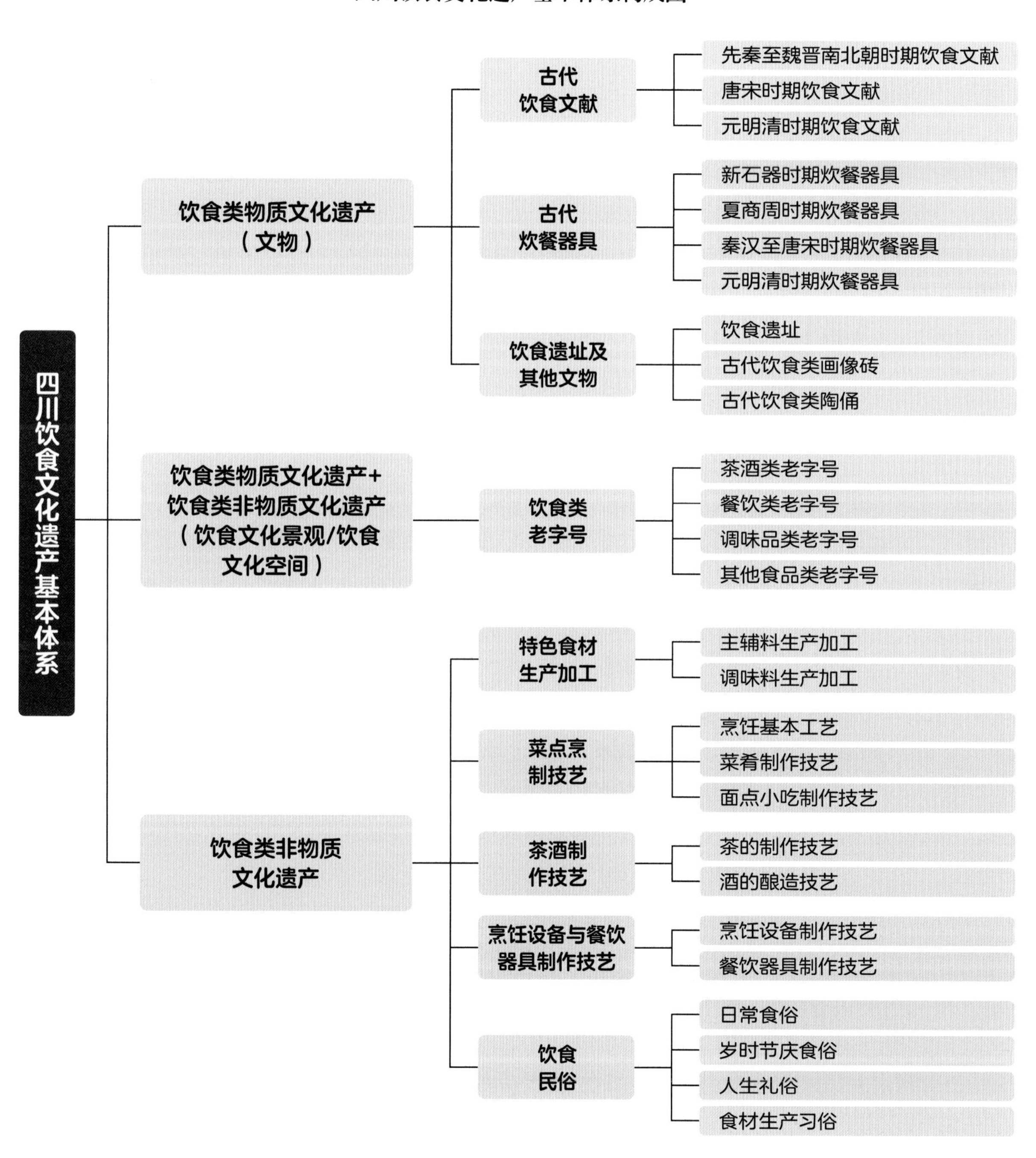

从上图可见，四川饮食文化遗产基本体系结构完整、层次分明、类别清晰，总体特点是以非物质文化遗产形态存在的类别较多，以物质文化遗产形态和二者兼具存在的类别较少。它是本书研究的一个首要成果，也是进一步深入研究、构建四川饮食文化遗产保护理论并指导其传承实践的一个重要基础。

三、四川饮食文化遗产的重要价值

四川饮食文化遗产是四川地区先民遗留下来的宝贵财富，其价值具有多样性，不仅包括其创造之初固有的“存在价值”，即对当时人而言所具有的使用价值或功能，更包括随着时间推移而被后世人所认知和赋予的新的多重价值，如历史价值、艺术价值、科学价值、社会价值及经济价值等。

任何饮食文化遗产，包括四川饮食文化遗产，都是特定历史阶段的当时人对生产与生活需求的产物，具有显而易见的使用价值，反映了当时民众的饮食状态与生活方式。但是，随着时间的推移，它们渐渐成了反映饮食历史中某个特定阶段发展状况的“记载者”和“见证者”，从而具备了重要的历史价值。后世人可以参照饮食文化遗产的外部特征而再现其使用功能和价值，但不可能穿越时代，也无法改变饮食文化遗产的时间属性。例如泸州大曲老窖池，始建于明代，最初仅具有酿造白酒的使用价值，但是，到如今走过四百余年的岁月，它作为中国白酒酿造的重要物质文化遗产，具有了极高的历史价值。虽然如今泸州有众多窖池，有的窖池规模甚至大大超过前者，但是，泸州大曲老窖池的历史价值远远大于其使用价值，更是其他窖池无法比拟的。可以说，年代越久远，饮食文化遗产的稀缺性就越强，民众对追忆往昔、祖先崇拜等精神情感的寄托越浓厚，其历史价值就越高。

除了历史价值，四川饮食文化遗产还具有艺术价值、科学价值、社会价值和经济价值。四川饮食文化遗产艺术价值主要体现在造型、色彩、图案等方面，如饮食器具的造型、色彩、图案都是当时民众审美情趣的表达，代表了特定时代的艺术造诣与追求。四川饮食文化遗产的科学价值，主要体现在道家“天人相应”“道法自然”思想影响下顺应自然、阴阳平衡的生态观，以及食治养生、五味调和等传统饮食理念。四川饮食文化遗产的社会价值，体现在饮食礼仪、饮食习俗等方面，如讲究勤俭节约、廉俭惜物、物尽其用，饮食礼仪讲究长幼有序，饮食民俗讲究和谐共享、团结友好，这些都很好地展示了优秀的传统文化，有益于促进社会发展。此外，四川饮食文化遗产中的饮食品传统制作技艺可以转化为食用的饮食产品，对外出售则能产生经济效益。不仅如此，通过对四川饮食文化遗产的观赏、体验、品鉴功能加以不断开发和利用，还能促进美食旅游的发展，从而让饮食文化遗产产生较高的经济价值，在当今巩固拓展脱贫攻坚成果，全面推进乡村振兴的关键时期显得更为重要。

可以说，四川饮食文化遗产的多重价值正随着不断深入地挖掘、提炼而得以大幅提升和丰富。只有深刻认识到四川饮食文化遗产的重要作用，尤其是在当今社会中的各种重要价值，并且加以合理利用、充分发挥，才能进一步提高四川民众对饮食文化遗产保护的重视程度，进而推动四川饮食文化遗产更好地保护和传承。

第二章 四川饮食文化遗产的基本构成及特征

四川饮食文化遗产的基本体系由饮食类物质文化遗产、饮食类非物质文化遗产、饮食类物质文化遗产与非物质文化遗产兼具的饮食文化景观/饮食文化空间三部分构成，并且呈现出以非物质文化遗产形态存在的类别较多，以物质文化遗产形态和二者兼具存在的类别较少的特点。本章将分为三个部分，即四川饮食类非物质文化遗产、四川饮食类物质文化遗产和四川饮食类老字号三节，在通过多方调研、资料收集和整理分析的基础上，分别阐述各个类别的基本构成、保护与传承情况及其特征。

四川饮食类非物质文化遗产的基本构成及特征

四川饮食类非物质文化遗产（“非物质文化遗产”在下文中简称“非遗”），是指四川各族人民世代相传并视为其饮食文化遗产组成部分的饮食类传统文化表现形式，以及与之相关的实物和场所。简而言之，它是指四川各族人民在饮食品的生产与消费历史过程中创造、积累并遗留下来的以非物质形态存在的各种财富。四川饮食类非遗数量众多、分布广泛、历史悠久、内涵深厚，已建立了国家级、省级、市级和县级四级代表性项目保护名录体系及代表性传承人名录体系，设立了数量较多的饮食类非物质文化遗产体验基地。但是，目前仍然还有一些具有较大的历史、文化、科学等多重价值的，饮食类非遗项目尚未列入非遗代表性项目保护名录体系中，需要高度重视，进一步加大保护与传承力度。

一、四川饮食类非遗的基本构成

四川饮食类非遗项目遍布全川。根据四川省区域发展格局和饮食类非遗的基本类别，这里主要从两个层级对四川饮食类非遗的组成进行构建：第一层，按照四川省构建“一干多支、五区协同”区域发展新格局和以“四化同步、城乡融合、五区共兴”为总抓手全面推进四川现代化建设的战略部署，将四川全境的饮食类非遗项目划分为五个区域，即成都平原经济区饮食类非遗、川南经济区饮食类非遗、川东北经济区饮食类非遗、川西北生态示范区饮食类非遗、攀西经济区饮食类非遗。由于地形、气候、物产、民俗等有许多相似性，各个区域内的饮食类非遗项目也呈现出一定的相似性。第二层，在地域划分的基础上，按照饮食类非遗分类体系进一步细分，即对各个区域内的饮食类非遗项目进一步细分为特色食材生产加工技艺、菜点烹制技艺、茶酒制作技艺、烹饪设备与餐饮器具制作技艺、饮食民俗五个大类别。因此，四川饮食类非遗主要由五个区域、五大类别构成，具体情况参见四川饮食类非遗基本构成图。

四川饮食类非遗基本构成图

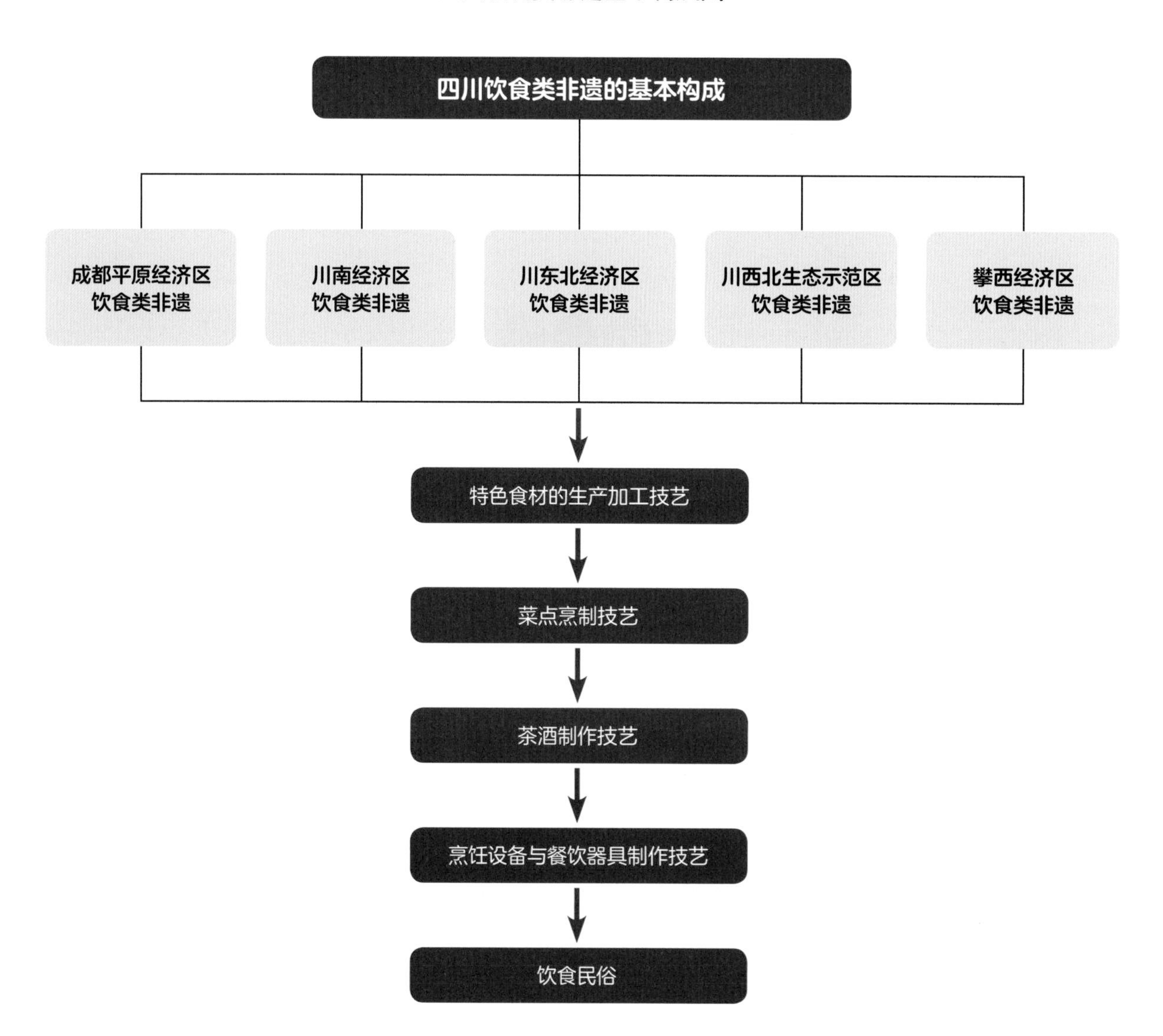

二、四川各区域饮食类非遗项目的构成、保护与传承

自2006年5月20日第一批国家级非物质文化遗产名录公布至今，通过评审认定，并由国务院公布的国家级非物质文化遗产代表性项目名录已有五批，并且还评审认定了国家级非物质文化遗产代表性传承人和非物质文化遗产生产性保护示范基地等，以促进非物质文化遗产更好地保护与传承。四川省十分重视非物质文化遗产的保护与传承，按照《中华人民共和国非物质文化遗产法》和《四川省非物质文化遗产条例》等法律、法规，四川省不仅评审认定了六批省级非物质文化遗产代表性项目名录，而且构建了非物质文化遗产代表性传承人名录体系。此外，还建立了数量较多的非物质文化遗产生产性保护示范基地和体验基地。

通过十余年的努力，四川饮食类非遗代表性项目保护名录体系和代表性传承人名录体系已基本完善，拥有一定数量的生产性保护示范基地和体验基地。这里仅以四川省五个区域为框架，首先对各个区域内五大类别饮食类非遗项目进行收集、调研、整理、归纳，包括2006年至今由国务院颁布的五批国家级非物质文化遗产项目名录、四川省人民政府颁布的六批省级非物质文化遗产项目名录和所辖各市（州）、各县人民政府颁布的市级及县级非物质文化遗产项目名录，以分析、勾勒各区域各类饮食类非遗项目的基本构成情况；其次，选取各个类别中一些特色突出、代表性强、保护与传承较好或有待进一步加强的饮食类非遗项目进行较为具体、深入的阐述。有面有点、点面结合，以利全面、具体地反映四川饮食类非遗项目的构成、保护与传承状况。需要指出的是，在收集、整理和归纳饮食类非遗项目时，特色食材生产加工技艺、菜点烹制技艺、茶酒制作技艺在内容上主要涉及饮食，属于纯粹的饮食类非遗项目；而烹饪设备与餐饮器具制作技艺和饮食民俗则大多来自与饮食有关的传统技艺与民俗项目，如一些陶器、瓷器制作技艺与饮食器具密切相关，一些年节习俗、人生礼俗等民俗项目离不开饮食。由此将一些与饮食紧密关联的陶器、瓷器制作技艺和民俗类非遗项目经过遴选后纳入其中，但这些项目并非纯粹的饮食类非遗项目，其内容既与饮食有关，也涉及其他方面。

成都平原经济区

成都平原经济区包括成都、德阳、绵阳、眉山、乐山、资阳、雅安、遂宁等地市，是四川省经济、政治、文化、人口中心区域。成都平原群山环绕、江河纵横、沃野千里、气候宜人，物产十分丰富，禽畜河鲜、蔬菜水果、五谷干杂一应俱全，自古便有“天府之国”的美誉。成都平原是川菜起源和发展的核心区域，是四川饮食文化遗产的重要聚集地，特色食材尤其是调味品驰名中外，菜点制作技艺精湛，小吃技艺首屈一指，饮食习俗丰富多彩、源远流长。这里的人们十分重视挖掘、整理、保护与传承饮食类非遗，各级代表性项目众多，保护与传承活动持续而频繁，对推动本地区乃至四川餐饮食品产业发展、传承与弘扬四川饮食文化起到了至关重要的作用。

◎郫都区战旗村“天府农耕文化博物馆”演示的成都平原意境图（程蓉伟/摄影）

1.特色食材生产加工类非遗项目

（1）基本构成情况

特色食材生产加工是饮食类非遗项目的重要组成部分，主要包括主辅料生产加工和调味料生产加工两个类型。通过对成都平原经济区已列入国家级、省级、市级和县级代表性项目名录体系的特色食材生产加工类非遗项目进行收集、调研、整理、归纳，其基本构成情况见表2-1。

表2-1　成都平原经济区特色食材生产加工类非遗代表性项目名录一览表[①]

类别	序号	代表性项目	等级	保护（或申报）单位
主辅料生产加工	1	中江手工挂面制作工艺	省级	德阳市中江县文化体育旅游局
	2	石桥挂面制作技艺	省级	简阳市杨柳街道文化站
	3	洪雅风酱肉制作技艺	省级	眉山市洪雅县
	4	腌卤传统制作技艺（九尺板鸭传统制作技艺）	省级	成都市彭州市

① 中国非物质文化遗产网·中国非物质文化遗产数字博物馆：http://www.ihchina.cn/，四川非物质文化遗产网：http://www.ichsichuan.cn及成都、德阳、绵阳、眉山、乐山、雅安、遂宁等地市相关资料整理。

续表

类别	序号	代表性项目	等级	保护（或申报）单位
主辅料生产加工	5	皮蛋制作技艺（杜氏皮蛋腌制技艺）	省级	绵阳市
	6	鑫田粮艺	市级	绵阳市涪城区文化馆
	7	北川腊肉制作技艺	市级	绵阳市北川县文化馆
	8	金鼓粉条手工制作技艺	市级	绵阳市金鼓乡文化站
	9	乐至外婆坛子肉制作技艺	市级	资阳市乐至县
	10	仙荷藕粉制作技艺	市级	资阳市乐至县
	11	“巴蜀公社”传统腌腊制品制作技艺	市级	遂宁市四川高金食品股份有限公司
	12	徐老三豆腐干传统制作技艺	市级	遂宁市徐老三食品厂
	13	罗江豆鸡制作技艺	市级	德阳市罗江区文广局
	14	智华皮蛋腌制技艺	市级	绵阳市三台县中太镇文化站
	15	粉丝制作技艺	县级	绵阳市安州区文化馆
	16	豆腐干制作技艺	县级	绵阳市北川县
	17	望柱米枣种植技术	县级	绵阳市北川县新鲁镇文化站
	18	崭山米枣种植技艺	县级	绵阳市北川县永新镇文化站
	19	陈家河水碾米	县级	绵阳市梓潼县文化馆
	20	皇木腊肉烟熏	县级	雅安市汉源县
	21	凯河挂面制作技艺	县级	绵阳市北川县西平镇文化站
	22	连山手工面制作技艺	县级	广汉市连山镇
调味料生产加工	1	豆瓣传统制作技艺（郫县豆瓣传统制作技艺）	国家级	成都市郫都区
	2	豆豉酿制技艺（潼川豆豉酿制技艺）	国家级	绵阳市三台县
	3	自贡井盐深钻汲制技艺	国家级	自贡市
	4	大英井盐深钻汲制技艺	省级	遂宁市大英县文化局
	5	临江寺豆瓣传统工艺	省级	资阳市雁江区文化体育局
	6	腐乳酿造技艺（唐场豆腐乳制作技艺）	省级	成都市大邑县酿造厂

续表

类别	序号	代表性项目	等级	保护（或申报）单位
调味料生产加工	7	腐乳酿造技艺（德昌源“桥”牌豆腐乳制作技艺）	省级	乐山市五通桥区德昌源酱园厂
	8	腐乳酿造技艺（“长春号”南味豆腐传统手工制作技艺）	省级	眉山市彭山区文化馆
	9	温江滴窝油酿造技艺	省级	成都市温江区文化馆
	10	酱油传统酿造技艺（中坝口蘑酱油酿造工艺）	省级	绵阳市
	11	四川泡菜制作技艺（土门泡菜制作技艺）	省级	乐山市
	12	夹江豆腐乳制作技艺	省级	乐山市夹江县
	13	德阳酱油酿制技艺	市级	德阳市旌阳区文化馆
	14	竹筒井盐深钻汲制工艺	市级	乐山市井研县文化体育旅游局
	15	幺麻子藤椒油闷制技艺	市级	眉山市洪雅县文化馆
	16	汉源花椒传统制作技艺	市级	雅安市汉源县
	17	敖平香花醋的制作技艺	县级	彭州市文化馆
	18	蒲江白菜豆腐乳制作技艺	县级	成都市蒲议食品有限公司
	19	双头醋酿造技艺	县级	绵竹市文化馆
	20	景福豆豉制作技艺	县级	绵阳市三台县景福镇文化站
	21	梓燕橄榄油压榨技艺	县级	绵阳市三台县北坝镇
	22	绿香源香辣酱调制技艺	县级	绵阳市三台县刘营镇
	23	汉源花椒油制作技艺	县级	雅安市汉源县
	24	陈大妈香脆椒制作技艺	县级	成都市青羊区文化馆
	25	彝族酸菜制作技艺	县级	乐山市峨边彝族自治县文化馆
	26	清溪盐菜制作技艺	县级	雅安市汉源县

从表2-1可以看出，成都平原经济区特色食材生产加工类非遗项目主要包括两大类，共48项。其中，主辅料生产加工项目22项，调味料生产加工项目26项。以保护等级而言，国家级3项，占比6.3%；省级14项，占比29.2%，主要是在调味料生产加工项目；市级和县级共31项（市级13项、县级18项），占比64.6%。

郫县豆瓣严格遵守“晴天晒、雨天盖、白天翻、夜晚露”的传统制作技艺，是川菜常备调味品，享有“川菜之魂”的美誉（程蓉伟/摄影）

（2）部分代表性非遗项目的保护与传承

▶ 郫县豆瓣传统制作技艺

郫县豆瓣是成都市郫都区著名特产，具有“川菜之魂”的美誉，至今已有300余年的历史。郫县豆瓣用料讲究，以上等鲜红辣椒及青皮蚕豆、优质面粉、精制食盐为原料。制作工序包括泡豆涨发、制曲、酱醅发酵、制辣椒酱、装坛发酵等过程，其中的关键技艺是“翻、晒、露”。成品具有酱香浓郁、色泽红润、黏稠适度、入口化渣、回味悠长等特点。2008年，郫县豆瓣传统制作技艺被列入第二批国家级非遗名录。2010年，郫县豆瓣传统制作技艺传承人雷定成被批准为该项目的国家级非遗代表性传承人。2015年，郫县豆瓣在《中国品牌价值榜》中位列“加工食品类地理标志产品”全国第一。近年来，郫县豆瓣传统制作技艺得到极大的传承和保护，在“中国成都国际非物质文化遗产节”和“成都国际美食节”等相关节庆活动中不断展示、推广，社会效益和经济效益显著提升。郫县豆瓣年总产量达到110万吨、产值达102亿元，带动了种植业、运输业、食品加工业、川菜烹饪等相关产业的加速发展，吸纳农村就业人口2.2万余人[1]。2019年，成都川菜产业园郫县豆瓣技艺体验基地、成都唐昌郫县豆瓣技艺体验基地，已成为四川省文化和旅游厅发布的10条非遗之旅中“古蜀名镇非遗之旅”的重要节点，至今一直持续开展着更加广泛的保护与传承活动。

▶ 潼川豆豉酿制技艺

潼川豆豉是三台县著名的地方特产，距今已有300余年历史。据《三台县志》载：清康熙九年（1670年），邱氏家族从江西迁徙到潼川府（今三台县）定居。邱家人采用毛霉制曲工艺酿造出色鲜味美的豆豉，这是潼川豆豉的开始。清康熙十七年（1678年），潼川豆豉成为贡品，名噪京城。传至邱家第五代邱正顺时，他在城区东街开办了“正顺号酱园”，年产豆豉十余万公斤。潼川豆豉选料大多来源于涪江流域的黄豆，采用手工毛霉制曲生产豆豉的独特传统工艺，经过发酵、蒸煮、洗霉、增香、脱水等多道工序制成。成品具有咸淡适中、回甜化渣、余香悠长等特点。2008年，潼川豆豉酿制技艺被列入第二批国家级非遗名录。2014年，潼川豆豉新的生产基地被列入省级非遗生产性示范基地。近年来，潼川豆豉酿制技艺不仅通过生产得到极大的保护和传承，还通过“中国成都国际非物质文化遗产节”和各种美食节等相关节庆活动得到不断展示和推广。

潼川豆豉从春秋战国的血脉中传承下来，又在“湖广填四川”的民族大融合中创新发展，它所推进和衍化的每一步技艺，都烙印着时代的进步和人们对美食的追求（程蓉伟/摄影）

▶ 中江手工挂面制作工艺

中江挂面是中江县著名的地方特产，历史悠久，相传起源于南宋绍兴年间，至今已有近千年历史。中江手工挂面制作技艺复杂，需要经过和面、开条、盘条、发酵、抻条、上竹、扑粉、晒面等18道传统手工工序，其间还有70余道小工序，制作时间需要20余个小时。面条成品细如发丝、色白味甘、质地柔嫩、口感爽滑。2007年，中江手工挂面制作工艺被列入四川省非遗名录，得到了很好的保护与传承，社会效益和经济效益得以大幅提升。如今，中江挂面已成为中江县巩固脱贫攻坚成果的重要抓手，全县挂面生产户达千余户，年产量达300万公斤，年产值近2亿元。

① 《607亿元　郫县豆瓣跻身中国品牌价值榜》，四川在线，https://cd.scol.com.cn/cy/201512/54202654.html，报道日期：2015年12月14日，检索日期：2020年1月15日。

㊄据1931年版《中江县志》记载："中江挂面，面细如丝，长八九尺，截两头，取中段，名曰腰面，又称银丝面，县城内外俱佳，河西谭家街尤盛。色白味甘，食之柔滑，细而中空，堪称洁、白、净、干、细五绝"（徐康/摄影）

▶ 唐场豆腐乳制作技艺

唐场豆腐乳是大邑县酿造厂生产的著名特产，至今已有百余年历史。它选用上等黄豆为主要原料，制作工艺复杂，坚持采用二次自然发酵的传统酿造工艺，包括选豆、泡豆、磨豆、滤浆、煮浆、点浆、压榨成型、切块、第一次发酵（培养菌丝生长）、第二次发酵（腌制、加豆瓣酱）等。成品具有色泽亮丽、香辣适中、余味绵长的特点。2002年，唐场豆腐乳被认定为四川省著名商标和国家地理标志保护产品。2011年，唐场豆腐乳制作技艺被列入四川省第三批省级非物质文化遗产代表性项目名录。长期以来，唐场豆腐乳核心生产区所在的安仁镇大力开展非遗传承活动。2013年，唐场豆腐乳年产值达1.8亿元，吸纳农村就业人口3 000余人，给当地带来了极大的社会效益和经济效益。

㊄唐场豆腐乳最早出现于何时，现已无法准确考证，但至少在清朝时就已盛名远播。唐场豆腐乳用料考究、精工细酿、质地细腻、形状整齐、厚薄均匀、香辣适口、滋味鲜美、余味绵长、酱香浓郁（程蓉伟/摄影）

中坝酱油与自贡井盐、内江白糖、阆中保宁醋、广汉子姜、清溪花椒、成都二荆条、郫县豆瓣并称为“川菜调料八珍”（田道华/摄影）

中坝口蘑酱油酿造工艺

中坝酱油是江油市著名特产。其酿造工艺始于清道光年间，距今已近200年历史。其中，中坝口蘑酱油以黄豆和口蘑为主要原料，采用纯天然发酵酿造工艺，经180天日晒夜露、自然发酵和多道传统酿造工艺精制而成。中坝口蘑酱油液汁浓稠、咸甜适度、口感醇和、香气浓郁、营养丰富。中坝口蘑酱油酿造工艺至今已传承到第六代，通过生产进行保护和传承。2022年，中坝口蘑酱油酿造工艺被列入四川省第六批省级非物质文化遗产代表性项目名录。近年来，中坝口蘑酱油在“中国酱文化节”“李白文化节”等节庆活动上进行展示，获得了一定的社会效益和经济效益。

在“中国藤椒之乡”——四川洪雅县，当地居民因地制宜，将藤椒用于食品调味，并将传统的藤椒油闷制技艺发扬光大（幺麻子食品股份有限公司提供）

幺麻子藤椒油闷制技艺

幺麻子藤椒油是四川省眉山市洪雅县特产。相传清顺治元年（1644年），绰号“幺麻子”的厨师赵子固，从洪雅瓦屋山迁居到止戈柑子场，发现当地村民擅长利用藤椒烹制菜肴，便潜心研究民间藤椒油闷制技艺，最终研制出色泽金黄、质地透明、清香扑鼻、麻香爽口的幺麻子藤椒油。20世纪90年代，第18代传人赵跃军在传承藤椒油闷制技艺的基础上，结合现代科学技术进行创新，将藤椒鲜果中对人体有益的物质最大限度地提炼出来，使藤椒油的口味更独特、质量更稳定，更好地满足了当今社会对食品环保、生态、绿色的要求。如今，幺麻子藤椒油闷制技艺已被列入眉山市非物质文化遗产代表性项目，通过产品生产得到了极大的保护与传承。

▶ 罗江豆鸡制作技艺

罗江豆鸡是四川省德阳市罗江区著名特产，其创始人袁通儒于1936年制作了首批豆鸡送往成都花会“佛教食品展览会”进行展销，获专利权，并取得了金质招牌一面，罗江豆鸡从此扬名。作为加工性特色食材，罗江豆鸡制作工艺考究，它是以黄豆为主料，先磨成豆浆、制成油皮，裹以芝麻末，再经蒸制而成。其工艺关键为豆浆入锅烧沸后改小火，始终保持微沸状态，浆面即起油皮。若豆浆大开翻滚，则无油皮出现。成品颜色棕黄、绵软干香、咸香鲜麻。如今，罗江豆鸡制作技艺已被列入德阳市非物质文化遗产代表性项目名录。

说起罗江豆鸡，不知道的人，会以为它是一种“鸡肉制品”。其实当地人都知道，它是一款纯粹的素食，却有与肉质媲美的味道（吴明/摄影）

▶ 皇木腊肉烟熏技艺

皇木腊肉是雅安市皇木镇的传统特产。皇木腊肉烟熏技艺已传承千年，它是选用体型结实、后腿发达的乌金猪作为原料，以野生桃木、果木等作为熏料，将猪肉挂在温度30℃左右的熏房中，持续烟熏一个月而成。皇木腊肉质地结实、香气浓郁、肥而不腻，贮藏时间可达一年，是当地人日常生活的重要肉制品。皇木腊肉烟熏技艺具有较高的历史与文化价值，虽已被列入汉源县非物质文化遗产代表性项目名录，但还需要进一步加强保护与传承。

在四川人关于冬天的记忆里，一定得有腊肉和香肠，正所谓“冬腊风腌，蓄以御冬”（程蓉伟/摄影）

2.菜点制作技艺类非遗项目

（1）基本构成情况

菜点制作技艺是饮食类非遗项目的重要组成部分，主要包括菜肴制作技艺、面点小吃制作技艺、烹饪基本工艺三个类型。通过对成都平原经济区已列入各级非物质文化遗产代表性项目名录体系的菜点制作技艺进行收集、调研、整理、归纳，其基本构成情况见表2-2。

表2-2 成都平原经济区菜点制作技艺类非遗代表性项目名录一览表①

类别	序号	代表性项目	等级	保护（或申报）单位
菜肴制作技艺	1	夫妻肺片传统制作技艺	省级	成都市饮食公司
	2	豆腐菜肴制作技艺（陈麻婆豆腐制作技艺）	省级	成都市饮食公司
	3	豆腐菜肴制作技艺（龚氏西霸豆腐制作技艺）	省级	乐山市龚氏西霸饮食有限公司
	4	豆腐菜肴制作技艺（五通桥西坝豆腐制作技艺）	省级	乐山五通桥天一香酒楼（西坝镇方德饭店）
	5	东坡肘子制作技艺	省级	眉山市东坡区文化馆
	6	东坡泡菜制作技艺	省级	眉山市非遗保护中心
	7	家禽菜肴传统烹制技艺（周记棒棒鸡制作技艺）	省级	雅安市荥经县文化馆
	8	家禽菜肴传统烹制技艺（桥头堡凉拌鸡传统制作技艺）	省级	雅安市天全县文化馆
	9	腌卤传统制作技艺（双流老妈兔头卤制技艺）	省级	成都市
	10	韩包子制作技艺	省级	成都市
	11	邹鲢鱼传统制作技艺	省级	成都市饮食公司
	12	宝光寺素食制作技艺	省级	成都市新都区
	13	简阳羊肉汤制作技艺	省级	简阳市
	14	四川火锅传统制作技艺（田鸭肠火锅制作技艺）	省级	成都市彭州市
	15	糯米咸鹅蛋传统制作技艺	省级	德阳市
	16	广汉缠丝兔制作技艺	省级	德阳市广汉市
	17	畜肉菜肴传统制作技艺（肥肠菜肴制作技艺）	省级	乐山市
	18	畜肉菜肴传统制作技艺（跷脚牛肉汤锅制作技艺）	省级	乐山市市中区
	19	耗子洞腌卤传统制作技艺	市级	成都市饮食公司
	20	盘飧市腌卤传统制作技艺	市级	成都市饮食公司
	21	秦川号羊肉汤制作技艺	市级	成都市青羊区文化馆
	22	孝泉果汁牛肉制作技艺	市级	德阳市旌阳区文化馆

① 中国非物质文化遗产网·中国非物质文化遗产数字博物馆：http://www.ihchina.cn/，四川非物质文化遗产网：http://www.ichsichuan.cn及成都、德阳、绵阳、眉山、乐山、雅安、遂宁等地市相关资料整理。

续表

类别	序号	代表性项目	等级	保护（或申报）单位
菜肴制作技艺	23	连山回锅肉制作技艺	市级	广汉市连山镇人民政府
	24	新繁泡菜	市级	成都市新都区文化馆
	25	味聚特东坡泡菜制作技艺	市级	眉山市东坡区文化馆
	26	蜀州东坡肘子制作技艺	市级	眉山市东坡区文化馆
	27	苌弘鲶鱼烹调技艺	市级	资阳市雁江区
	28	乐至烤肉制作技艺	市级	资阳市乐至县
	29	李调元养生饮食制作技艺	县级	绵阳市安州区文化馆
	30	蒸肥肠制作技艺	县级	遂宁市大英县文化馆
	31	峨眉山雪魔芋制作工艺	县级	峨眉山市文化馆
面点小吃制作技艺	1	糖画技艺	省级	成都市锦江区文化馆
	2	怀远三绝制作技艺	省级	成都市崇州市文化馆
	3	麻饼制作技艺（汤长发麻饼制作技艺）	省级	成都市崇州市文化馆
	4	赖汤圆传统制作技艺	省级	成都市饮食公司
	5	钟水饺传统制作技艺	省级	成都市饮食公司
	6	四川小吃制作技艺（军屯锅盔制作技艺）	省级	成都市彭州市文化馆
	7	米花糖制作技艺（苏稽香油米花糖制作技艺）	省级	乐山市市中区文化馆
	8	芝麻糕制作技艺（裕泰乾马氏芝麻糕制作技艺）	省级	眉山市东坡区文化馆
	9	梓潼片粉制作技艺	省级	绵阳市梓潼县文化馆
	10	梓潼酥饼制作技艺	省级	绵阳市梓潼县文化馆
	11	金丝面制作技艺（全蛋坐杠大刀金丝面）	省级	德阳市广汉市
	12	平武套枣制作工艺	省级	绵阳市平武县文化馆
	13	丹棱冻粑制作技艺	省级	眉山市丹棱县文化馆
	14	梨膏传统制作技艺	省级	眉山市仁寿县
	15	安岳米卷制作技艺	省级	资阳市安岳县
	16	荥经挞挞面制作技艺	省级	雅安市荥经县非物遗保护中心

续表

类别	序号	代表性项目	等级	保护（或申报）单位
面点小吃制作技艺	17	四川小吃制作技艺（成都肥肠粉制作技艺）	省级	成都市
	18	凉粉制作技艺（川中呙凉粉制作技艺）	省级	遂宁市船山区
	19	三苏龙眼酥制作技艺	省级	眉山市东坡区文化馆
	20	温江酥糖制作技艺	市级	成都市温江区文化馆
	21	龙抄手传统制作技艺	市级	成都市饮食公司
	22	蒲江米花糖制作技艺	市级	成都派立食品有限公司
	23	谷花糖制作技艺	市级	绵阳市安州区文化馆
	24	平武陈年梅饯制作工艺	市级	绵阳市平武县文化馆
	25	洋芋糍粑制作工艺	市级	绵阳市平武县文化馆
	26	桂华斋米花糖制作工艺	市级	绵阳市江油市文化馆
	27	许州凉粉	市级	绵阳市梓潼县文化馆
	28	巧巧赵氏核桃糖制作技艺	市级	眉山市东坡区文化馆
	29	张氏芝麻糕制作技艺	市级	眉山市仁寿县文化馆
	30	油酥制作技艺	市级	遂宁市西眉镇宣传文化服务中心
	31	东坡园龙眼酥制作技艺	县级	眉山市东坡区东坡园食品厂
	32	三大炮制作技艺	县级	成都市青羊区文化馆
	33	糖油果子制作技艺	县级	成都市青羊区文化馆
	34	白家肥肠粉制作技艺	县级	成都市双流区白家镇
	35	黄荆凉粉制作技艺	县级	绵阳市江油市文化馆
	36	荞米子凉粉	县级	绵阳市平武县文化馆
	37	荥经传统糕点制作技艺	县级	雅安市荥经县非遗保护中心
	38	汉源榨榨面	县级	雅安市汉源县
烹饪基本工艺	1	川菜传统烹饪技艺	国家级	四川旅游学院

从表2-2可以看出，成都平原经济区的菜点制作技艺类非遗项目主要包括三大类，70项。其中，菜肴制作技艺项目31项，面点小吃制作技艺项目38项，烹饪基本工艺1项。以保护等级而言，国家级项目1项，占比1.4%；省级项目37项，占比52.9%，主要集中在菜点制作技艺、面点小吃制作技艺两类；市、县两级项目32项（市级21项、县级11项），占比45.7%。

（2）部分代表性非遗项目的保护与传承

▶ 陈麻婆豆腐制作技艺

陈麻婆豆腐——发源于成都万福桥边，继而走向世界的至臻美味（程蓉伟/摄影）

陈麻婆豆腐是四川著名菜肴，历史悠久，由清同治年间（1862年）成都北门万福桥旁边“陈兴盛饭铺”的店主之妻陈刘氏创制，在清末傅崇矩《成都通览》中就已将其列为成都著名食品。20世纪20年代曾有人写诗称赞道：“麻婆陈氏尚传名，豆腐烘来味最精。万福桥边帘影动，合沽春酒醉先生。”陈麻婆豆腐是以石膏豆腐为烹饪主料，先切成方块，入盐水中浸泡10分钟去除涩味；牛肉去筋、剁成细粒，入热锅中煵酥，加食盐、研细的豆豉、辣椒粉、郫县豆瓣略炒；然后掺鲜汤、入豆腐，用中火烧数分钟，再下青蒜节、酱油烧制而成。其间，需勾芡汁三次，待汁浓亮油时出锅，最后撒上花椒粉即成，具有麻、辣、烫、嫩、酥、香、鲜等特征。2011年，陈麻婆豆腐制作技艺被列入四川省第三批非物质文化遗产代表性项目名录，由成都市饮食公司进行保护与传承。此后，张盛跃被认定为该项目的省级代表性传承人。成都市饮食公司十分注重陈麻婆豆腐制作技艺的保护、传承和推广，不仅通过陈麻婆豆腐店的制作经营进行传承，还积极参加“中国成都国际非物质文化遗产节”和“成都国际美食节”等相关活动进行展示与推广，并且走出国门，到许多国家展示陈麻婆豆腐制作技艺。如今，陈麻婆豆腐已成为享誉世界的经典川菜和中国菜代表性名品。

夫妻肺片不仅是流行于四川地区的一道传统美食，也是融入了很多日常情感的美味（程蓉伟/摄影）

▶ 夫妻肺片传统制作技艺

夫妻肺片是成都市传统名小吃，起源于清朝末年，距今已有100多年的历史。夫妻肺片最初由住在成都少城一带的郭朝华、张田正夫妻二人于20世纪30年代创制。他们勤劳善良、艰苦创业、诚信经营，所做的肺片货真价实、味道鲜美、风味独特，深得民众赏识。人们为了区别于其他商贩的肺片，取名为“夫妻肺片”。夫妻肺片制作精细，如牛肚、牛心、牛舌分别根据各自特点掌握加热时间，需要达到火候一致，并且注重用精制的陈年卤水调味。成品香味浓郁、颜色亮丽、入口化渣。夫妻肺片先后被评为“成都名小吃”“中华名小吃”。2011年，夫妻肺片传统制作技艺被列入四川省第三批省级非物质文化遗产代表性项目名录，由成都市饮食公司进行保护与传承。此后，王钦锐被认定为该项目的省级代表性传承人。

每一碗赖汤圆都装着一份传承（程蓉伟/摄影）

赖汤圆传统制作技艺

赖汤圆是成都市传统名小吃，始创于1894年，至今已有百余年历史。赖汤圆主要原料有糯米、籼米和黑芝麻等。馅心有黑芝麻、麻酱、冰橘、玫瑰、洗沙、八宝、樱桃等10余种；制作过程包括制粉浆、制馅、包馅成形、煮制等。成品具有不粘牙、不烂皮、不浑汤、滋润香甜、爽滑软糯等特点，深受民众喜爱。从资阳东峰镇人赖源鑫在成都沿街煮卖汤圆开始，百余年来，赖汤圆传统制作技艺得到了数代人的传承。2011年，赖汤圆传统制作技艺被列入四川省第三批省级非物质文化遗产代表性项目名录，由成都市饮食公司进行保护与传承。此后，唐章流被认定为赖汤圆传统制作技艺省级代表性传承人。成都市饮食公司十分注重该项目的传承、保护和推广，不仅在绵竹建有糯米生产基地，还通过赖汤圆店的制作经营进行传承，并且通过积极参加国内外相关活动进行展示、推广，赢得了国内外众多美食爱好者的赞誉。

李调元养生饮食制作技艺

李调元养生饮食是川菜药膳品类，由清代著名诗人、学者李调元创制，距今已近300年历史。李调元养生饮食主要以猪肉为原料，但烹制方式及配料特色鲜明，主要表现为三个方面：一是药用食材与烹饪技艺完美结合；二是重视清蒸和清炖，很少使用炒、烧、凉拌的方式；三是味道注重清淡，轻浓厚味。李调元养生饮食当初流行于绵阳市宝林镇一带，直到民国年间，仍有少数厨师制作这种膳食。如今，李调元养生饮食制作技艺虽已被列入县级非物质文化遗产代表性项目名录，但仍然濒临失传，需要进一步加强保护与传承。

李调元是清代学者的杰出代表，被誉为百科全书式的学者、才子的典范。李调元整理刊印饮食专著《醒园录》，促进了川菜发展（程蓉伟/摄影）

军屯锅盔制作技艺

军屯锅盔是彭州市传统名小吃，出自彭州市军乐镇（原名“军屯场”）。相传三国时期蜀将姜维在

◎从屯兵的干粮到备受国内外广大人民喜爱的美食，军屯锅盔俨然成为历史最悠久的中国小吃之一。在浓浓油香中，“一打二抹三烤摊大饼”的传统锅盔作坊，从“面饼经济”到“锅盔品牌”，不仅成就了巴蜀名小吃，也再一次让军屯这个名字深入人心（程蓉伟/摄影）

此将烤制军中干粮的方法传给当地百姓，由此而成为军屯锅盔的起源，距今已有上千年历史。军屯锅盔经过历代人的传承，得到不断改良与发展。清代末年，军屯场的谢子金以打锅盔为生，最早用白面制作，其后传给徒弟王千益；王千益先是在制作锅盔过程中添加花椒、食盐、葱花等调料，创制了椒盐、葱油锅盔；王千益再传给徒弟马福才，马福才又在锅盔中加入油渣、肉末，创制了千层酥锅盔。2018年，军屯锅盔制作技艺被列入四川省第五批省级非物质文化遗产代表性项目名录，由彭州市文化馆作为保护单位。如今的军屯锅盔具有色泽金黄、层多酥脆、入口化渣、香味浓厚、鲜味悠长的特征。制作军屯锅盔的餐饮店遍布彭州市乃至成都的大街小巷。

3.茶酒制作技艺类非遗项目

（1）基本构成情况

茶酒制作技艺是饮食类非遗项目的重要组成部分，主要包括茶的生产制作技艺和酒的酿造技艺两个类型。通过对成都平原经济区已列入各级茶酒制作技艺类非遗项目进行收集、调研、整理、归纳，其基本构成情况见表2-3。

表2-3　成都平原经济区茶酒制作技艺类非遗代表性项目名录一览表[①]

类别	序号	代表性项目	等级	保护（或申报）单位
茶的生产制作技艺	1	黑茶制作技艺（南路边茶制作技艺）（作为“中国传统制茶技艺及其相关习俗”的组成部分进入“人类非遗名录”）	国家级	雅安市
	2	蒙山茶传统制作技艺（作为“中国传统制茶技艺及其相关习俗”的组成部分进入“人类非遗名录”）	国家级	雅安名山区非遗保护中心
	3	四川绿茶制作技艺（羌族罐罐茶制作技艺）	省级	绵阳市北川县羌山雀舌茶业有限公司
	4	四川绿茶制作技艺（蒙顶黄芽传统制作技艺）	省级	雅安市名山区非遗保护中心
	5	红白茶制作技艺	省级	德阳市什邡市红白镇
	6	四川绿茶制作技艺(青城茶传统制作技艺)	省级	成都市
	7	四川绿茶制作技艺(峨眉茶传统制作技艺)	省级	乐山市峨眉山市
	8	四川绿茶制作技艺(马边传统茶制作技艺)	省级	乐山市马边县
	9	茉莉花茶传统窨制技艺	市级	成都市新津区文化馆
	10	花楸贡茶手工制作技艺	市级	成都市邛崃市文化馆
	11	邛茶制作技艺	市级	四川省文君茶业有限公司
	12	古羌茶艺	市级	绵阳市北川县文化馆
	13	羌茶手工制作技艺	市级	绵阳市北川县文化馆
	14	“竹叶青”绿茶制作工艺	市级	峨眉山市文化馆
	15	永兴寺禅茶传统制作技艺	市级	雅安市名山区永兴寺
	16	安县油茶制作技艺	县级	绵阳市安州区文化馆
	17	西路边茶制作技艺	县级	绵阳市北川县
	18	蒙顶甘露传统制作技艺	县级	雅安市名山区非遗保护中心
	19	志清茶窨制技艺	县级	三台县潼川镇

① 中国非物质文化遗产网·中国非物质文化遗产数字博物馆：http://www.ihchina.cn/，四川非物质文化遗产网：http://www.ichsichuan.cn及成都、德阳、绵阳、眉山、乐山、雅安、遂宁等地市相关资料整理。

续表

类别	序号	代表性项目	等级	保护（或申报）单位
酒的酿造技艺	1	蒸馏酒传统酿造技艺（水井坊酒传统酿造技艺）	国家级	成都市
	2	蒸馏酒传统酿造技艺（剑南春酒传统酿造技艺）	国家级	德阳市绵竹市
	3	蒸馏酒传统酿造技艺（沱牌曲酒传统酿造技艺）	国家级	遂宁市射洪市
	4	蒸馏酒传统酿造技艺（彭县肥酒酿造技艺）	省级	成都市彭州市群众艺术馆
	5	蒸馏酒传统酿造技艺（崇阳大曲传统酿造技艺）	省级	成都市崇阳酒业有限责任公司
	6	蒸馏酒传统酿造技艺（玉米酒传统酿造技艺）	省级	绵阳市北川县马槽酒厂
	7	配制酒传统酿造技艺（彝族民间泡水酒）	省级	乐山市峨边县文化馆
	8	蒸馏酒传统酿造技艺（苏东坡酒传统酿造技艺）	省级	四川省三苏酒业有限责任公司
	9	酿造酒传统酿造技艺（两节山老酒传统酿造技艺）	省级	四川两节山酒业有限公司
	10	沱牌曲酒传统酿造技艺	省级	遂宁市四川沱牌曲酒股份有限公司
	11	蒸馏酒传统酿造技艺(蜀之源白酒传统酿造技艺)	省级	成都市
	12	蒸馏酒传统酿造技艺(文君酒传统酿造技艺)	省级	成都市
	13	郫筒酒传统制作技艺	省级	成都市郫都区
	14	八百寿酒传统酿造技艺	省级	眉山市彭山区文化馆
	15	蒸馏酒传统酿造技艺(马嘴河白酒传统酿造技艺)	省级	眉山市丹棱县
	16	白马藏人咂酒制作工艺	市级	绵阳市平武县文化馆
	17	白马藏人蜂蜜酒制作工艺	市级	绵阳市平武县文化馆
	18	麦冬酒酿制技艺	市级	绵阳市三台县东塔镇文化站
	19	高庙白酒传统酿造技艺	市级	眉山市洪雅县文化馆
	20	乐意窖藏酒制作技艺	市级	资阳市乐至县
	21	犍为泡子酒制作技艺	市级	乐山市犍为县文化馆
	22	天谷神酒浸泡制作技艺	县级	成都市大邑县将军酒厂
	23	陈家白酒酿造技艺	县级	成都市大邑县悦来镇文化馆
	24	张氏中草药烧酒曲制作技艺	县级	德阳市中江县文体广电局

续表

类别	序号	代表性项目	等级	保护（或申报）单位
酒的酿造技艺	25	羌族烧锅酒制作技艺	县级	绵阳市平武县文化馆
	26	青梅酒制作技艺	县级	绵阳市平武县文化馆
	27	猕猴桃酒制作技艺	县级	北川县
	28	新丰酒窖制技艺	县级	绵阳市三台县芦溪镇文化站
	29	金龙泉酿酒技艺	县级	眉山市东坡区文化馆
	30	土灶酒制作技艺	县级	眉山市彭山区非遗保护中心

从表2-3可以看出，成都平原经济区茶酒制作技艺类非遗项目主要包括两大类，49项。其中，茶的生产制作技艺项目19项，酒的酿造技艺项目30项。就保护等级而言，国家级5项（其中，南路边茶、蒙山茶制作技艺两个国家级非遗项目作为“中国传统制茶技艺及其相关习俗”的组成部分，被列入“人类非物质文化遗产代表作名录”），占比10.2%；省级18项，占比36.7%，主要集中在酒的酿造技艺；市、县两级26项（市级13项、县级13项），占比53.1%。

（2）部分代表性非遗项目的保护与传承

▶ 南路边茶制作技艺

南路边茶是黑茶的一个品种，也是四川省雅安市著名特产，又称为藏茶、雅茶、南边茶，始于明朝年间。黑茶是我国六大茶类之一，大多以较粗的毛茶为原料，制作工序有30余道，主要有杀青、揉捻、渥堆、干燥等，其中最重要的是渥堆发花和松柴明火烤焙工艺，呈现出重发酵、后发酵、多次发酵、非酶促发酵、转色发酵等特点，成品汤色红亮、滋味悠长。雅安南路边茶主要供应西藏、青海及四川甘孜、阿坝等地区，既是古代茶马古道重要的贸易商品和藏族制作酥油茶的主要原料，也是藏族人民不可或缺的日常饮品，具有重要的历史、文化等多重价值。2008年，南路边茶制作技艺被列入第二批国家级非物质文化遗产代表性名录。此后，甘玉祥被认定为该项目的国家级代表性传承人，雅安茶厂南路边茶技艺体验基地成为国家级非遗项目体验基地。2011年，雅安市友谊茶业有限公司被文化部批准为第一批，也是四川饮食类非遗唯一的国家级

1907年，川滇边务大臣赵尔丰（锡良离任后代理四川总督）和四川劝业道共同主持，在雅州府城内设立“四川商办藏茶公司筹办处”，暂借雅安茶务公所为处所，雅安藏茶得到极大发展（程蓉伟/摄影）

非遗生产性保护示范基地。2019年，该项目也成为四川省文化和旅游厅发布的10条非遗之旅中“茶马古道之旅”的重要节点。南路边茶制作技艺通过生产性保护和文旅融合发展，得到进一步保护和传承，并且起到了示范和带动作用，对弘扬中华优秀传统文化和推动四川经济、政治、文化、社会发展作出了应有贡献。2022年12月，该项目作为 “中国茶制作技艺及习俗”的组成部分进入“人类非物质文化遗产代表作名录”。

蒙山茶传统制作技艺

“扬子江中水，蒙山顶上茶”是一副著名的茶联，出自元代文人李德载所作的十首小令中的一首：“蒙山顶上春光早，扬子江心水味高。陶家学士更风骚。应笑倒，销金帐，饮羊羔。”早在唐宋时期蒙山茶就名声在外，民间以扬子江冷泉水为佳，以蒙顶茶为上（程蓉伟/摄影）

蒙山茶是四川省雅安市特产，最早种植于汉朝，距今已有2 000多年的历史。蒙山茶属于中国绿茶品类，是不发酵茶。其传统制作技艺要经过三炒、三揉、三烘及整形等工序，要求严格。茶叶成品具有造型美观、茶香浓郁、茶汤绿亮等特点。其主要代表品种有蒙顶甘露、蒙顶石花、蒙顶黄芽、蒙山毛峰、蒙山春露茶等。2007年，蒙山茶传统制作技艺被列入四川省第一批非物质文化遗产代表性名录。此后，雅安蒙顶山蒙山茶技艺体验基地成为省级项目体验基地，跃华茶文化生态科技园成为蒙山茶传统制作技艺传习体验基地，对蒙山茶传统制作技艺起到了很好的传承与保护作用。2019年，该项目也成为四川省文化和旅游厅发布的10条非遗之旅中“茶马古道之旅”的重要节点。2021年，蒙山茶传统制作技艺被列入第五批国家级非物质文化遗产代表性名录。2022年12月，该项目作为“中国茶制作技艺及习俗”的组成部分进入“人类非物质文化遗产代表作名录”。

水井坊酒传统酿造技艺

水井坊酒传统酿造技艺属于蒸馏酒传统酿造技艺，起源于明清时期成都锦江河畔的水井街酒坊，距今已有600余年历史。水井坊酒酿制技艺与宋朝成都名酒“锦江春”有着深厚的渊源，经过世代传承，水井坊酒已成为成都传统酿酒文化的典型代表，在四川乃至中国蒸馏酒历史上均占有重要地位。水井坊酒传统酿造技艺属于浓香型白酒酿造技艺，酒曲以优质小麦为原料，配合高粱焙制而成；其配料则是将单粮酒与多粮酒完美融合，采用原窖分层堆糟法进行发酵、蒸馏，制成原酒后贮存，再采用勾兑调味方法最终制成“浓而不艳，雅而不淡”的酒品。2008年，水井坊酒传统酿造技艺被列入第二批国家级非物质文化遗产代表性项目名录。此后，赖登燡成为该项目的国家级代表性传承人，成都水井坊酿造技艺体验基地成为国家级非遗项目体验基地和四川省“古蜀名镇非遗之旅”的重要节点，持续开展着传承、保护活动，成效显著。

不做时间的过客，数百年来，水井坊对“活态文化”的演绎从未间断（程蓉伟/摄影）

▶ 郫筒酒传统制作技艺

郫筒酒是成都市郫都区（原名“郫县”）历史名酒，相传晋代人山涛在郫县为官时创制此酒，至今已有1 700余年历史。郫筒酒有很高的历史及文化价值，许多文化雅士对其赞不绝口，留下了大量吟诵郫筒酒的名篇佳句。唐代杜甫言“鱼知丙穴由来美，酒忆郫筒不用酤”[①]。宋代苏轼描述郫筒酒“所恨蜀山君未见，他年携手醉郫筒”[②]。陆游在《思蜀》中吟道：“未死旧游如可继，典衣犹拟醉郫筒”[③]。元代虞集在《归蜀》道：“赖得郫筒酒易醉，夜深冲雨汉州城”[④]。清代袁枚在《随园食单》中言：“郫筒酒，清冽澈底。饮之如梨汁蔗浆，不知其为酒也。”[⑤]郫筒酒是以糯米为主要原料，配以酒曲，经特殊工艺酿造而成的低度酒，因用郫县当地种植的竹筒盛装而得名。清代仇兆鳌《华阳风俗记》言：“郫县有竹筒池，池旁有大竹，郫人刳其节，倾春酿于筒，苞以藕丝，蔽以蕉叶，信宿香达于林

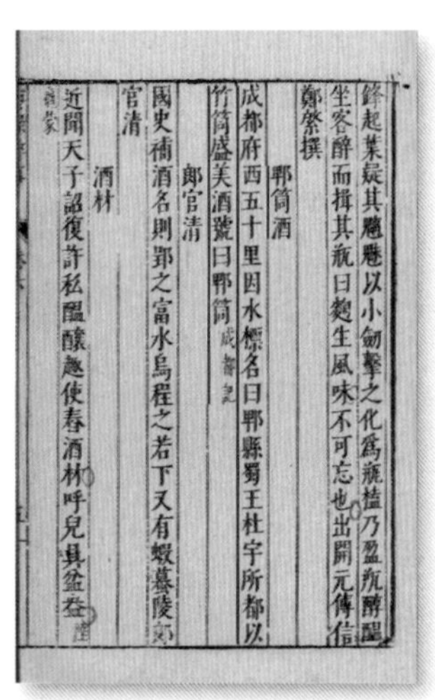

鋒起葉疑其飈颸以小劒擊之化爲瓶榼乃盈瓶醇醲
坐客醉而揖其瓶曰麴生風味不可忘也出開元傳信
鄭棨撰
郫筒酒
成都府西五十里因水標名曰郫縣蜀王杜宇所都以
竹筒盛美酒號曰郫筒 成都記
郎官清
國史補酒名則郢之富水烏程之若下又有蝦蟇陵郎
官清
酒材
近聞天子詔復許私醞釀趣使春酒林呼兒具盆盎注

《海录碎事》，宋朝叶廷珪撰，此为明万历二十六年校刊本书影

① 杜少陵：《杜少陵全集（下册）》，上海中央书店，1935年，第59页。
② 苏轼著，王文浩注：《苏诗全集4》，珠海出版社，1996年，第764页。
③ 何俊，范立舟：《南宋思想史》，上海古籍出版社，2008年，第442页。
④ 王朝谦，林惠君：《巴蜀古诗选解》，四川大学出版社，1998年，第47页。
⑤ 袁枚著，沈冬梅、陈伟明译注：《随园食单》，中华书局，2016年，第394页。

外，然后断之以献，俗号郫筒酒。”[1]2023年，郫筒酒传统制作技艺被列入四川省第六批非物质文化遗产代表性名录，该项目得到一定程度上的保护与传承，但还需要进一步加强。

4.烹饪设备与餐饮器具制作技艺类非遗项目

（1）基本构成情况

烹饪设备与餐饮器具制作技艺是饮食类非遗项目的重要组成部分，主要包括烹饪设备制作技艺和餐饮器具制作技艺两个类型。通过对成都平原经济区已列入各级代表性名录体系的烹饪设备与餐饮器具制作技艺类非遗项目进行收集、调研、整理、归纳，其基本构成情况见表2-4。

表2-4　成都平原经济区烹饪设备与餐饮器具制作技艺类非遗代表性项目名录一览表[2]

类别	序号	代表性项目	等级	保护（或申报）单位
烹饪设备制作技艺	1	桂花土陶传统制作工艺	省级	成都市彭州市群众艺术馆
	2	周家刀锻制技艺	省级	成都市
	3	土陶制作技艺（永兴土陶烧制技艺）	省级	成都市
	4	土陶制作技艺（三台柳池土陶制作技艺）	省级	绵阳市三台县
	5	高坪土陶	省级	遂宁市蓬溪县
	6	乐山李菜刀	市级	乐山市市中区文化馆
	7	张氏土陶制作技艺	市级	简阳市射洪坝街道文化站
	8	安县土陶制作技艺	县级	绵阳市安州区文化馆
	9	荥经铁器制作技艺	县级	雅安市荥经县非遗保护中心
	10	江油铁锅制作技艺	县级	绵阳市江油铁锅厂
餐饮器具制作技艺	1	荥经砂器烧制技艺	国家级	雅安市荥经县文化体育管理局
	2	邛陶烧造技艺	省级	邛崃市群众艺术馆
	3	彭州白瓷烧制技艺	省级	成都市彭州市
	4	“小凉山”彝族漆器	市级	乐山市峨边县文化馆
	5	广兴镇宝塔村竹编蒸笼制作技艺	县级	成都市金堂县文化馆

① 辞海编辑委员会：《辞海》（1999年版缩印本），上海辞书出版社，2002年，第1616页。

② 中国非物质文化遗产网·中国非物质文化遗产数字博物馆：http://www.ihchina.cn/，四川非物质文化遗产网：http://www.ichsichuan.cn及成都、德阳、绵阳、眉山、乐山、雅安、遂宁等地市相关资料整理。

从表2-4可以看出，成都平原经济区烹饪设备与餐饮器具制作技艺类非遗项目主要包括两大类，共15项。其中，烹饪设备制作技艺项目10项，餐饮器具制作技艺项目5项。就保护等级而言，国家级非遗项目1项，占比6.7%；省级非遗项目7项，占比46.7%，市、县两级非遗项目7项（市级3项、县级4项），占比46.7%。

（2）部分代表性非遗项目的保护与传承

▶ 荥经砂器烧制技艺

荥经砂器是雅安市荥经县的著名特产，已有2000多年的烧制历史，与江苏宜兴紫砂齐名。荥经砂器一直沿用传统手工作坊的烧制方式，选择的原料为当地盛产的一种黏土和煤灰等纯天然原料，制作流程需经过采料、粉碎、搅拌、制坯、晾坯、焙烧、上釉、出炉、入库等多道工序。制成的砂锅等烹饪与餐饮器具具有古朴、美观、大方、抗腐蚀、耐酸碱和贮存食物不易变质等特点，能够持久保持食物营养和鲜美之味。长期以来，荥经砂器制作技艺得到了很好的传承与保护。2008年，荥经砂器烧制技艺被列入

荥经砂器经历了由单纯生活用具为主的荥经砂锅，发展成为以砂器为载体的工艺制品的过程，其间蕴含着丰富的文化内涵，从一定意义上讲，荥经砂器的工艺价值已远远超过了生活用品的价值范围（王江/摄影）

◎四川省彭州市桂花镇被誉为“西蜀陶艺之乡”，其陶器制品因主要产自于桂华镇而得名“桂华土陶”。产品中有缸、坛、盆、罐、壶、锅、盏等生活用土陶（程蓉伟/摄影）

第二批国家级非物质文化遗产代表性项目名录。2010年，荥经县建立了荥经砂器传统手工制作技艺传习所。2013年，荥经砂器成为国家地理标志保护产品。2016年，荥经县注册砂器公司8家，年销售产品200万件以上，年销售额已达亿元以上。

▶ 桂花土陶传统制作工艺

桂花土陶是彭州市著名特产。据《彭县志》记载，在明代嘉靖三年（1524年），桂花镇的土陶生产已经形成规模，至今已近500年历史。桂花土陶秉承古老的手工制陶技艺，制作工序主要包括选料、踩泥、锯泥、制坯、锤坯、施釉、烧制等环节，泥料的选择与发酵十分关键，烧制火候要求控制精细。桂花土陶制成的坛、罐、缸及蒸锅等器具，古朴典雅、经久耐用，具有无污染、无辐射、无有害物质的特点。2007年，桂花土陶传统制作技艺被列入四川省第一批省级非物质文化遗产代表性项目名录，此后得到了有效的传承与保护。目前，彭州市桂花土陶生产企业达68家，吸纳就业人口3 000余人，产品远销欧美、日本和东南亚等国家和地区。

◎每一口江油铁锅都经历了1 500℃高温的熔炼（吴明/摄影）

▶ 江油铁锅制作技艺

江油铁锅是江油市著名特产，距今已有300多年历史。江油铁锅选用优质雁门铁矿冶炼出来的无机铁，首先铸造铁锅的锅炉模具，再把备好的铁原料炼制成铁水倒入铸造铁锅的锅炉模具中，待铁水冷却凝固后拆卸掉模具，再对铁锅进行打磨、抛光而成。江油铁锅具有重量轻、锅面光滑明亮和传热快、节约燃料、油烟少、坚硬耐用等特点，有利于控制火候，炒制的菜肴色、香、味俱全。江油铁锅具有一定的历史和文化价值，虽然已被列入县级非物质文化遗产代表性项目名录，但其保护与传承力度还需要进一步加强。

▶ 广兴镇宝塔村竹编蒸笼制作技艺

广兴镇宝塔村竹编蒸笼是成都市金堂县地方特产。竹编蒸笼技艺始于清末，至今已有上百年的历史。宝塔村竹编蒸笼选用当地优质竹子为原料，手工制作流程包括选料、打

◎广兴镇宝塔村竹编蒸笼是川内众多餐馆烹制蒸菜的必备之物（程蓉伟/摄影）

结、开片、放筋、转皮、打盖等26道工序，制成的竹编蒸笼造型美观、淳朴自然、经久耐用，深受民众喜爱。广兴镇宝塔村竹编蒸笼技艺已被列入金堂县非物质文化遗产代表性项目名录。如今，宝塔村大力发展竹编产业，年产竹编蒸笼为20万余套，产品远销国内各省市区，部分产品已出口国外。

5.饮食民俗类非遗项目

（1）基本构成情况

饮食民俗是饮食类非遗项目的重要组成部分，主要包括日常食俗、岁时节庆食俗、饮食特色突出的人生礼俗、食材生产及其他习俗四个类型。通过对成都平原经济区已列入各级代表性名录体系的饮食民俗类非遗项目进行收集、调研、整理、归纳，其基本构成情况见表2-5。

表2-5　成都平原经济区饮食民俗类非遗代表性项目名录一览表①

类别	序号	代表性项目	等级	保护（或申报）单位
日常食俗	1	成都鸣堂习俗	省级	成都田园印象餐饮有限公司
岁时节庆食俗	1	羌年	国家级	北川县、茂县、汶川县、理县
	2	彝族年	省级	马边县教育文化体育局
	3	箭塔年猪祭	省级	成都市蒲江县
	4	羌年	省级	成都市邛崃市
	5	马井元宵会	市级	德阳市什邡马井镇人民政府
	6	青城三月三采茶节	县级	成都市都江堰市
	7	钟家大瓦房清明“蒸尝会”	县级	成都市龙泉驿区柏合镇
	8	天全“二月十七天王庙坝坝会”	县级	雅安市天全县非遗中心
饮食特色突出的人生礼俗	1	种酒习俗	省级	成都市
	2	栖贤乡大地之魂种酒	县级	成都市金堂县文化馆
	3	寿宴	县级	绵阳市安州区文化馆
	4	说席	县级	眉山市丹棱县文化馆
	5	满月酒	县级	遂宁市船山区文化馆

① 中国非物质文化遗产网·中国非物质文化遗产数字博物馆：http://www.ihchina.cn/，四川非物质文化遗产网：http://www.ichsichuan.cn及成都、德阳、绵阳、眉山、乐山、雅安、遂宁等地市相关资料整理。

续表

类别	序号	代表性项目	等级	保护（或申报）单位
食材生产及其他习俗	1	汉源花椒生产民俗	省级	雅安市汉源县文化馆
	2	雅连生产习俗	省级	眉山市洪雅县
	3	九斗碗习俗	市级	成都市温江区永盛镇文化站
	4	瓦屋山打笋节习俗	县级	眉山市洪雅县瓦屋山镇
	5	云合镇九斗碗	县级	成都市金堂县文化馆

从表2-5可以看出，成都平原经济区饮食民俗类非遗项目主要包括四大类，共19项。其中，日常食俗项目1项，岁时节庆食俗项目8项，饮食特色突出的人生礼俗项5项，食材生产及其他习俗5项。就保护等级而言，国家级项目仅羌年1项，占比5.3%；但需要指出的是，羌年是绵阳市北川羌族自治县与阿坝藏族羌族自治州茂县、汶川县、理县等羌族主要聚居区联合申报的，其中涉及羌族过年时的饮食习俗。此外，有省级项目6项，占比31.6%，主要集中在岁时节庆食俗和饮食特色突出的人生礼俗上；市、县两级项目11项（市级2项、县级9项），占比57.9%。

（2）部分代表性非遗项目的保护与传承

▶ 羌年

羌年是羌族重要的传统节日，又称羌历新年、过小年、丰收节等，一般以阴历的十月初一为节日，为期3～5天，主要流行于四川省茂县、汶川县、理县、松潘县、北川羌族自治县等广大羌族聚居区。羌年历史悠久，活动丰富，节日氛围浓厚。羌年来临之际，羌族各寨都要在“释比”的主持下举行隆重的庆祝活动。男女老少手拉手围成一个个圆圈，先是载歌载舞，俗称“跳喜庆沙朗”，然后饮咂酒，彼此互赠美食，吃团圆饭，共祝新年，纵情狂欢，直到深夜才兴尽而归。羌年主要反映的是羌族早期农耕文化，表现出许多游牧、狩猎文化和万物有灵崇拜的遗存。羌年集信仰、历史、歌舞、饮食于一体，具有较高的民族学、社会学、历史

羌年是羌族的传统节日，各村寨欢聚庆祝，家家户户必吃团圆饭（黄梅/摄影）

学、文化学等多重研究价值。2008年，四川省茂县、汶川县、理县、北川羌族自治县联合申报的羌年被列入第二批国家级非物质文化遗产代表性项目名录。肖永庆、王治升成为该项目的国家级非遗代表性传承人。

九斗碗是川西坝子农村传统待客重要习俗，但是，十里不同风、百里不同俗，四川各地九大碗的菜品既有所不同，也各有所长（陈燕/摄影）

▶ 九斗碗习俗

九斗碗是川西坝子农村待客的传统习俗，因其多摆席于农家院坝里，故又名“坝坝宴”。自清代以来，川西农村的人们每逢新春佳节或有红白喜事都要置办九斗碗，热闹非凡。“斗”在四川方言里是指大的容器，“九斗碗”主要指菜多量足。因为这种宴席以蒸菜及腌腊为多，所以又称“三蒸九扣”（锅蒸、笼蒸、碗蒸），后来演变为上九道菜，依次顺序为：①干盘菜；②凉菜；③炒菜；④镶碗；⑤墩子；⑥蹄膀；⑦烧白；⑧鸡肉菜肴；⑨汤菜。九斗碗是川西百姓农耕文明的特殊产物，是民众欢乐共享、团结互助、祈求幸福美满等中华传统美德的体现，具有重要的民俗、历史、社会价值。九斗碗习俗已被列入成都市非物质文化遗产代表性项目名录，该项目得到较大的保护与传承，但还需要进一步加强。

▶ 瓦屋山打笋节习俗

瓦屋山打笋节是眉山市洪雅县瓦屋山镇的传统民俗活动。瓦屋山冷竹笋是瓦屋山地方土特产，多生长于海拔1 000～2 000米的瓦屋山，具有品种多、质量好、营养丰富、口味纯正、风味独特等优势。每年8月下旬至9月，瓦屋山都要举办打笋节，庆祝秋笋丰收。打笋节活动内容丰富多彩，有蓑衣百人方队、古老的祭山仪式、地方民俗表演，是千年农耕文明的传承，是青羌文化、瓦屋山民俗风情的集中展现，具有丰富的民俗内涵和历史价值，虽然已被列入县级非物质文化遗产名录，但还需要进一步加强保护与传承。

每年阴历中秋节前，是四川省洪雅县瓦屋山笋民打笋的季节。每年打笋时节，家家户户、老老少少习惯于披蓑戴笠，来到海拔1 000~2 000米的高山冷箭竹林区搭棚采笋。时间大约持续两月以上（吴明/摄影）

川南经济区

川南经济区包括内江、自贡、宜宾、泸州等地市，既是川、滇、黔、渝四省市的接合部，也是形成四川沿江文化和南向开放的重要门户。川南经济区属亚热带湿润季风气候，全年平均气温17.5～18.0 ℃，四季分明。这一区域降雨量充沛，河流交错纵横，资源丰富，盛产优质特色食材。其中，内江白糖、自贡井盐、泸州老窖、宜宾五粮液等驰名中外。川南经济区饮食文化遗产历史悠久，种类繁多，地域优势突出，特色鲜明，是四川饮食文化遗产的重要组成部分。该区域的人们也很重视挖掘、整理、传承和保护饮食类非遗项目，拥有许多各个等级的非遗代表性项目，并为此开展了大量的保护、传承活动，对推动本地区乃至四川餐饮食品产业发展、弘扬四川饮食文化和丰富民众饮食生活作出了重要贡献。

1.特色食材生产加工类非遗项目

（1）基本构成情况

特色食材生产加工是饮食类非遗项目的重要组成部分，主要包括主辅料生产加工和调味料生产加工两个类型。通过对川南经济区已列入各级代表性名录体系的特色食材生产加工类非遗项目进行收集、调研、整理、归纳，其基本构成情况见表2-6。

表2-6　川南经济区特色食材生产加工类非遗代表性项目名录一览表①

类别	序号	代表性项目	等级	保护（或申报）单位
主辅料生产加工	1	南溪豆腐干制作工艺	省级	宜宾市南溪区文化体育旅游局
	2	泸州邓氏桂圆干果传统制作技艺	省级	泸州市邓氏土特产品有限公司
	3	筠连水粉制作技艺	省级	宜宾市筠连县
	4	云锦邓氏坛子肉	市级	泸州市泸县云锦镇邓氏坛子肉加工厂
	5	渠坝黄氏豆腐干	市级	泸州市纳溪区渠坝豆业有限公司
	6	福宝豆腐干	市级	泸州市合江县福宝镇政府
	7	普照山手工苕粉传统制作技艺	市级	泸州市普照山苕粉丝制造有限公司
	8	古蔺老腊肉传统制作技艺	市级	泸州市古蔺县奇可利种养殖中心

① 中国非物质文化遗产网·中国非物质文化遗产数字博物馆：http://www.ihchina.cn/，四川非物质文化遗产网：http://www.ichsichuan.cn及内江、自贡、宜宾、泸州等地市相关资料整理。

续表

类别	序号	代表性项目	等级	保护（或申报）单位
主辅料生产加工	9	太伏火腿传统制作技艺	市级	泸州市泸县文化馆
	10	黄氏香肠传统制作技艺	市级	泸州市泸县文化馆
	11	“一品德”风干鸡制作技艺	市级	内江市市中区高家庄农业开发有限公司
	12	“一品德”酱豆腐制作技艺	市级	内江市市中区高家庄农业开发有限公司
	13	叙府糟蛋制作工艺	市级	四川省宜宾鸿泰食品有限公司
	14	合什手工面	市级	宜宾市宜宾县文化广播影视新闻出版和体育局
	15	五宝手工空心挂面制作技艺	县级	自贡市贡井区文化馆
	16	自怀腊肉制作技艺	县级	泸州市合江县文化馆
	17	白沙红苕条粉制作技艺	县级	泸州市合江县文化馆
	18	苗族腊肉制作工艺	县级	宜宾市兴文县苗族文化促进会
	19	底洞豆腐干	县级	宜宾市珙县非遗中心
	20	古坎咸鸭蛋制作技艺	县级	自贡市富顺县互助镇
调味料生产加工	1	酱油酿造技艺（先市酱油酿造技艺）	国家级	泸州市合江县
	2	自贡井盐深钻汲制技艺	国家级	自贡市
	3	醋传统酿造技艺（太源井晒醋酿制技艺）	省级	自贡市沿滩区文化馆
	4	酱油酿造技艺（“五比一”酱油酿造技艺）	省级	泸州市合江县永兴诚酿造有限责任公司
	5	护国陈醋传统酿制技艺	省级	泸州市纳溪区文化体育广播电视局
	6	土法榨油技艺	省级	宜宾市兴文县古宋粮油有限责任公司
	7	醋传统酿造技艺（思坡醋传统酿造技艺）	省级	宜宾市思坡醋业有限责任公司
	8	酱菜制作技艺（“周萝卜”酱菜制作技艺）	省级	内江市威宝食品有限公司
	9	酱菜制作技艺（“丰源”资中冬尖生产工艺）	省级	内江市资中县丰源食品有限责任公司
	10	龙须淡口菜制作技艺	省级	自贡市
	11	醋传统酿造技艺(自贡晒醋酿造技艺)	省级	自贡市
	12	自贡井盐传统熬制技艺	省级	自贡市大安区文化馆

续表

类别	序号	代表性项目	等级	保护（或申报）单位
调味料生产加工	13	豆豉传统制作技艺（泸州水豆豉传统制作技艺）	省级	泸州市
	14	酱油传统酿造技艺（双河酱粑酱油传统酿造技艺）	省级	宜宾市
	15	酱菜制作技艺（宜宾芽菜制作技艺）	省级	宜宾市
	16	白塔坝芽菜制作技艺	县级	泸州市合江县文化馆
	17	苗族米酒酿制工艺	县级	宜宾市兴文县苗族文化促进会
	18	屏山套醋制作技艺	县级	宜宾市屏山县文化馆
	19	沈氏泡菜制作技艺	县级	宜宾市珙县非遗中心
	20	明威串氏芽菜传统腌制技艺	县级	宜宾市串氏芽菜有限责任公司
	21	王爷庙麦醋酿造技艺	县级	自贡市富顺县文化馆
	22	小桥子醪糟传统制作技艺	县级	泸州市叙永县叙永镇文化站
	23	白塔坝芽菜制作技艺	县级	泸州市合江县文化馆

从表2-6可以看出，川南经济区特色食材生产加工类非遗项目主要包括两大类，共43项。其中，主辅料生产加工项目20项，调味料生产加工项目23项。就保护等级而言，国家级非遗项目2项，主要集中在调味料生产加工类，占比4.7%；省级16项，占比37.2%；市级、县级25项（市级11项、县级14项），占比58.1%。

（2）部分代表性非遗项目的保护与传承

▶ 先市酱油酿造技艺

先市酱油是泸州市合江县著名特产。据《合江县志》记载，先市酱园始于明末清初，至今已有300多年历史。先市酱油主要原料为黄豆、小麦、食盐和水，黄豆与小麦为当地种植的优质品种，水必须为赤水河畔地下水。先市酱油酿制工艺主要包括浸泡、蒸煮、冷却、拌粉、制曲、发酵、淋油、暴晒浓缩、调配、灭菌、灌装等11道工序。产品具有色泽红亮、清香浓郁、回味悠长、不生花、不粘碗、不易变质等特点。2013年，先市酱油成为中国国家地理标志保护产品。2014年，先市酱油传统制作技艺被列入第四批国家级非物质文化遗产项目名录，此后在保护与传承上取得较大成效。

◎在先市做了一辈子酱油的手艺人看来，在先市只有先市酱油香味最浓，回味最悠长（吴明/摄影）

古蔺老腊肉传统制作技艺

古蔺老腊肉是泸州市古蔺县著名特产。其制作技艺历史悠久，已延续数百年。古蔺老腊肉选用的猪肉为当地吃杂粮的“丫杈猪”，肉质细嫩，芳香浓郁，该猪种被列入《中国畜禽遗传资源志》。古蔺老腊肉制作过程要求严格，在传统工艺腌制的基础上，须用青冈木为炭火，用天然木根柏枝烟熏制成。制成品晶莹透亮、口感细腻、保质期长，具有重要的历史及民俗价值。如今，古蔺老腊肉传统制作技艺已被列入泸州市非物质文化遗产代表性项目名录。

古蔺老腊肉表里如一、色泽鲜艳、味道醇香、肥不腻口、瘦不塞牙，素有“一家煮肉百家香”的赞语（程蓉伟/摄影）

南溪豆腐干制作工艺

南溪豆腐干是宜宾市南溪区著名特产，创制历史悠久。据《南溪县志》记载，清末（1902年）郭选清开始设店生产南溪豆腐干，至今已有百余年历史。南溪豆腐干严格选用南溪当地优质的秋大豆为原料，制作工艺包括选豆、磨浆、点浆、卤制、冷藏、拌料、杀菌等33道工序。南溪豆腐干具有色泽亮丽、质地细嫩、弹性十足、口感柔和、营养丰富、保质期长等特点，是南溪人生活习俗、精神文化的典型载体，具有重要的历史和文化价值。2007年，南溪豆腐干制作工艺被列入四川省第一批省级非物质文化遗产代表性项目名录。2008年，南溪豆腐干成为中国国家地理标志保护产品。如今，南溪豆腐干博览馆已经建成，成为南溪豆腐干传统工艺教学基地、南溪非物质文化遗产传习基地。

屏山套醋不仅仅是一种美食，更是一种药食兼用的天然健康产品，故有“金浆之露”的美誉（程蓉伟/摄影）

屏山套醋制作技艺

屏山套醋是宜宾市屏山县传统特产，又称为药曲味醋。其生产始创于清朝乾隆年间，为太洪寺高僧所创制。屏山套醋制作技艺独特，以大米麸皮和多种中草药为原料精酿而成，具有色泽深红、酸性适度、香味浓郁、营养丰富、保质期长等特点。如今，屏山套醋已被列入县级非物质文化遗产代表性项目名录，虽得到一定的保护与传承，但还需要进一步加强。

2.菜点制作技艺类非遗项目

（1）基本构成情况

菜点制作技艺是饮食类非遗项目的重要组成部分，主要包括菜肴制作技艺、面点小吃制作技艺两个类型。通过对川南经济区已列入各级非遗代表性项目名录体系的菜点制作技艺类非遗项目进行收集、调研、整理、归纳，其基本构成情况见表2-7。

表2-7　川南经济区菜点制作技艺类非遗代表性项目名录一览表①

类别	序号	代表性项目	等级	保护（或申报）单位
菜肴制作技艺	1	牛肉烹制技艺（自贡火边子牛肉制作）	省级	自贡市文化馆
	2	富顺豆花制作工艺	省级	自贡市富顺豆花文化协会
	3	江门荤豆花传统制作技艺	省级	泸州市叙永县江门镇文化站
	4	家禽菜肴传统烹制技艺（观音场月母鸡汤制作技艺）	省级	泸州市云龙观音场月母鸡汤餐馆
	5	古蔺麻辣鸡传统制作技艺	省级	泸州市古蔺县
	6	叙永豆汤面传统制作技艺	省级	泸州市叙永县
	7	李庄白肉传统制作技艺	省级	宜宾市
	8	长宁县全竹宴传统烹饪技艺	省级	宜宾市长宁县
	9	高县土火锅烹饪制作技艺	省级	宜宾市高县
	10	牛佛烘肘	市级	自贡市大安区文化馆
	11	古蔺麻辣鸡传统制作技艺	市级	泸州市古蔺县文体广局
	12	卤匠肖鸭子	市级	泸州市老卤匠肖鸭子卤制品作坊
	13	古蔺钟跷脚牛肉干传统制作技艺	市级	泸州市古蔺县钟跷脚食品有限责任公司
	14	泸州白马鸡汤传统制作技艺	市级	四川潘师傅餐饮文化有限公司
	15	高县沙河钟氏豆腐制作工艺	市级	宜宾市高县文化馆
	16	罗泉豆腐制作技艺	市级	内江市资中县罗泉镇
	17	九大碗制作工艺	县级	自贡市富顺县东湖镇

① 中国非物质文化遗产网·中国非物质文化遗产数字博物馆：http://www.ihchina.cn/，四川非物质文化遗产网：http://www.ichsichuan.cn及内江、自贡、宜宾、泸州等地市相关资料整理。

续表

类别	序号	代表性项目	等级	保护（或申报）单位
菜肴制作技艺	18	长滩火巴泥鳅制作工艺	县级	自贡市富顺县长滩镇
	19	代寺软鲊肉丝技艺	县级	自贡市富顺县代寺镇
	20	富顺羊肉汤烹饪技艺	县级	自贡市富顺县文化馆
	21	怀德鲊鱼制作技艺	县级	自贡市富顺县怀德镇
	22	横溪河鱼制作技艺	县级	自贡市富顺县兜山镇
	23	潘氏大安烧牛肉	县级	自贡市大安区文化馆
	24	建工活水兔制作技艺	县级	泸州市纳溪区建工酒楼
	25	杨师白马鸡汤制作技艺	县级	泸州市叙永县永宁街道办
	26	三桥手撕火烧黄鳝制作技艺	县级	泸州市合江县文化馆
	27	大坝裹脚肉制作工艺	县级	宜宾市叙州区
	28	苗族九大碗制作工艺	县级	宜宾市兴文县苗族文化促进会
	29	糟黄瓜制作技艺	县级	宜宾市筠连县文化馆
	30	张妈鲶鱼制作工艺	县级	四川张妈妈餐饮管理有限公司
面点小吃制作技艺	1	四川小吃制作技艺（双河凉糕制作技艺）	省级	长宁县文化馆
	2	宜宾燃面传统制作技艺	省级	宜宾市益康饮食服务有限责任公司
	3	婴儿米粉制作技艺（泸州肥儿粉传统制作技艺）	省级	泸州市四川省正味正点食品厂
	4	蜜饯制作技艺（内江蜜饯制作技艺）	省级	内江市市中区文化体育局
	5	黄老五花生酥传统制作技艺	省级	内江市
	6	资中罗泉豆腐制作技艺	省级	内江市资中县
	7	尧坝黄粑传统制作技艺	省级	泸州市合江县
	8	东兴区油炸粑制作技艺	省级	内江市东兴区
	9	四川小吃制作技艺（猪儿粑制作技艺）	省级	宜宾市江安县
	10	两河桃片传统制作技艺	省级	泸州市叙永县
	11	合江县宋氏糖果传统制作技艺	市级	合江县文化馆
	12	叙永米花糖传统手工制作技艺	市级	泸州市叙永县建新食品厂
	13	古蔺手工面传统制作技艺	市级	泸州市古蔺县文化馆

续表

类别	序号	代表性项目	等级	保护（或申报）单位
面点小吃制作技艺	14	纳溪肖氏泡糖传统制作技艺	市级	泸州市纳溪区云兴食品有限公司
	15	叙永豆汤面传统制作技艺	市级	泸州市叙永县餐饮娱乐商会、叙永县食力派生态火锅餐饮店
	16	泸州黄粑传统制作技艺	市级	泸州传承古法食品有限公司
	17	泸州白糕传统制作技艺	市级	泸州传承古法食品有限公司
	18	泸州风雪糕传统制作技艺	市级	泸州传承古法食品有限公司
	19	僰乡猪儿粑	市级	宜宾市珙县非遗中心
	20	兴文刘抄手制作技艺	市级	宜宾市兴文县刘抄手食品有限责任公司
	21	横江眉毛酥	市级	宜宾市叙州区文化广电局
	22	马氏酥枣兔制作技艺	市级	内江市市中区马氏酥枣兔商店
	23	“王凉粉”制作技艺	市级	内江市东兴区文化馆
	24	合江“福牌”福宝酥饼传统制作技艺	市级	泸州市合江县文化馆
	25	高县何氏鸭儿粑制作工艺	市级	宜宾市高县文化馆
	26	资中曾氏糖画制作工艺	市级	内江市资中县非遗保护中心
	27	空心面制作工艺	县级	自贡市富顺县永年镇
	28	观音桥绿豆粑制作技艺	县级	自贡市富顺县福善镇
	29	赵化小吃制作技艺	县级	自贡市富顺县赵化镇
	30	荣县苕丝糖传统制作技艺	县级	自贡市荣县文化馆
	31	徐锅盔制作技艺	县级	自贡市贡井区文化馆
	32	贡井黄粑制作技艺	县级	自贡市贡井区文化馆
	33	糯米四方酥制作技艺	县级	自贡市贡井区文化馆
	34	双河凉糕传统制作技艺	县级	宜宾市长宁县文管所
	35	大坝猪儿粑制作工艺	县级	宜宾市兴文县
	36	屏山苞谷粑	县级	宜宾市屏山县文化馆
	37	屏山草草粑	县级	宜宾市屏山县文化馆
	38	红桥猪儿粑	县级	宜宾市江安县文化馆

续表

类别	序号	代表性项目	等级	保护（或申报）单位
面点小吃制作技艺	39	“荣氏糕点”制作工艺	县级	宜宾市高县文化馆
	40	宋旺贵灰水粑食品制作技艺	县级	宜宾市宜宾县文化广电局
	41	水尾椒盐火肘酥饼传统制作技艺	县级	泸州市叙永县水尾镇文化站
	42	筠连月饼制作技艺	县级	宜宾市筠连县文化馆

从表2-7可以看出，川南经济区菜点制作技艺类非遗项目主要包括两大类，共72项。其中，菜点制作技艺项目30项，面点小吃制作技艺项目42项。就保护等级而言，省级项目19项，占比26.4%，主要集中在菜点制作技艺、面点小吃制作技艺两类；市、县两级项目53项（市级23项、县级30项），占比73.6%；国家级项目缺失。

（2）部分代表性非遗项目的保护与传承

▶ 富顺豆花制作工艺

富顺豆花是自贡市富顺县传统美食。据记载，富顺豆花已有1 200多年历史，是当地民众勤劳智慧的结晶。最初，大量盐工由于制盐、搬盐而等不及豆腐做好，直接用未成形的豆腐拌辣椒水下饭，由此诞生了富顺豆花。它经独特的制作工艺制成，豆花绵而不老、嫩而不溏、洁白如雪、清香悠长，所配的豆花蘸水麻、辣、鲜、香兼而有之，回味无穷，具有较高的历史、文化价值，是自贡千年盐都的生动写照，与自贡井盐息息相关，其所使用的盐卤即是制盐生产剩余的母液，其与自贡井盐一道闻名遐迩。2007年，富顺豆花制作工艺被列入四川省第一批非物质文化遗产名录。如今，富顺豆花非遗文化产业园已投入使用，有力地推动了富顺豆花制作工艺的保护与传承。

富顺因豆花而闻名，豆花却不仅香在富顺。越来越多的富顺人走出富顺，将他们家乡的美味传播到全国各地（程蓉伟/摄影）

▶ 宜宾燃面传统制作技艺

◎千万别小看一碗宜宾燃面，虽然它只是一个地方的小吃，但它却浓缩了宜宾老一辈人的烹调智慧（程蓉伟/摄影）

宜宾燃面是宜宾市最具特色的传统名小吃，相传起源于清代，其名称颇有特色。一种说法是面条重油、重辣，外形像一团燃烧的火，故名“燃面”；还有一种传说是普通百姓家如果油灯中的灯草不够时，将面条放入油灯当灯芯，可以点燃照明，故称“燃面”；其民俗特征鲜明。宜宾燃面以当地优质水面条为主料，以宜宾碎米芽菜、小磨麻油、鲜板化油、八角等10余种原料为辅料，经过煮面、甩干、去碱味、加作料等工序制成。成品具有颜色鲜亮、口感滑润、味道鲜香等特点，是宜宾人日常必不可少的美食。1997年，宜宾燃面被评为“中华名小吃”。2011年，宜宾燃面传统制作技艺入选第三批四川省非物质文化遗产代表性项目名录。如今，宜宾燃面传统制作技艺得到极大的保护与传承，在四川乃至全国许多地方都能见到宜宾燃面的身影，拥有众多爱好者。

◎黄老五花生酥（程蓉伟/摄影）

▶ 黄老五花生酥制作技艺

黄老五花生酥是内江市威远县著名特产，始创于清光绪年间，至今已有百余年历史。黄老五花生酥选用花生、小麦、玉米等纯天然绿色原料，制作工艺严格，火候、温度、硬度、酥软度、香味都要求精益求精、恰如其分。产品具有白、酥、香、脆、甜五大特色，甜而不腻、入口化渣、香脆爽口，是内江糖城文化的典型代表，具有重要的历史和文化价值。如今，以黄老五花生酥制作技艺为核心的内江花生酥制作技艺于2023年被列入第六批四川省非物质文化遗产代表性项目名录，得到了极大的保护、传承和发展。

▶ 大坝猪儿粑制作工艺

大坝猪儿粑是宜宾市兴文县地方特色美食，始创于明末清初，至今已有300多年历史。大坝猪儿粑以糯米与菜汁制成皮，再包入馅料后蒸制而成。馅料非常讲究，有甜馅和咸馅两种。其中，甜馅有黑芝麻、白糖、核桃、果料等；咸馅有鲜肉、笋丁、肉末、咸菜、鸡肉等。蒸制要求严格，9分钟蒸制时间内要揿3次锅盖才能制成。成品造型多样，十分惹人喜

◎宜宾猪儿粑的馅料除了咸馅还有甜馅。甜馅主要是以白糖、化猪油、橘红、桂花糖或玫瑰糖、芝麻、核桃果料等为原料（程蓉伟/摄影）

爱。如今，大坝猪儿粑已成为县级非物质文化遗产项目，并且常在兴文县特色美食旅游节庆活动期间进行展示、推广，每年都会吸引大量游客前来参观、品尝，为全面推进当地乡村振兴、拉动旅游经济发展作出了一定贡献。

3.茶酒制作技艺类非遗项目

（1）基本构成情况

茶酒制作技艺是饮食类非遗项目的重要组成部分，主要包括茶的生产制作技艺和酒的酿造技艺两个类型。通过对川南经济区已列入各级非遗代表性名录体系的茶酒制作技艺类非遗项目进行收集、调研、整理、归纳，其基本构成情况见表2-8。

表2-8　川南经济区茶酒制作技艺类非遗代表性项目名录一览表[①]

类别	序号	代表性项目	等级	保护（或申报）单位
茶的生产制作技艺	1	四川绿茶制作技艺（雀舌手工茶制作技艺）	省级	泸州市纳溪区金凤山茶厂
	2	川红工夫红茶制作技艺	省级	宜宾川红茶业集团有限公司
	3	四川绿茶制作技艺（叙府龙芽传统制作技艺）	省级	四川省叙府茶业有限公司
	4	四川绿茶制作技艺（荣县手工制茶技艺）	省级	自贡市荣县
	5	四川绿茶制作技艺（屏山炒青传统制作技艺）	省级	宜宾市
	6	筠连红茶制作工艺	县级	宜宾市筠连县文化馆
	7	苦丁茶制作技艺	县级	宜宾市筠连县文化馆
酒的酿造技艺	1	蒸馏酒传统酿造技艺（五粮液酒传统酿造技艺）	国家级	四川省宜宾市
	2	蒸馏酒传统酿造技艺（古蔺郎酒传统酿造技艺）	国家级	四川省古蔺县
	3	泸州老窖酒酿制技艺	国家级	四川省泸州市
	4	蒸馏酒传统酿造技艺（醉八仙酒酿制技艺）	省级	泸州市千年酒业有限公司
	5	蒸馏酒传统酿造技艺（永乐古窖酒传统酿造技艺）	省级	宜宾红楼梦酒业股份有限公司
	6	酿造酒传统制作技艺（桂花伏酒传统酿制技艺）	省级	甘孜藏族自治州泸定县
	7	唐朝老窖传统酿制技艺	省级	四川唐朝老窖（集团）有限公司

① 中国非物质文化遗产网·中国非物质文化遗产数字博物馆：http://www.ihchina.cn/，四川非物质文化遗产网：http://www.ichsichuan.cn及内江、自贡、宜宾、泸州等地市相关资料整理。

续表

类别	序号	代表性项目	等级	保护（或申报）单位
酒的酿造技艺	8	蒸馏酒传统酿造技艺（羽丰酒传统酿制技艺）	省级	泸州市
	9	三溪酒传统手工酿制技艺	省级	泸州三溪酒厂
	10	原窖酒传统酿制技艺	省级	泸州原窖酒厂股份有限公司
	11	蒸馏酒传统酿造技艺（德盛福·元兴和酒传统酿造技艺）	省级	宜宾市
	12	蒸馏酒传统酿造技艺（邓子均传统酿酒技艺）	省级	宜宾市
	13	天宝洞贮酒技艺空间	市级	泸州市古蔺郎酒厂
	14	滩滩窖酒传统酿制技艺	市级	泸州市江阳区文体广局
	15	江阳区泸皇酒传统酿制技艺	市级	泸州市泸通曲酒厂
	16	泸州山村原浆酒传统酿制技艺	市级	泸州山村酒业有限公司
	17	泸州玉蝉酒传统酿制技艺	市级	泸州玉蝉酒类有限公司
	18	泸州华明窖酒传统酿制技艺	市级	泸州华明酒业集团有限公司
	19	四川巴蜀液酒传统酿制技艺	市级	泸州巴蜀液酒业集团有限公司
	20	老瓦盆藏酒传统酿制技艺	市级	泸州赖公高淮酒业有限公司
	21	纳溪小曲酒传统酿制技艺	市级	泸州市纳溪区新乐镇
	22	泸县青龙场陈氏白烧传统酿造技艺	市级	泸县福集镇青龙白酒厂
	23	江阳昌强富子酒传统酿制技艺	市级	泸州昌强酒厂
	24	泸州金窖醇酒传统酿制技艺	市级	泸州金窖醇酒业有限公司
	25	上马泥裹酒传统酿制技艺	市级	泸州市纳溪区窖行天下酒类有限公司
	26	古楼山桂花酒传统熏制技艺	市级	泸州市纳溪区龙车镇
	27	合江小曲酒传统配制技艺	市级	泸州市合江县文化馆
	28	两河口土藏窖酒酿造技艺	市级	泸州市泸县得胜两河口白酒厂
	29	白沙桂花配制酒酿制技艺	市级	泸州市合江县文化馆
	30	吴家酒传统酿制技艺	市级	泸州市吴家酒酒业有限公司

续表

类别	序号	代表性项目	等级	保护（或申报）单位
酒的酿造技艺	31	宏瑞酒传统酿制技艺	市级	泸州宏瑞酒业有限公司
	32	普照酒传统酿制技艺	市级	泸州市合江县普照酒业有限公司
	33	五丰多粮型大曲酒传统酿制技艺	市级	泸州五丰酒业有限公司
	34	池窖酒传统酿制技艺	市级	泸州池窖酒业集团有限公司
	35	罗府烧坊中华美酒传统酿制技艺	市级	四川中华美酒业有限公司
	36	福宝三角塘小曲酒传统制作技艺	市级	泸州市合江县福宝三角塘酒厂
	37	康庆坊酒传统酿制技艺	市级	泸州康庆坊酒业有限公司
	38	泸州周氏古法天锅酿造技艺	市级	泸州凯乐名豪酒业有限公司
	39	王家白酒	市级	宜宾市珙县非遗保护中心
	40	金谭玉液酿酒技艺	市级	宜宾市高县文化馆
	41	五黑液酿酒技艺	市级	宜宾市高县文化馆
	42	神州甜酒曲制作技艺	市级	内江市东兴区文化馆
	43	赵化白酒酿造工艺	县级	自贡市富顺县文化馆
	44	韦氏高粱酒制作技艺	县级	自贡市富顺县文化馆
	45	观乐小曲酒制作技艺	县级	自贡市福善镇政府
	46	红茅烧酒传统配制技艺	县级	自贡市贡井区文化馆
	47	龙车桂花酒制作技艺	县级	泸州市怡养坊酒业有限公司
	48	云锦五斗粮酒酿造技艺	县级	四川泸州二郎神酒厂
	49	云锦圆客酒酿造技艺	县级	四川泸州二郎神酒厂
	50	杨梅酒制作技艺	县级	泸州市生态部落酒业有限公司
	51	苗族米酒酿制工艺	县级	宜宾市兴文县苗族文化促进会
	52	底洞金曲村白酒	县级	宜宾市珙县非遗中心
	53	僰人蒟酱酒	县级	宜宾市珙县非遗中心
	54	肖氏猕猴桃酒制作技艺	县级	宜宾市叙州区文化广电局

从表2-8可以看出，川南经济区的茶酒制作技艺类非遗项目主要包括两大类，共61项。其中，茶的生产制作技艺项目仅7项，酒的酿造技艺项目54项。就保护等级而言，国家级项目3项，集中在酒的酿造技艺，占比4.9%；省级项目14项，占比22.9%；市、县两级项目44项（市级30项、县级14项），占比72.1%。

（2）部分代表性非遗项目的保护与传承

▶ 五粮液酒传统酿造技艺

五粮液酒是宜宾市著名特产和中国十大名酒之一。五粮液酒传承历史悠久，其前身可追溯到宋代；之后，明代陈氏在宜宾开设温德丰糟坊，发明“陈氏秘方”；民国初年，邓子均继承“陈氏秘方”后又多次改良，提高了酒的品质。五粮液酒传统酿造技艺在传承“陈氏秘方”基础上，用高粱、大米、糯米、小麦、玉米五种粮食酿制而成，其对地理、气候、土壤、水质要求严格，宜宾地区得天独厚的自然条件为其提供了有力保障。五粮液酒酿制工艺主要包括配料、拌料、蒸糠、开窖、蒸馏、勾兑等流程。五粮液酒是浓香型白酒的典型代表，产品具有绵香悠久、入口甘美、沁人心脾的特点。2006年，五粮液酒成为第一批“中华老字号”。2008年，五粮液酒传统酿造技艺被列入第二批国家级非物质文化遗产名录。此后，该项目不仅通过生产，而且积极参加各类相关美食节、糖酒会等活动进行广泛传播。

五粮液酒是用高粱、大米、糯米、小麦、玉米五种精细谷物为原料，以古法工艺配方酿造而成，是世界上率先采用五种粮食进行酿造的烈性酒（程蓉伟/摄影）

公元1324年，制曲之父郭怀玉发明甘醇曲，酿制出第一代泸州大曲酒，由此开创了浓香型白酒的酿造史。而后690余年师徒相承，口口相述，传承至今（程蓉伟/摄影）

▶ 泸州老窖酒酿制技艺

泸州老窖酒是泸州市著名特产和中国十大名酒之一。泸州酒业始于秦汉，兴于唐宋，盛于明清。泸州老窖酒传统酿造技艺在秦汉以来川南酒业发展的特定时空氛围下开始孕育，在元、明、清三代正式定型并走向成熟。泸州老窖酒传统酿造技艺包括泥窖制作维护、大曲药制作鉴评、原酒酿造摘酒、原酒陈酿、勾兑尝评等繁多工序。这一技艺的重要载体之一——泸州老窖窖池群，包括四口位于城区的有400余年历史的老窖池（已被国务院列为国家级重点文物保护单位）和300余口分布于城区及周边各县百年以上的老窖池；它们是泸州老窖酒酿造技艺传承、发展的根基。泸州老窖酒传统酿造技艺在我国酒类行业中享有“活文物”之称，是我国酿酒技术和酒文化的典型实例，于2006年被列入第一批国家级非物质文化遗产名录。该项目作为中国乃至世界酿酒业的珍贵非物质文化遗产，不仅通过生产，也通过积极参加相关美食节、糖酒会等节会活动进行广泛传播。

▶ 上马泥裹酒传统酿制技艺

上马泥裹酒是四川省泸州市传统特产，历史悠久，制作工艺独特，文化色彩鲜明。其制作原料在小麦、大米、玉米、高粱、糯米基础上增加了黑米。制作工艺包括拌料、蒸糠、制曲、摊晾、入窖、起窖等工序，通过古法天锅蒸馏酿酒，酒质更加醇厚。该酒最大的特色是陶酒瓶外包裹了一层优质窖泥，窖泥含有的多种微生物与陶瓶、酒体持续发生缔合作用，每一瓶酒都有一个独立的窖藏，酒体更为厚重，酒汁柔和绵香。如今，上马泥裹酒传统酿制技艺已列入泸州市非物质文化遗产项目名录，得到了较好的保护与传承。

▶ 苗族米酒酿制工艺

时间和温度成就了苗族米酒的甘冽（吴明/摄影）

苗族米酒是宜宾市兴文县苗族同胞重要的日常饮品和中国古老的酿制酒之一，创制历史悠久。其制作流程主要包括原料选择、浸洗、蒸饭、凉饭、入缸搭窝、发酵等工序。成品具有色泽亮白、绵柔香甜、酒精度低等特点。苗族米酒在苗族百姓中基本上是家家户户自行酿制，在招待宾客、重要节庆、婚丧嫁娶等活动中都是必不可少的饮品，具有浓厚的纪念意义和仪式感，其民俗、文化价值较高。如今，苗族米酒酿制技艺已被列入县级非物质文化遗产项目名录，得到了一定的保护与传承，但还需要进一步加强。

川红工夫茶条索肥壮、圆紧，金毫披身，色泽乌黑油润，冲泡后内质香气清鲜，带有橘糖香，汤色浓亮（程蓉伟/摄影）

▶ 川红工夫红茶制作技艺

川红工夫红茶是宜宾市著名特产，与祁红、滇红并称为中国三大工夫红茶，一直传承着古代贡茶制作方法。其原料选取当地优质茶叶树种的早春嫩芽，制作工艺包括萎凋、揉捻、发酵、干燥和精制等工序，纯手工制作。产品具有色泽红亮、滋味浓厚、焦糖香味浓郁等特点，是红茶中的上品。著名品牌有醒世黄金白露、川红红贵人、叙府金芽、早白尖贵妃红等。2014年，川红工夫红茶制作技艺被列入四川省第四批省级非物质文化遗产代表性项目名录。此后，宜宾川红工夫红茶技艺体验基地成为省级非遗项目体验基地，不断开展保护与传承工作。

4.烹饪设备与餐饮器具制作技艺类非遗项目

（1）基本构成情况

烹饪设备与餐饮器具制作技艺是饮食类非遗项目的重要组成部分，主要包括烹饪设备制作技艺和餐饮器具制作技艺两个类型。通过对川南经济区已列入各级代表性名录体系的烹饪设备与餐饮器具制作技艺类非遗项目进行收集、调研、整理、归纳，其基本构成情况见表2-9。

表2-9　川南经济区烹饪设备与餐饮器具制作技艺类非遗代表性项目名录一览表[1]

类别	序号	代表性项目	等级	保护（或申报）单位
烹饪设备制作技艺	1	土陶制作技艺（荣县土陶）	省级	自贡市荣县文化馆
	2	土陶制作技艺（隆昌土陶）	省级	内江市隆昌市碧檀陶瓷有限公司
	3	高县土火锅制作技艺	市级	宜宾市高县文化馆
	4	筠连土锅浇铸技艺	县级	宜宾市筠连县文化馆
餐饮器具制作技艺	1	两河吊洞砂锅传统手工制作技艺	省级	泸州市叙永县文化馆
	2	凤鸣竹筷制作技艺	县级	泸州市合江县凤鸣镇

从表2-9可以看出，川南经济区的烹饪设备与餐饮器具制作技艺类非遗项目主要包括两大类，共6项。其中，烹饪设备制作技艺项目4项，餐饮器具制作技艺项目2项。就保护等级而言，分布较为均衡，省级项目3项，占比50%；市、县两级项目3项（市级1项、县级2项），占比50%；国家级项目缺失。

（2）部分代表性非遗项目的保护与传承

荣县陶土资源丰富，制陶历史悠久，高岭土储存量达数亿吨，得天独厚的陶泥资源和良好的工艺传承，孕育了荣县土陶产业（田道华/摄影）

▶ 荣县土陶制作技艺

荣县土陶是自贡市荣县著名特产，距今已有2 000多年历史。荣县土陶以黏土、石英及长石等天然矿物质为原料，按不同配方，经制坯、预热干燥、烧制和冷却制成。成品具有质地刚硬、酸碱适度、色泽亮丽、坚固耐用等特点。传统产品主要有泡菜坛、储酒坛等。2018年，荣县土陶制作技艺被列入四川省第五批省级非物质文化遗产代表性项目名录，荣县第八代祖传土陶工匠黄斌被授予“农村手工艺大师”称号。目前，荣县土陶产业不断发展，全县土陶从业人员达数百人，都在积极开展荣县土陶制作技艺的保护与传承工作。

① 中国非物质文化遗产网·中国非物质文化遗产数字博物馆：http://www.ihchina.cn/，四川非物质文化遗产网：http://www.ichsichuan.cn及内江、自贡、宜宾、泸州等地市相关资料整理。

◎高县土火锅是用纯手工制作而成的土陶锅，其原产地在高县庆符镇，南广河畔。用此锅烹制的食物，明显具有鲜、香、脆的特点，但它却是与麻辣不沾边的四川土火锅（田道华/摄影）

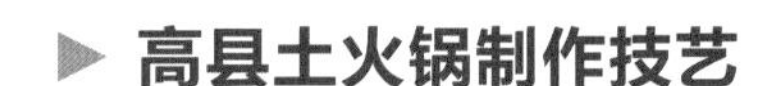

▶ 高县土火锅制作技艺

高县土火锅是宜宾市高县传统特色烹饪器具，创制于明末清初，距今已有300多年历史。其制作技艺精湛，选料为高县龙腾一带的深井泥土，经过制熟料、造型、粘贴、晾干、入窑、烧制、闭火、上水、冷却等工序制成。成品色泽灰暗、质地坚硬、造型美观、经久耐用，是烹制菜肴的佳器。用高县土火锅烹制的菜品具有鲜、香、脆、嫩的特点，远销省内外多个地区。如今，高县土火锅制作技艺已被列入宜宾市非物质文化遗产项目名录，得到了较好的保护与传承。

▶ 凤鸣竹筷制作技艺

凤鸣竹筷是泸州市合江县特产。凤鸣镇被誉为“竹筷之乡”，竹资源十分丰富，杂竹年可采伐4万吨，楠竹年可采伐20万株。凤鸣竹筷所用的材料来自当地优质竹木。采用手工制作，具有纯天然、生态、绿色的特点。目前，凤鸣竹筷从业人员有5 000多人，可生产10多个竹筷品种，产品远销北京、武汉等国内10多个省市，年产值有2 000多万元。凤鸣竹筷制作技艺已被列入县级非物质文化遗产项目名录，为当地带来了较为突出的经济和社会效益，但还需进一步加强保护与传承。

5.饮食民俗类非遗项目

（1）基本构成情况

饮食民俗是饮食类非遗项目的重要组成部分，主要包括日常食俗、岁时节庆食俗、饮食特色突出的人生礼俗、食材生产及其他习俗四个类型。通过对川南经济区已列入各级代表性名录体系的饮食民俗类非遗项目进行收集、调研、整理、归纳，其基本构成情况见表2-10。

表2-10　川南经济区饮食民俗类非遗代表性项目名录一览表①

类别	序号	代表性项目	非遗等级	保护（或申报）单位
日常食俗	1	合江早豆花习俗	省级	泸州市合江县
	2	合江传统酒令习俗	市级	泸州市合江县文化馆
	3	天兴行酒令	县级	泸州市泸县文化馆
	4	泸州老窖封藏大典	省级	泸州市
岁时节庆食俗	1	焦滩乡大端阳节	省级	泸州市合江县焦滩乡
	2	川南请春酒习俗	省级	宜宾市高县文化馆
	3	水潦彝族“牛王节”	市级	泸州市叙永县水潦彝族乡综合文化站
	4	献新	县级	自贡市富顺县琵琶镇
	5	苗族吃新节	县级	宜宾市兴文县苗族文化促进会
	6	正月十六吃龙肉	县级	宜宾市南溪区江南镇
	7	荣县古佳正月二十闹元宵	县级	自贡市荣县文化馆
其他习俗	1	苗族百桌长宴	市级	宜宾市兴文县苗族文化促进会

从表2-10可以看出，川南经济区饮食民俗类非遗项目主要包括三大类，共12项。其中，日常食俗项目4项，岁时节庆食俗项目7项，其他习俗1项。就保护等级而言，省级项目4项，占比33.3%；市、县两级项目8项（市级3项、县级5项），占比66.7%；国家级非遗项目缺失。

（2）部分代表性非遗项目的保护与传承

▶ 川南请春酒习俗

请春酒是在川南地区民间普遍流行的特色节日习俗。请春酒即指春节期间的宴饮活动。川南请春酒习俗历史悠久，自明代起一直传承至今，活动时间较长，一般从正月持续到二月底。请春酒习俗仪式复杂、完整，饮食分为三台：第一台吃茶食；第二台喝酒，吃“干盘子”，干盘子多为花生米、猪肝、鸡心等下酒菜；第三台才是正餐，吃“九大碗”。一般人家以猪肉为主，以头碗、肉扣（烧白）、杂扣（粉蒸肉）、肘子为主菜；另配猪之肚杂及上述四菜之边角余料，伴以笋、芋、苕、海带、粉条等，经烧、炒、熘、煸而为五碗，即为“九大碗”。川南请春酒蕴含着丰富的民俗文化内涵，是当地民众相互

① 中国非物质文化遗产网·中国非物质文化遗产数字博物馆：http://www.ihchina.cn/，四川非物质文化遗产网：http://www.ichsichuan.cn及内江、自贡、宜宾、泸州等地市相关资料整理。

如今，川南请春酒不仅是宜宾市高县人春节期间互相拜年的习俗，也成了备受游客欢迎的旅游项目。在高县庆岭乡、大窝镇、落润乡等地有不少农家乐，很多外地客人专程赶来品尝春酒，感受浓浓的乡情（程蓉伟/摄影）

拜年习俗的表现形式之一，弘扬了中华民族互敬互爱、和气礼让、尊老爱幼的传统美德。2018年，川南请春酒被列入四川省第五批非物质文化遗产代表性项目名录。如今，高县庆岭乡打造了川南请春酒文化一条街，请春酒已成为当地特色文化旅游活动和当地民俗旅游品牌，有力地推动了该项目的保护与传承。

▶ 合江早豆花习俗

早豆花是泸州市合江县独特的传统饮食民俗，起源于旧时合江盐道船帮和马帮的“早吃豆花”食俗。清末民国初年，马帮、船帮工人要赶早启程，来不及做早饭，一般都到街上吃一碗豆花、喝点土酒，以驱寒除湿、增强体力。随着时间的推移，早上吃豆花的人越来越多，街上早豆花店铺也遍地开花，豆花制作技艺也得以不断改进和完善。合江早豆花的制作包括泡豆、磨浆、烧浆、滤浆、点浆等工序，所配的蘸水作料丰富，有30多种，且加入了地方特色调料鱼香菜、木姜叶等。合江早豆花质地软嫩、麻辣鲜香、营养丰富，是当地百姓日常早餐常见的食物，具有浓厚的民俗色彩。2023年，合江早豆花习俗被列入第六批四川省非物质文化遗产代表性项目名录。

有人说，合江绝对是能实现豆花自由的地方（程蓉伟/摄影）

由于历史原因，苗族多居山区，生存艰难，据民国时期出版的《古宋县志初稿》记载，苗人“俱喜耕山辟荒土……恒冒风雨涉艰险不避”，苗族人民历来对粮食非常重视，这也是吃新节流传至今的重要原因之一（吴明/摄影）

正月十六“吃龙肉”，是南溪江南镇流传了近千年的风俗。这里所说的“龙肉”，是以猪肉、鸡肉、鸭肉为主。一般以村为单位组织，用本村耍龙灯得来的钱来购买大米、猪肉、鸡肉、鸭肉等食材，摆设坝坝宴，宴请所有村民和来客，共同祈福新年吉祥（陈燕/摄影）

苗族吃新节

苗族吃新节是宜宾市兴文县苗族同胞集祭祀、娱乐、饮食于一体的重要传统节日。举办时间一般持续三天。节日开始当天，客人要盛装打扮，携带糯米饭、鱼肉、鸡鸭等礼品，牵着斗牛来主人寨中过节；主人以公鸡、鱼肉祭祀祖先，然后主宾喝酒欢庆。第二天开展斗牛、赛马、跳芦笙、斗雀等活动。第三天日薄西山时，客人返程，主人要用歌声送别客人，客人以歌回敬。苗族吃新节是苗族重要的“娱神”节日，表达了苗族民众对美好生活的向往、对自然的敬畏与感恩，目前虽已被列入县级非物质文化遗产项目名录，得到了较好的保护，但还应该进一步挖掘其历史、文化价值，促进其更好地保护与传承。

正月十六“吃龙肉”

正月十六“吃龙肉”是宜宾市江南镇的传统饮食习俗，至今已有上千年历史。每年春节，当地百姓都要耍龙灯、庆新春，龙灯队来拜年时，民众纷纷给龙灯队福钱。龙灯队的村民就用得来的钱请大家吃饭，即为“吃龙肉”。“吃龙肉”的主要食材是鸡肉、鸭肉和猪肉，规模浩大，每年要设宴数千桌，服务人员上千人。附近村民聚在一起，吃喝娱乐，团结和睦。龙是幸福、神圣的象征，“吃龙肉”表达了当地百姓驱邪消灾，祈求幸福的美好愿望，具有重要的民俗文化价值。如今，正月十六“吃龙肉”已被列入县级非物质文化遗产项目名录，但还应当进一步做好保护与传承工作。

川东北经济区

川东北经济区位于四川盆地东北部，包括南充、广元、巴中、达州、广安等五市。此区域属于亚热带湿润季风气候，绵阴多雨，气温适宜，水资源丰富，主要有嘉陵江、渠江及其支系，优越的地理环境造就了此区域优质、丰富的饮食资源，如南充冬菜、通江银耳、保宁醋、剑阁豆腐、川北凉粉、灯影牛肉、开江豆笋等享誉中外的地方著名特产。川东北经济区饮食文化遗产历史悠久、文化内涵独特，尤其是三国文化、红色文化较为突出。同时，饮食文化遗产挖掘、传承、保护状况良好，通过与旅游业有机融合，在助推当地乡村振兴等方面作出了重要贡献。

1.特色食材生产加工类非遗项目

（1）基本构成情况

特色食材生产加工是饮食类非遗项目的重要组成部分，主要包括主辅料生产加工和调味料生产加工两个类型。通过对川东北经济区已列入各级代表性项目名录体系的特色食材生产加工类非遗项目进行收集、调研、整理、归纳，其基本构成情况见表2-11。

表2-11 川东北经济区特色食材生产加工类非遗代表性项目名录一览表[①]

类别	序号	代表性项目	等级	保护（或申报）单位
主辅料生产加工	1	通江银耳生产传统技艺	省级	巴中市通江县文化馆
	2	豆笋制作技艺（开江豆笋）	省级	达州市开江县文化馆
	3	渠县黄花生产传统技艺	省级	达州市渠县
	4	岳东手工挂面制作技艺	省级	广元市
	5	豆腐干制作技艺（观音豆腐干制作技艺）	省级	达州市
	6	皮蛋制作技艺（德乡嫂松花蛋制作技艺）	省级	南充市仪陇县
	7	皮蛋制作技艺（泥巴蛋制作技艺）	省级	达州市
	8	豆腐干制作技艺（曹氏豆干制作技艺）	省级	南充市蓬安县
	9	巴河风干鱼	市级	巴中市平昌县文化馆

① 中国非物质文化遗产网·中国非物质文化遗产数字博物馆：http://www.ihchina.cn/，四川非物质文化遗产网：http://www.ichsichuan.cn及南充、广元、巴中、达州、广安等地市相关资料整理。

续表

类别	序号	代表性项目	等级	保护（或申报）单位
主辅料生产加工	10	朱老头腊肉腌制技艺	市级	巴中市平昌县文化馆
	11	利溪粉条制作技艺	市级	南充市蓬安县利远条粉厂
	12	九龙手工空心挂面	市级	广安市邻水县文广新局
	13	永寿寺豆腐干生产工艺	市级	广安市武胜县非遗保护中心
	14	观音豆腐干制作技艺	市级	达州市大竹县文化馆
	15	周记蔬菜汁豆干	市级	巴中市南江县文化馆
	16	曹氏豆干制作技艺	市级	南充市蓬安县文化馆
	17	顾县牛皮豆腐干	市级	岳池县文化馆
	18	营山油豆腐制作技艺	市级	南充市营山县经济商务和信息化局
	19	马氏牛肉	市级	广安市武胜县非遗保护中心
	20	邓家盐皮蛋	市级	广安市广安区文广新局
	21	任市唐板鸭传统手工技艺	市级	达州市开江县文化馆
	22	涌兴卢板鸭传统加工技艺	市级	达州市渠县文化馆
	23	青川腊肉制作工艺	县级	广元市青川县文化馆
	24	腊肉加工技艺	县级	巴中市巴州区政府
	25	巴山腊肉	县级	巴中市南江县文化馆
	26	杨家挂面	县级	南充市蓬安县文化馆
	27	贺家空心挂面制作技艺	县级	南充市高坪区非遗办
	28	南部县河坝印氏腊肉	县级	南充市南部县文化馆
	29	巴山腊肉加工技艺	县级	巴中市恩阳区文化馆
	30	剑门火腿制作工艺	县级	广元市剑阁和全食品开发有限公司
	31	盐皮蛋	县级	南充市营山县三元乡
	32	王狗儿豆腐干制作工艺	县级	广安市广安区浓洄街道办事处
	33	孙氏松花皮蛋	县级	达州市渠县文化馆
	34	宣汉豆腐干	县级	达州市宣汉县文化馆

续表

类别	序号	代表性项目	等级	保护（或申报）单位
调味料生产加工	1	保宁醋传统酿造工艺	国家级	四川保宁醋有限公司
	2	醪糟酿造技艺（木门醪糟酿造工艺）	省级	广元市旺苍县文化馆
	3	东柳醪糟酿造技艺	省级	达州市大竹县文化馆
	4	邻水麦酱制作技艺	省级	广安市
	5	何大妈豆瓣腌制技艺	市级	巴中市平昌县文化馆
	6	营山红油制作技艺	市级	南充市营山县经济商务局
	7	烟山冬菜腌制技艺	市级	南充烟山味业有限公司
	8	杨氏传统古法木榨油工艺	市级	广安市武胜县非遗保护中心
	9	桃园鱼辣子	市级	巴中市南江县文化馆
	10	仪陇酱瓜制作技艺	市级	四川旺平食品责任有限公司
	11	南部大桥豆瓣制作技艺	市级	南充市南部县文化馆
	12	青川酸菜制作工艺	县级	广元市青川县文化馆
	13	旺苍土酸菜制作技艺	县级	广元市旺苍县文化馆
	14	石厢子酸菜	县级	广元市青川县石坝乡文化站
	15	袁家岩油坊	县级	南充市南部县文化馆
	16	营山红油制作技艺	县级	南充市营山县经济商务局
	17	仪陇榨菜	县级	南充市仪陇县文化馆
	18	仪陇胭脂萝卜	县级	南充市仪陇县文化馆
	19	土酸菜	县级	广元市利州区宝轮镇文化站

从表2-11可以看出，川东北经济区的特色食材生产加工类非遗项目主要包括两大类，共53项。其中，主辅料生产加工项目34项，调味料生产加工项目19项。就保护等级而言，国家级项目1项，占比1.9%；省级项目11项，占比20.8%，分布较为均匀；市级、县级项目共41项（市级项目21项、县级项目20项），占比77.4%。

（2）部分代表性非遗项目的保护与传承

▶ 通江银耳生产传统技艺

通江银耳是巴中市通江县著名特产。其始于唐朝，至今已有1 000多年历史，明清时为朝廷贡品。通江银耳传统生产技艺复杂，主要有祭山、砍山、剔丫枝、铡棒、架晒、发菌、排堂、管理、采耳、制耳等多个环节，全过程均采用古朴的工具进行手工操作，再加之通江县具备适宜银耳生长的独特地理环境，从而造就了其上佳的品质。通江银耳具有外形美观、色泽黄亮、体大肉厚、营养丰富等特点。2004年，通江银耳成为中国国家地理标志保护产品。2018年，通江银耳生产传统技艺被列入四川省第五批省级非物质文化遗产代表性项目名录。2019年，通江银耳入选中国农业品牌名录。目前，通江银耳产值为30多亿元，巴中通江银耳生产体验基地已成为省级非遗项目体验基地。

◎通江银耳发轫于盛唐，食用于宋元，入药于明清，名声远扬（吴明/摄影）

▶ 岳东手工挂面制作技艺

◎岳东手工挂面的制作不仅仅是一门手艺，更是一种文化的传承。因此，岳东的做面老艺人至今仍然坚持手工制作，相信自己双手与双眼多年形成的感觉（程蓉伟/摄影）

岳东手工挂面是广元市苍溪县传统特产。其生产历史悠久，至今已有上千年历史。岳东手工挂面制作技艺复杂、独特，包括做条、下盆、发汗、出面、拉条、上柱、分杆、晾干等环节，和面时需要掺和一定比例的食盐。做成的面条成形美观、色泽亮丽、耐煮不烂、口感筋道、品类丰富，制成品有龙须面、银丝面、玉带面、玉米面、大葱面、蔬菜面等多种。2023年，岳东手工挂面制作技艺被列入四川省第六批省级非物质文化遗产代表性项目名录。

▶ 旺苍土酸菜制作技艺

◎旺苍土酸菜的制作工艺和人们通常所说的泡酸菜有很大的差别。在旺苍当地，土酸菜和泡酸菜有着严格的定义和区分（程蓉伟/摄影）

旺苍土酸菜是广元市旺苍县民间传统调味品，历史悠久。其选料广泛，主要为农民田间的油菜、莲花白、萝卜秧等。制作旺苍土酸菜用水讲究，需选取当地清澈、透明的山泉水泡制；制作工艺主要包括切菜、焯烫、装坛发酵等步骤。成品具有酸咸适度、质地脆嫩、保质期长等特点，是当地百姓制作酸菜汤、酸菜鱼、酸菜肉等菜肴不可或缺的调味料。如今，旺苍土酸菜传统制作技艺在民间家庭不断传承，已被列入县级非物质文化遗产项目名录。

2.菜点制作技艺类非遗项目

（1）基本构成情况

菜点制作技艺主要包括菜肴制作技艺、面点小吃制作技艺、烹饪基本工艺三个类型。通过对川东北经济区已列入各级非遗代表性项目名录体系的菜点制作技艺类非遗项目进行收集、调研、整理、归纳，其基本构成情况见表2-12。

表2-12　川东北经济区菜点制作技艺类非遗代表性项目名录一览表[①]

类别	序号	代表性项目	等级	保护（或申报）单位
菜肴制作技艺	1	牛肉烹制技艺（阆中盐叶子牛肉制作）	省级	南充市阆中市华珍风味食品有限公司
	2	家禽菜肴传统烹制技艺（徐鸭子传统制作技艺）	省级	达州市宣汉县文化馆
	3	四川客家牛肉制作技艺	省级	南充市
	4	达县灯影牛肉传统加工技艺	省级	达州市文化馆
	5	畜肉菜肴传统制作技艺(桂兴羊肉制作技艺)	省级	广安市前锋区
	6	巴中十大碗制作技艺	省级	巴中市恩阳区
	7	剑门豆腐制作技艺	市级	广元市剑阁县文化馆
	8	曾家酸水豆腐制作技艺	市级	广元市朝天区文化馆
	9	升钟卧龙鲊制作技艺	市级	南充市南部县文化馆
	10	河舒豆腐制作技艺	市级	南充市蓬安县文化馆
	11	石桥米酒鱼制作技艺	市级	达州市达川区文化馆
	12	白衣全鱼宴	市级	巴中市平昌县文化馆
	13	青溪豆腐制作工艺	县级	广元市青川县文化馆
	14	福德酥肉	县级	南充市蓬安县文化馆
	15	桂兴羊肉制作工艺	县级	广安市前锋区桂兴镇
	16	胡老四蒸蛋	县级	达州市渠县文化馆
	17	三汇水八块制作技艺	县级	三汇太太水八块
	18	牛肉干传统制作技艺	县级	达州市宣汉县文化馆

① 中国非物质文化遗产网·中国非物质文化遗产数字博物馆：http://www.ihchina.cn/，四川非物质文化遗产网：http://www.ichsichuan.cn及南充、广元、巴中、达州、广安等地市相关资料整理。

续表

类别	序号	代表性项目	等级	保护（或申报）单位
面点小吃制作技艺	1	川北凉粉传统制作技艺	省级	四川川北凉粉饮食文化有限公司
	2	广元蒸凉面制作技艺	省级	广元市利州区
	3	保宁蒸馍制作技艺	省级	四川保宁蒸馍有限公司
	4	岳池米粉制作技艺	省级	广安市岳池县
	5	碑庙米豆腐制作技艺	省级	达州市通川区
	6	米花糖制作技艺（邻水阴米酥制作技艺）	省级	广安市邻水县
	7	碗泉臭黄荆叶凉粉制作技艺	市级	广元市剑阁县文化馆
	8	白龙豆花稀饭制作技艺	市级	广元市剑阁县文化馆
	9	鹤龄水煮包子制作技艺	市级	广元市剑阁县文化馆
	10	充国狮王糕制作工艺	市级	南充市西充县金龙食品厂
	11	长赤麻饼	市级	巴中市南江县文化馆
	12	提糖麻饼制作技艺	市级	巴中市恩阳区文化馆
	13	方酥锅盔制作技艺	市级	南充市南部县文化馆
	14	川北客家手工面制作技艺	市级	南充市仪陇县金乐福食品有限责任公司
	15	南部肥肠烹制技艺	市级	南充市南部县文化馆
	16	南部何氏烧梅制作技艺	市级	南充市南部县文化馆
	17	武胜麻哥面	市级	广安市武胜县非遗保护中心
	18	土法凉粉	县级	广元市利州区宝轮镇文化站
	19	上寺手工扯面	县级	广元市剑阁县文化馆
	20	兴隆手工柴火烧煳辣椒面传统制作技艺	县级	巴中市兴隆镇文化站
	21	南江根面	县级	巴中市南江县文化馆
	22	兰草椒盐锅盔	县级	巴中市平昌县文化馆
	23	方酥锅盔制作技艺	县级	南充市南部县文化馆
	24	打锅盔	县级	南充市顺庆区
	25	营山凉面制作工艺	县级	南充市营山县文化馆
	26	傅豆花制作工艺	县级	广安市广安区浓洄街道办事处
	27	龙酥果制作工艺	县级	广安市广安区龙台镇
	28	斑鸠树叶凉粉	县级	达州市达川区文化馆

从表2-12可以看出，川东北经济区菜点制作技艺类非遗项目主要包括两大类，共46项。其中，菜点制作技艺项目18项，面点小吃制作技艺项目28项。就非遗等级而言，省级项目12项，占比26.1%；市、县两级项目34项（市级17项、县级17项），占比73.9%；国家级项目缺失。

（2）部分代表性非遗项目的保护与传承

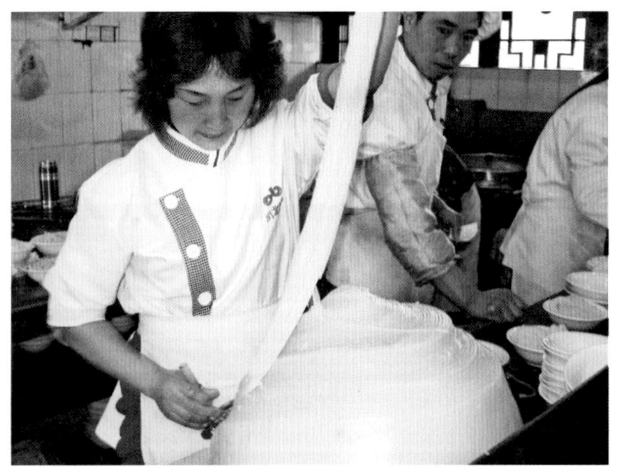

虽然在四川的川南、川东、川西都拥有特色各异的凉粉，但川北凉粉以其豉香浓厚、酸味适度、蒜香浓郁及香而不燥的辣味征服了大众的味蕾（田道华/摄影）

▶ 川北凉粉传统制作技艺

川北凉粉是南充市著名小吃，创制于清代末年，已有百余年历史。创始人为谢天禄，其后，陈洪顺通过改进制作技艺提升了其品质，推动了川北凉粉的传播。川北凉粉选用当地淀粉含量高的优质麻皮豌豆为原料，制作工艺包括4关、8步、24道工序。红油配料也有独特的制作秘方，是用32种调味料精制而成。不同的是，川北凉粉还需要制作味水，系用9种香料浸泡而成。川北凉粉具有质地细嫩、筋力绵软、麻辣鲜香的特点，体现了南充人热烈、奔放的文化性格，具有重要的历史、文化价值，被评为“中华名小吃”。2011年，川北凉粉传统制作技艺被列入四川省第三批省级非物质文化遗产名录。此后，该项目积极通过生产和参加各类与美食节庆相关的活动进行传承和传播。

▶ 剑门豆腐制作技艺

剑门豆腐是广元市剑阁县著名特产，其创制历史已逾千年。相传三国时期蜀国大将姜维率领士兵食用剑门豆腐后英勇无比，最终解除剑门危急。剑门豆腐选料讲究，选用优质高蛋白大豆。制作工艺精湛，鲜豆腐制作包括选料、浸泡、磨浆分离、煮浆、凝浆、压榨等多道工序。剑门豆腐制作的最大特色是使用酸水凝浆，即用新鲜蔬菜发酵制成酸水，再用酸水促使豆浆凝结，制成的豆腐具有颜色亮白、质地细嫩、口感细腻、爽口无渣、清香扑鼻的特点。2011年，剑门豆腐成为中国国家地理标志保护产品。2017年，剑门豆腐日产量达20万吨，年产值为3亿多元。如今，剑门豆腐制作技艺被列入广元市非物质文化遗产项目名录，得到了较好的保护与传承。

剑门豆腐色白如雪、质地细嫩、味透清香、韧性极强，无论切块、拉条、开片、切丝都得心应手，随意成形，不碎不烂（程蓉伟/摄影）

◎在营山人的眼里，凉面绝对不是夏季的专属。一年四季，营山凉面总会适宜地出现在当地人的视线里，“挑逗”着大家的味蕾，“挽留”着大家的脚步（程蓉伟/摄影）

▶ 营山凉面制作技艺

营山凉面是南充市营山县特色小吃，是当地百姓自古传承至今的传统食品。其制作工艺包括煮面、晾面、抹香油、制豆芽、做调味汁、拌面等多道工序。成品具有色泽亮丽、面条筋道、味道浓厚等特点，是当地百姓日常不可缺少的食品。每年正月初一，营山民众都要吃一碗营山凉面，祈求健康长寿。营山凉面具有较高的文化价值，已被列入县级非物质文化遗产项目名录，得到了有效的保护与传承。

3.茶酒制作技艺类非遗项目

（1）基本构成情况

茶酒制作技艺类非遗项目主要包括茶的生产制作技艺和酒的酿造技艺两个类型。通过对川东北经济区已列入各级代表性名录体系的茶酒制作技艺类非遗项目进行收集、调研、整理、归纳，其基本构成情况见表2–13。

表2–13　川东北经济区茶酒制作技艺类非遗代表性项目名录一览表①

类别	序号	代表性项目	等级	保护（或申报）单位
茶的生产制作技艺	1	七佛贡茶茶饼制作工艺	省级	广元市青川县文化馆
	2	桑茶制作技艺	省级	南充市
	3	四川绿茶制作技艺（米仓山茶制作技艺）	省级	广元市旺苍县文化馆
	4	香炉茶传统生产工艺	市级	南充市西充县文化馆
	5	老鹰茶	县级	广元市利州区宝轮镇文化站
	6	“皇山雀舌”茶艺	县级	巴中市平昌县文化馆
	7	香炉茶传统生产工艺	县级	南充市西充县文化馆

① 中国非物质文化遗产网·中国非物质文化遗产数字博物馆：http://www.ihchina.cn/，四川非物质文化遗产网：http://www.ichsichuan.cn及南充、广元、巴中、达州、广安等地市相关资料整理。

续表

类别	序号	代表性项目	等级	保护（或申报）单位
酒的酿造技艺	1	蒸馏酒传统酿造技艺（江口醇酒传统酿造技艺）	省级	四川江口醇酒业（集团）有限公司
	2	配制酒传统酿造技艺（保宁压酒酿造技艺）	省级	四川保宁压酒有限公司
	3	渠县呷酒酿造技艺	省级	达州市渠县宕府王食品有限公司
	4	蒸馏酒传统酿造技艺（小角楼酒传统酿造技艺）	省级	巴中市平昌县文化馆
	5	支溪古酒	市级	广元市旺苍县文化馆
	6	西充凤和黄酒酿造技艺	市级	四川凤和黄酒有限责任公司
	7	龙台酒传统酿制技艺	市级	广安市广安区龙台镇
	8	骑马黄酒制作工艺	县级	广元市青川县文化馆
	9	荞子酒制作工艺	县级	广元市旺苍县文化馆
	10	白衣小酢酒	县级	巴中市平昌县文化馆
	11	银明黄酒系列	县级	南充市仪陇县文化馆
	12	淫羊仙酒制作工艺	县级	广安市前锋区桂兴镇
	13	莲花小甄酒	县级	广元市利州区宝轮镇文化站
	14	大竹王氏老灶酒酿制技艺	县级	达州市大竹王氏老灶酒厂

从表2–13可以看出，川东北经济区的茶酒制作技艺类非遗项目主要包括两大类，共21项。其中，茶的生产制作技艺项目7项，酒的酿造技艺项目14项。就保护等级而言，省级项目7项，占比33.3%，主要集中于酒的酿造技艺；市、县两级非遗项目14项（市级4项、县级10项），占比66.7%；国家级项目缺失。

（2）部分代表性非遗项目的保护与传承

▶ 江口醇酒传统酿造技艺

江口醇酒是巴中市平昌县著名特产，创制于清末，至今已有130多年历史。其酿酒原料特别选用大巴山出产的优质高粱、小麦和当地山泉水，酒曲则采用大巴山当地20多种中草药制成，发酵工艺为窖中窖复式发酵，长期陶坛密封适温贮存，陈酿老熟。成品具有口感醇和、芳香浓郁的特点，是中国醇和型白酒的创领者。2009年，江口醇酒传统酿造技艺被列入四川省第二批省级非物质文化遗产名录。2010年，江口醇酒成为中国国家地理标志保护产品。此后，该项目得到较好的传承与发展。

▶ 小角楼酒传统酿造技艺

小角楼酒是巴中市平昌县著名特产，创制于明末清初，至今已有300多年历史。其酿制原料选用大巴山种植的优质糯高粱和当地纯净的山泉水。窖池窖泥使用原始森林环境中的原料，利用森林长久洞藏。2023年，小角楼酒传统酿造技艺被列入四川省第六批省级非物质文化遗产代表性项目名录，使该项目得到较好的保护与传承。

▶ 四川绿茶制作技艺（米仓山茶制作技艺）

◎米仓山茶是四川十大名茶之一。其特点是：外形扁平似剑，色泽似玉，香气沁香持久，汤色黄绿明亮，滋味鲜醇浓甘，叶底黄绿明亮（程蓉伟/摄影）

米仓山茶是广元市旺苍县特产，也是中国国家地理标志保护产品，迄今已有2 000多年历史。米仓山茶制作技艺考究，须经过择育、采青、摊青、杀青、做形（两揉一搓）、烘焙（提香）、挑拣等10余道工序及独特的杀青和做形工艺制成。米仓山茶成品具有外形扁平似剑，色泽似玉，香气沁香持久，汤色黄绿明亮，滋味鲜醇浓甘，叶底黄绿明亮的特点。米仓山地处中国大陆南北地理和气候生态过渡带，气候温润，年降水量在1 200毫米以上，年平均气温约15℃，独特的地理环境和亚热带气候十分适合茶树生长。茶园分布在海拔600~1 500米的群山之中，所产的米仓山茶属于高山茶，其硒、锌含量较高，品质极佳，先后获得中国驰名商标等荣誉。2023年，米仓山茶制作技艺被列入四川省第六批省级非物质文化遗产代表性项目名录，该项目通过生产和参加多种展示活动，不仅得到较好的传承与保护，也为旺苍县的高质量发展、打赢脱贫攻坚战及乡村振兴作出了突出贡献。

4.烹饪设备与餐饮器具制作技艺类非遗项目

（1）基本构成情况

烹饪设备与餐饮器具制作技艺主要包括烹饪设备制作技艺、餐饮器具制作技艺两个类型。通过对川东北经济区已列入各级代表性名录体系的烹饪设备与餐饮器具制作技艺类非遗项目进行收集、调研、整理、归纳，其基本构成情况见表2–14。

表2-14 川东北经济区烹饪设备与餐饮器具制作技艺类非遗代表性项目名录一览表[1]

类别	序号	代表性项目	等级	保护（或申报）单位
烹饪设备制作技艺	1	沿口菜刀制作技艺	市级	广安市武胜县非遗保护中心
	2	土陶制作	县级	广元市朝天区文广新局
	3	土陶技艺	县级	巴中市恩阳区文化馆
	4	补 锅	县级	广安市邻水县文化馆
餐饮器具制作技艺	1	窑沟土陶制作技艺	县级	广元市剑阁县文化馆
	2	前锋猪肉蒸笼制作工艺	县级	广安市前锋区前锋镇
	3	仪陇铁器制作	县级	南充市仪陇县文化馆

从表2-14可以看出，川东北经济区的烹饪设备与餐饮器具制作技艺类非遗项目主要包括两大类，共7项。其中，烹饪设备制作技艺项目4项，餐饮器具制作技艺项目3项。就保护等级而言，仅有市、县两级项目7项（市级1项、县级6项），且以陶器、铁器制作技艺为主，在川东北经济区烹饪设备与餐饮器具制作技艺类非遗项目中占比100%；国家级、省级非遗项目皆缺失。

（2）部分代表性非遗项目的保护与传承

▶ 沿口菜刀制作技艺

沿口菜刀是广安市武胜县特产，创制于清咸丰四年（1854年），距今已有160多年历史。其选料考究，制作工艺复杂，包括锻打、冷作、淬火、回火、校正等多道工序。成品质地刚硬、刀刃锋利、造型浑厚、经久耐用。沿口菜刀多次获得国家级、省级金奖和银奖，畅销全国各地，是食材切割的优良工具。如今，沿口菜刀被列入广安市非物质文化遗产项目名录，得到一定的保护与传承。

▶ 仪陇铁器制作技艺

铁器制作是南充市仪陇县传统手工艺和当地农村制作生产、生活铁具的传统方式，历史悠久。铁器打制要求技术娴熟，上手掌主锤，下手打大锤，两人要心有灵犀，配合默契。火红的铁器在锻造过程中可以变化出各种形状。成品厚重结实，经久耐用。

◎铁器制作是南充市仪陇县的传统手工艺，也是当地农村获取生活铁制器具的重要来源（程蓉伟/摄影）

① 中国非物质文化遗产网·中国非物质文化遗产数字博物馆：http://www.ihchina.cn/，四川非物质文化遗产网：http://www.ichsichuan.cn及南充、广元、巴中、达州、广安等地市相关资料整理。

仪陇打制的铁器主要有锅铲、刨刀及菜刀等，是当地人烹饪与餐饮器具的重要组成部分。如今，铁器制作已被列入县级非物质文化遗产项目名录，得到一定的保护与传承，但还需要进一步加强。

5.饮食民俗类非遗项目

（1）基本构成情况

饮食民俗主要包括日常食俗、岁时节庆食俗、人生礼俗、食材生产习俗四个类型。通过对川东北经济区已列入各级代表性名录体系的饮食民俗类非遗项目进行收集、调研、归纳、整理，其基本构成情况见表2–15。

表2–15　川东北经济区饮食民俗类非遗代表性项目名录一览表[①]

类别	序号	代表性项目	等级	保护（或申报）单位
日常食俗	1	咂酒	县级	巴中市恩阳区文化馆
岁时节庆食俗	1	阆中春节习俗	省级	南充市阆中市非遗协会
	2	锯山娅大肉会习俗	省级	广元市剑阁县文化馆
	3	过大年	县级	巴中市南江县文化馆
	4	过小年	县级	巴中市南江县文化馆
人生礼俗	1	满月酒	县级	巴中市平昌县文化馆
	2	拜保保	县级	南充市高坪区非遗办
	3	高坪民间寿庆习俗	县级	南充市高坪区非遗办
	4	打三朝习俗	县级	广安市邻水县文化馆

从表2–15可以看出，川东北经济区饮食民俗类非遗项目主要包括三大类，共9项。其中，日常食俗项目1项，岁时节庆食俗项目4项，人生礼俗项目4项。就保护等级而言，有省级项目2项，占比22.2%，集中在岁时节庆食俗上；县级项目7项，占比77.8%；国家级及市级非遗项目缺失。

（2）部分代表性非遗项目的保护与传承

▶ 阆中春节习俗

阆中春节习俗历史悠久。西汉时期，阆中人落下闳为汉武帝制定新历，即《太初历》，将正月初一定为春节，从此延续至今。落下闳因此被称为春节创始人。阆中春节习俗内容丰富，特色鲜明，文化内

① 中国非物质文化遗产网·中国非物质文化遗产数字博物馆：http://www.ihchina.cn/，四川非物质文化遗产网：http://www.ichsichuan.cn及南充、广元、巴中、达州、广安等地市相关资料整理。

◎春节期间，阆中古城处处洋溢着浓浓的年味，来自四面八方的游客与当地市民在多姿多彩的节庆活动中感受着春节的喜庆氛围，传递着对新年的美好祝福（吴明/摄影）

涵深厚。阆中春节自腊月初八开始，家家户户都要制作腊八粥；腊月二十三祭灶神；除夕吃年夜饭，饭前敬祖宗，饭后放鞭炮；正月初一抢银水，谁最早担水回到家，谁家就一年兴旺发达。此外，还有打春牛、亮花鞋、烧花舞龙、张飞巡城等民俗活动。阆中春节习俗是中国春节文化的典型代表和活化石，具有重要的历史与民俗价值。2018年，阆中春节习俗被列入四川省第五批省级非物质文化遗产代表性项目名录。此后，该项目得到较好的保护与传承。

▶ 锯山垭“大肉会”习俗

锯山垭“大肉会”是广元市剑阁县普安镇锯山垭村居民的传统民俗活动，最早可追溯到唐代，至今已有上千年历史。举办日期为每年阴历二月初三和十月初一。当日锯山垭村民都要祭祀神灵，祈求风调雨顺，贡献整头猪以谢恩。祭祀活动结束后，每位村民分得一块熟肉，席地分而食之，由此慢慢演化成为“大肉会”。节会上的大肉选用五花肉，加入五味调料慢

◎在锯山垭“大肉会”上，色、香、味俱全的大肉是绝对主角。大块的猪肉在大厨的精心烹饪下，经过10余小时的文火慢煨方才出锅，香味浓郁，让人食欲大增（吴明/摄影）

火焖炖10余个小时后制成，肉质肥而不腻，入口化渣，齿颊留香。每桌放一把小刀，切成8块，人均一块。大肉会期间，还举行耍龙灯、川剧锣鼓、木偶等文艺表演活动。后来，“大肉会”已发展成为集祭祀、农贸交易、旅游于一体的民间盛会。2023年，锯山垭“大肉会”被列入四川省第六批省级非物质文化遗产代表性项目名录，得到了较好的保护与传承。

▶ 打三朝习俗

◎打三朝类似于吃满月酒，只不过时间在孩子出生后的3～7天举行。除了川东农村，在其他地方包括一些少数民族地区也流行着打三朝的习俗。在待客的宴席上，醪糟蛋是少不了的食物之一（吴明/摄影）

打三朝是川东北地区农村普遍流行的一种人生礼俗。一般在女子出嫁后生下第一个孩子的第三天至第七天举行。孩子出生第二天后，孩子的父亲带一只鸡到老丈人家报喜，带公鸡表示生男孩，带母鸡表示生女孩。孩子的外婆则要带上醪糟、腊肉、鸡蛋、糖等食物和给孩子的衣物到女婿家中办宴庆祝，给孩子取名，赏长命钱等。打三朝表达了民众对家族后代延续的喜悦及对新生儿平安健康、快乐成长的祈求与祝愿，具有重要的民俗价值。如今，打三朝已被列入县级非物质文化遗产项目名录，但还需要进一步保护与传承。

川西北生态示范区

川西北生态示范区位于四川省西北部，包括甘孜藏族自治州、阿坝藏族羌族自治州两个自治州。该地区位于我国地势第一阶梯和第二阶梯的连接带，地形以高山、高原为主，水资源丰富，干系河流有金沙江、岷江、雅砻江和大渡河。川西北生态示范区具有青藏高原的气候特征，温差大、日照足、冬季长、降雨少。典型的地理及气候环境孕育了当地丰富而独特的饮食文化遗产。该地特色食材众多且品质上佳，如青稞、牦牛、藏羊、藏香猪、松茸，以及虫草、天麻、当归、黄芪等，均是极为珍贵的食疗养生食材。该地区为藏族、羌族等少数民族集聚区，饮食文化遗产历史悠久、文化内涵深厚、民族色彩鲜明、饮食技艺独特、饮食器具造型美观、饮食民俗丰富多彩。应将饮食类非遗项目保护与传承、发展和民族文化保护、生态保护、文化旅游发展有机结合起来，更进一步做到见人、见物、见生活，以此促进当地社会经济更好地发展。

1.特色食材生产加工类非遗项目

（1）基本构成情况

特色食材生产加工是饮食类非遗项目的重要组成部分，主要包括主辅料生产加工和调味料生产加工两个类型。通过对川西北生态示范区已列入各级非遗代表性项目名录体系的特色食材生产加工类非遗项目进行收集、调研、整理、归纳，其基本构成情况见表2-16。

表2-16　川西北生态示范区特色食材生产加工类非遗代表性项目名录一览表[①]

类别	序号	代表性项目	等级	保护（或申报）单位
主辅料生产加工	1	藏族芫根制作技艺	市级	甘孜藏族自治州文化馆、康定市文化馆
	2	扎坝臭猪头制作技艺	市级	甘孜藏族自治州道孚县文化馆
	3	九寨血肠制作技艺	县级	阿坝藏族羌族自治州九寨沟县文化馆
	4	血肠制作技艺	县级	阿坝藏族羌族自治州壤塘县文化馆
调味料生产加工	1	化林坪盐菜制作技艺	省级	甘孜藏族自治州泸定县
	2	藏族干酸菜制作技艺	市级	甘孜藏族自治州德格县文化馆
	3	小金嘉绒藏族圆根酸菜制作技艺	县级	阿坝藏族羌族自治州小金县文化馆

从表2-16可以看出，川西北生态示范区的特色食材生产加工类非遗项目主要包括两大类，共7项。其中，主辅料生产加工项目4项，调味料生产加工项目3项。就保护等级而言，有省级项目1项，占比14.3%；市级项目3项，占比42.9%；县级项目3项，占比42.9%。国家级项目缺失。

（2）部分代表性非遗项目的保护与传承

▶ 藏族芫根制作技艺

芫根又名芫菁，是青藏高原上一种独特而古老的可食植物，其种植历史悠久，距今已逾千年。芫根是一种医食两用食材，具有开胃消食、清热解毒、降血脂、抗疲劳等食疗养生功能。作为康定市特产，当地藏族百姓对芫根的食用方式多种多样，

2010年，中华人民共和国农业部批准对“康定芫根”实施农产品地理标志登记保护（吴明/摄影）

① 中国非物质文化遗产网·中国非物质文化遗产数字博物馆：http://www.ihchina.cn/，四川非物质文化遗产网：http://www.ichsichuan.cn及甘孜、阿坝等地州相关资料整理。

既可直接生吃，也可做成芫根汤，还可通过自然晾晒做成芫根干。芫根在康定地区还可当成容器制作成芫根灯用以供奉佛祖，是康定地区燃灯会上的主角。芫根制作技艺在藏族民间不断传承，已被列入康定市非物质文化遗产项目名录，但还需得到更多重视，通过更多方式进一步加强保护和传承。

▶ 化林坪盐菜制作技艺

泸定县兴隆镇化林坪，曾是茶马古道上的“西陲首府，第一重镇”。盐菜腌制技术传入化林坪后，逐渐得到普及，成了泸定县茶马古道沿线上最为独特的味道坐标。华林坪盐菜的制作原料主要为当地产的大白菜。腌制好的盐菜独具特色，便于存储，不易生虫，不易腐烂，色泽金黄，椒香纯正，常用于炒制腊肉、鲜肉配菜、包子馅料，在当地远近闻名。2023年，化林坪盐菜制作技艺被列入四川省第六批省级非物质文化遗产代表性项目名录，得到较好的传承与保护。

只有通过泸定县化林坪当地的阳光、温度、湿度和微生物的合力而为，才能完成一棵白菜从地上种植食材到咸淡适宜、甘甜醇香、回味悠长的嬗变（吴明/摄影）

▶ 九寨血肠制作技艺

九寨血肠是阿坝藏族羌族自治州九寨沟县的传统特产，创制历史悠久，是当地民众日常饮食不可或缺的食物品种。九寨沟的藏族牧民不单独食用羊血，而是将其灌入小肠内煮食，因而创制了九寨血肠。其制作方式简单、独特，即将羊肉剁碎，拌入多种调料后与羊血一起灌入肠内，用线扎紧，放入汤中煮至约八成熟即出锅、割食。成品清香软嫩、风味独特、经久耐藏。如今，九寨血肠制作技艺已被列入县级非物质文化遗产项目名录，得到了一定的传承与保护。

九寨沟不仅有醉人的美景、美酒，还有美味的九寨血肠（田道华/摄影）

2.菜点制作技艺类非遗项目

（1）基本构成情况

菜点制作技艺主要包括菜肴制作技艺、面点小吃制作技艺、烹饪基本工艺三个类型。通过对川西北生态示范区已列入各级非遗代表性项目名录体系的菜点制作技艺类非遗项目进行收集、调研、归纳、整理，其基本构成情况见表2–17。

表2-17　川西北生态示范区菜点制作技艺类非遗代表性项目名录一览表①

类别	序号	代表性项目	等级	保护（或申报）单位
菜肴制作技艺	1	彝族坨坨肉制作技艺	市级	甘孜藏族自治州九龙县文化馆
	2	轧猪头肉的制作技艺	县级	阿坝藏族羌族自治州九寨沟县文化馆
	3	南坪九大碗制作技艺	县级	阿坝藏族羌族自治州九寨沟县文化馆
	4	小金清真牛杂制作技艺	县级	阿坝藏族羌族自治州小金县文化馆
	5	层裹（大肠制作技艺）	县级	阿坝藏族羌族自治州小金县文化馆
面点小吃制作技艺	1	水淘糌粑制作技艺	省级	甘孜藏族自治州甘孜县文化旅游局
	2	火烧子馍馍制作技艺	省级	甘孜藏族自治州泸定县
	3	冷碛天须花花制作技艺	省级	甘孜藏族自治州泸定县
	4	色达牦牛奶制品制作技艺	省级	甘孜藏族自治州色达县文化馆
	5	花馍馍制作技艺	省级	甘孜藏族自治州道孚县文化馆
	6	四川小吃制作技艺(酥酪糕)	省级	甘孜藏族自治州白玉县
	7	泸定凉粉制作技艺	省级	甘孜藏族自治州泸定县
	8	韭菜合合制作工艺	市级	阿坝藏族羌族自治州茂县文化馆
	9	奶饼子制作技艺	市级	甘孜藏族自治州康定市文化馆
	10	藏餐制作技艺——火烧子馍馍	市级	甘孜藏族自治州丹巴县文化馆
	11	九寨荞饼制作技艺	县级	阿坝藏族羌族自治州九寨沟县文化馆
	12	燕麦熟面疙瘩子手工技艺	县级	阿坝藏族羌族自治州九寨沟县文化馆
	13	白马千层馍的制作技艺	县级	阿坝藏族羌族自治州九寨沟县文化馆
	14	南坪杂面制作技艺	县级	阿坝藏族羌族自治州九寨沟县文化馆
	15	南坪洋芋糍粑制作技艺	县级	阿坝藏族羌族自治州九寨沟县文化馆
	16	南坪柿饼制作技艺	县级	阿坝藏族羌族自治州九寨沟县文化馆
	17	南坪酒柿制作技艺	县级	阿坝藏族羌族自治州九寨沟县文化馆
	18	奶饼制作技艺	县级	阿坝藏族羌族自治州壤塘县文化馆
	19	玉米搅团	县级	阿坝藏族羌族自治州壤塘县文化馆
	20	酸奶	县级	阿坝藏族羌族自治州壤塘县文化馆
烹饪基本工艺	1	酥油花制作技艺	省级	甘孜藏族自治州道孚县文化旅游局
	2	捏面工艺	市级	阿坝藏族羌族自治州马尔康市文体局
	3	羌餐烹饪	县级	阿坝藏族羌族自治州理县文化馆

① 中国非物质文化遗产网·中国非物质文化遗产数字博物馆：http://www.ihchina.cn/，四川非物质文化遗产网：http://www.ichsichuan.cn及甘孜、阿坝等地州相关资料整理。

从表2-17可以看出，川西北生态示范区菜点制作技艺类非遗项目主要包括三大类，共28项。其中，菜肴制作技艺项目5项，面点小吃制作技艺项目20项，烹饪基本工艺3项。就非遗等级而言，省级项目8项，占比28.6%；市、县两级项目20项（市级5项、县级15项），占比71.4%。国家级项目缺失。

（2）部分代表性非遗项目的保护与传承

▶ 水淘糌粑制作技艺

水淘糌粑也叫水磨糌粑，是甘孜藏族自治州甘孜县的著名特产，创制历史悠久。水淘糌粑选用优质青稞，需经过洗净、晒干、淘洗、多次翻炒、研磨等多道工序方能完成。炒制方式独特，需加入河沙一起翻炒，并要掌握火候，做到不焦不生。成品具有质地软嫩、香气浓郁、口感细腻、营养价值高的特点，不仅是当地民众日常必备美食，也是游客喜爱的旅游食品。2018年，水淘糌粑被列入四川省第五批省级非物质文化遗产代表性项目名录，得到了较好的传承与保护。

水淘糌粑是将事先炒好的青稞放入用羊毛编制的漏斗状袋子中，通过水磨磨成青稞粉，再做成糍粑，故得此名（吴明/摄影）

▶ 泸定凉粉制作技艺

泸定凉粉是泸定县传统特色小吃，已有100多年历史，蕴含了泸定县悠久的传统饮食文化。泸定凉粉选用甘孜藏族自治州道孚县及甘孜县等地出产的纯天然、无污染、自然风干的麻豌豆，经过浸泡、磨浆、沉淀、煮制和调味等多道工序制作而成。在煮制过程中，需不停地匀速搅拌，直到锅里豌豆浆水慢慢变成浓稠状。泸定凉粉成品色、香、味俱全，韧性十足，深受人们喜爱。2023年，泸定凉粉制作技艺被列入四川省第六批省级非物质文化遗产代表性项目名录。

泸定凉粉是选用甘孜藏族自治州道孚县和甘孜县等地纯天然、无污染的自然风干麻豌豆为原材料，再经过磨浆、熬制等多道工序制作而成，地域特色十分鲜明（吴明/摄影）

3.茶酒制作技艺类非遗项目

（1）基本构成情况

茶酒制作技艺类非遗项目主要包括茶的生产制作技艺和酒的酿造技艺两个类型。通过对川西北生态示范区已列入各级非遗代表性名录体系的茶酒制作技艺类非遗项目进行收集、调研、整理、归纳，其基本构成情况见表2-18。

表2-18　川西北生态示范区茶酒制作技艺类非遗代表性项目名录一览表[①]

类别	序号	代表性项目	级别	保护（或申报）单位
茶的生产制作技艺	1	西路边茶（藏茶）传统手工制作技艺	市级	阿坝藏族羌族自治州汶川县映秀人民茶业
	2	糌粑茶制作技艺	县级	阿坝藏族羌族自治州壤塘县文化馆
	3	奶茶制作技艺	县级	阿坝藏族羌族自治州壤塘县文化馆
	4	酥油茶制作技艺	县级	阿坝藏族羌族自治州壤塘县文化馆
	5	俄尖德茶制作工艺	县级	阿坝藏族羌族自治州壤塘县文化馆
	6	觉囊藏茶	县级	阿坝藏族羌族自治州壤塘县文化馆
	7	小金嘉绒藏族民间炒茶（卡色）	县级	阿坝藏族羌族自治州小金县文化馆
酒的酿造技艺	1	民间藏酒酿造技艺	省级	甘孜藏族自治州丹巴县文化馆
	2	酿造酒传统酿造技艺［嘉绒藏区民间酿制阿让（蒸馏酒）技艺］	省级	阿坝嘉绒文化研究会
	3	酿造酒传统酿造技艺（羌族咂酒酿造技艺）	省级	阿坝藏族羌族自治州茂县文化馆
	4	青稞咂酒酿制技艺	省级	阿坝藏族羌族自治州黑水县文体局
	5	羌族咂酒酿制技艺	市级	阿坝藏族羌族自治州金川县文体局
	6	柿子酒酿制工艺	市级	阿坝藏族羌族自治州九寨沟县文体局
	7	青稞酒酿造技艺	市级	甘孜藏族自治州泸定县桑吉卓玛酒业有限公司
	8	民间藏酒酿造技艺	市级	甘孜藏族自治州得荣县文化馆
	9	九寨咂杆子酒酿造技艺	县级	阿坝藏族羌族自治州九寨沟县文化馆

① 中国非物质文化遗产网·中国非物质文化遗产数字博物馆：http://www.ihchina.cn/，四川非物质文化遗产网：http://www.ichsichuan.cn及甘孜、阿坝等地州相关资料整理。

从表2-18可以看出，川西北生态示范区的茶酒制作技艺类非遗项目主要包括两大类，共16项。其中，茶的生产制作技艺项目7项，酒的酿造技艺项目9项。就非遗等级而言，有省级项目4项，占比25%，集中在酒的酿造技艺类；市、县两级项目12项（市级5项、县级7项），占比75%。国家级项目缺失。

（2）部分代表性非遗项目的保护与传承

▶ 羌族咂酒酿造技艺

咂酒是羌族民众自家酿制的日常酒品，至今已有上千年的历史。咂酒的酿酒原料多样，主要选用当地出产的优质大麦、小麦、玉米、青稞等。酿酒仪式庄重，须事先确定酿酒日期，男女分工明确、心灵虔诚，表达了对自然馈赠的敬畏与感恩。酿制过程要求严格，要经过选料、蒸熟、拌曲、发酵、开坛等工序。羌族咂酒具有口味醇和、回香悠久的特点，能够消饥解渴、去暑消食。羌族咂酒饮用方式独特，人们将酒竿插入坛底共同饮用。2014年，羌族咂酒酿造技艺被列入四川省第四批省级非物质文化遗产代表性项目名录。该项目一直在羌族民间家庭中不断传承，也常常通过各种节庆活动进行传播、推广。

饮咂酒是羌族地区由来已久的一种饮酒方式。“千颗明珠一瓮收，君王到此也低头，五岳抱住擎天柱，吸进黄河水倒流。”这首诗形容的就是喝咂酒的场面（黄梅/摄影）

▶ 酥油茶制作技艺

酥油茶是一种传统藏族饮品。在家庭和社交场合喝一碗酥油茶，既是一种表达情感和交流的方式，也是传统文化的传承（程蓉伟/摄影）

酥油茶是藏族民众家中自制且普遍饮用的一种特色饮品，距今已有上千年历史。酥油茶主要由酥油、食盐、茶叶或茶砖加工而成，制作过程简练，主要包括茶叶熬汁，加入酥油、食盐反复抽打，再倒入锅中加热等工序。成品色泽靓丽、香气浓郁，能够提神醒脑、生津解渴、消解脂肪、帮助消化。酥油茶的进食方式多样，既可以直接饮用，也可以调和糌粑，还可以在节日中炸果子。酥油茶是藏族饮食文化的典型代表，具有重要和突出的历史、文化价值。酥油茶制作技艺一直在藏族民间家庭中不断传承，甘孜藏族自治州壤塘县的酥油茶制作技艺已被列入县级非物质文化遗产项目名录，但还应该进一步加强传承、保护与传播，让更多的人了解其中丰富的多重价值。

4. 烹饪设备与餐饮器具制作技艺类非遗项目

（1）基本构成情况

烹饪设备与餐饮器具制作技艺主要包括烹饪设备制作技艺、餐饮器具制作技艺两个类型。通过对川西北生态示范区已列入各级非遗代表性名录体系的烹饪设备与餐饮器具制作技艺类非遗项目进行收集、调研、整理、归纳，其基本构成情况见表2-19。

表2-19　川西北生态示范区烹饪设备与餐饮器具制作技艺类非遗代表性项目名录一览表[①]

类别	序号	代表性项目	等级	保护（或申报）单位
烹饪设备制作技艺	1	陶器烧制技艺（藏族黑陶烧制技艺）	国家级	甘孜藏族自治州稻城县文化馆
	2	阿西土陶烧制工艺	省级	甘孜藏族自治州稻城县旅游文化局
	3	德格麦宿传统土陶技艺	省级	甘孜藏族自治州德格县文化馆
	4	土陶烧制工艺	省级	阿坝藏族羌族自治州壤塘县文体局
	5	土陶制作技艺（下坝土陶制作技艺）	省级	甘孜藏族自治州理塘县
	6	莫丁石锅制作技艺	省级	甘孜藏族自治州得荣县
	7	扎坝黑土陶	市级	甘孜藏族自治州道孚县文化馆
餐饮器具制作技艺	1	奶桶	县级	阿坝藏族羌族自治州红原县文体广新局
	2	水桶	县级	阿坝藏族羌族自治州红原县文体广新局

从表2-19可以看出，川西北生态示范区烹饪设备与餐饮器具制作技艺类非遗项目主要包括两大类，共9项。其中，烹饪设备制作技艺项目7项，餐饮器具制作技艺项目2项。就保护等级而言，有国家级项目1项，占比11.1%；省级项目5项，占比55.6%；市、县级项目3项（市级1项、县级2项），占比33.3%。

（2）部分代表性非遗项目的保护与传承

▶ 藏族黑陶烧制技艺

黑陶是甘孜藏族自治州稻城县著名特产，距今已有2000多年历史。黑陶制作原料以当地泥土与其他两种泥土混合而成。其制作工艺复杂、精湛，主要包括备料、塑形、雕花、阴干、烧制等多道工序。其中，封罐熏烟渗碳方法极具特色。成品具有色泽黑亮、造型美观、圆润光滑、经久耐用等特点，主要制品有陶锅、陶罐、陶盆、陶瓶等，大多用于日

◎藏族黑陶烧制技艺历史悠久，特色显著，其产品有陶锅、陶盆等餐饮器具（李科科/摄影）

① 中国非物质文化遗产网·中国非物质文化遗产数字博物馆：http://www.ihchina.cn/，四川非物质文化遗产网：http://www.ichsichuan.cn及甘孜、阿坝等地州相关资料整理。

常烹饪之中。2008年，藏族黑陶烧制技艺被列入第二批国家级非物质文化遗产项目名录。此后，该项目通过生产和展示等推广活动得到较好的传承与保护，在促进地方经济发展和乡村振兴中发挥了较大作用。

▶ 德格麦宿传统土陶技艺

麦宿土陶是甘孜藏族自治州德格县的著名特产，至今已有上千年历史。它选料讲究，是以当地一种特殊的蓝黑土和金矿石为原料，制作工艺复杂，包括选料、制坯、刻花、烧制等主要工序。成品造型美观、质地坚硬。2009年，德格麦宿传统土陶技艺被列入四川省第二批省级非物质文化遗产项目名录，得到了较好的传承与保护。

◎德格麦宿传统土陶技艺既是艺术的沉淀，也是麦宿人智慧的结晶（李科科/摄影）

5.饮食民俗类非遗项目

（1）基本构成情况

饮食民俗主要包括日常食俗、岁时节庆食俗、人生礼俗、食材生产习俗四个类型。通过对川西北生态示范区已列入各级非遗代表性名录体系的饮食民俗类非遗项目进行收集、调研、整理、归纳，其基本构成情况见表2-20。

表2-20　川西北生态示范区饮食民俗类非遗代表性项目名录一览表①

类别	序号	代表性项目	等级	保护（或申报）单位
日常食俗	1	丹巴香猪腿制作及食用习俗	省级	甘孜藏族自治州丹巴县
	2	果子制作及使用习俗	省级	甘孜藏族自治州理塘县
	3	羌族祝酒唱颂	县级	阿坝藏族羌族自治州理县文化馆
	4	羌餐	县级	阿坝藏族羌族自治州茂县文化馆
	5	禁食圆蹄牲畜	县级	阿坝藏族羌族自治州壤塘县文化馆
	6	禁食有爪子的动物	县级	阿坝藏族羌族自治州壤塘县文化馆
	7	禁食鱼	县级	阿坝藏族羌族自治州壤塘县文化馆

① 中国非物质文化遗产网·中国非物质文化遗产数字博物馆：http://www.ihchina.cn/，四川非物质文化遗产网：http://www.ichsichuan.cn及甘孜、阿坝等地州相关资料整理。

续表

类别	序号	代表性项目	等级	保护（或申报）单位
岁时节庆食俗	1	羌年	国家级	阿坝藏族羌族自治州茂县文化馆
	2	秧勒节	省级	甘孜藏族自治州巴塘县文化旅游局
	3	藏历年	省级	甘孜藏族自治州文化局
	4	嘉绒藏族新年	省级	甘孜藏族自治州丹巴县
人生礼俗	1	羌族婚俗	省级	阿坝藏族羌族自治州茂县文化体育局
	2	满月酒	县级	阿坝藏族羌族自治州茂县文化馆
食材生产习俗	1	嘉绒藏族春耕仪式	省级	阿坝藏族羌族自治州马尔康县文化馆
	2	小金嘉绒藏族春耕仪式	县级	阿坝藏族羌族自治州小金县文化馆
	3	小金嘉绒藏族秋收仪式	县级	阿坝藏族羌族自治州小金县文化馆

从表2–20可以看出，川西北生态示范区的饮食民俗类非遗项目主要包括四大类，共16项。其中，日常食俗项目7项，岁时节庆食俗项目4项，人生礼俗项目2项，食材生产习俗3项。就保护等级而言，国家级项目1项，占比6.3%；省级项目7项，占比43.8%；县级项目8项，占比50%。市级项目缺失。

（2）部分代表性非遗项目的保护与传承

▶ 嘉绒藏族新年

嘉绒藏族新年是四川省丹巴县、金川县、小金县等地区嘉绒藏族的传统节日，代代相传，历史悠久，于每年阴历十一月十三日举行，有许多饮食和娱乐活动。每到阴历十月底，这些地区的嘉绒藏族便开始杀猪、宰牛、杀羊、灌血肠，准备柴火，磨好麦面，从神山或干净之地砍来煨桑的松柏树枝，作为过年的准备。嘉绒藏族新年年三十时，便准备丰盛的年饭，全家人围着锅庄从大到小依次盘足而坐，首席空着，那是留给英雄阿尼各尔冬的宝座。锅庄正中挂一唐卡或神像，下置一方桌，桌上放盛满粮食的方斗，里面摆上用面做成的猪、牛、马、鸡等，还有表示太阳、月亮和星星的圆形及半圆形面坨，并将装满咂酒的酒坛摆在桌子中央，插上多根麦管，家人们则各自用离自己最近的麦管吮吸可口的咂酒。大年初一（阴历冬月十三日）早晨，人们便要早起抢上头水，到晚上则集中到坝场中喝咂酒，吃香猪腿，围着篝火唱山歌、跳锅庄舞，庆祝新年的到来。2023年，嘉绒藏族新年被列入四川省第六批省级非物质文化遗产代表性项目名录，使该项目得到了较好的保护与传承。

嘉绒藏族新年，人们欢聚庆祝（喻磊/摄影）

嘉绒藏族春耕仪式

嘉绒藏族春耕仪式是阿坝藏族羌族自治州马尔康地区嘉绒藏族春耕前的重要活动，历史悠久、内容多样、仪式庄重。整个仪式主要包括祈年，在田地上画吉祥八宝图案，制作烧馍馍，耕种结束后喝咂酒、诵经等。嘉绒藏族春耕仪式表达了藏族同胞祈求祖先和神灵保佑粮食丰收的美好愿望，具有浓郁的民族特色和重要的历史、文化价值。2009年，嘉绒藏族春耕仪式被列入四川省第二批省级非物质文化遗产项目名录。如今，古老的嘉绒藏族春耕仪式受多重因素影响，还需通过多种方式进行更好的保护与传承。

在春耕播种时节，嘉绒藏族会举行一系列古风犹存的传统仪式，在牛角系上哈达，在土地上煨桑焚香等（吴明/摄影）

攀西经济区

攀西经济区位于四川省西南部，包括凉山彝族自治州与攀枝花市两个市、州。该区域地形多样，以高山、丘陵、盆地为主；水资源非常丰富，主要有金沙江、雅砻江和大渡河三大干系河流；气候为亚热带季风气候，冬季少雨干暖，夏季湿润凉爽，干湿季分明，全年温差较小，无霜日有300多天。多样的地理环境及温暖宜人的气候造就了此区域悠久而丰富的饮食文化遗产。该区域特色食材众多，尤其以出产早熟蔬菜及亚热带水果著名，如攀枝花杧果、火龙果、凉山彝族自治州车厘子、石榴等驰名中外。饮食品制作技艺多样，尤其是茶酒制作技艺特色鲜明。该区域饮食民俗多彩，有多个世居少数民族，以彝族、藏族、苗族、傈僳族、傣族、纳西族、布依族为主，各民族都有自己独特的饮食民族文化，拥有许多饮食类非遗项目。因此，应加快攀西经济区饮食非遗项目的保护、传承与发展，将丰富多彩的非遗项目更多、更深入地融入旅游等产业及当代人的生活中，更好地助力四川少数民族饮食文化的传播与推广。

1.特色食材生产加工类非遗项目

（1）基本构成情况

特色食材生产加工是饮食类非遗项目的重要组成部分，主要包括主辅料生产加工和调味料生产加工两个类型。通过对攀西经济区已列入各级非遗代表性名录体系的特色食材生产加工类非遗项目进行收集、调研、整理、归纳，其基本构成情况见表2–21。

表2–21　攀西经济区特色食材生产加工类非遗代表性项目名录一览表①

类别	序号	代表性项目	级别	保护（或申报）单位
主辅料生产加工	1	盐边油底肉制作技艺	省级	攀枝花市盐边县文化馆
	2	摩梭人猪膘肉的制作技艺	省级	凉山彝族自治州盐源县文化馆
	3	建昌板鸭制作技艺	省级	凉山彝族自治州德昌县文化局
	4	油坛肉制作技艺	市级	凉山彝族自治州德昌茂源长（童耳朵）食品有限责任公司、冕宁县文化馆
	5	冕宁火腿制作技艺	省级	凉山彝族自治州冕宁县
	6	会东皮蛋制作技艺	市级	凉山彝族自治州会东县文化馆
	7	甘洛海棠灰豆腐制作技艺	市级	凉山彝族自治州甘洛县文化馆

① 中国非物质文化遗产网·中国非物质文化遗产数字博物馆：http://www.ihchina.cn/，四川非物质文化遗产网：http://www.ichsichuan.cn及凉山彝族自治州、攀枝花市相关资料整理。

续表

类别	序号	代表性项目	级别	保护（或申报）单位
主辅料生产加工	8	木里藏族高原牦牛奶加工技艺	市级	凉山彝族自治州木里县文化馆
	9	滋曼成米作	县级	凉山彝族自治州甘洛县文化馆
	10	彝族羊奶豆腐制作技艺	县级	凉山彝族自治州会东县文化馆
	11	钟氏豆腐干制作技艺	县级	凉山彝族自治州宁南县文化馆
	12	布依族砸骨肉制作技艺	县级	凉山彝族自治州宁南县文化馆
	13	回族板鹅、板鸭腌制技艺	县级	攀枝花市米易县文化馆
调味料生产加工	1	腐乳酿造技艺（越西豆腐乳制作技艺）	省级	凉山彝族自治州越西县
	2	米易红糖土法熬制技艺	省级	攀枝花市米易县
	3	金沙江大锅盐制作技艺	市级	凉山彝族自治州会东县文化馆
	4	金沙江流域古法制作红糖技艺	市级	凉山彝族自治州会东县文化馆
	5	金阳金沙江碗儿糖制作技艺	市级	凉山彝族自治州金阳县文化馆
	6	会理踩缸菜制作技艺	市级	凉山彝族自治州会理县文化馆
	7	宁南晒醋酿造技艺	县级	凉山彝族自治州宁南县文化馆
	8	土法熬制红糖技艺	县级	攀枝花市米易县文化馆
	9	布依族酸菜制作技艺	县级	凉山彝族自治州宁南县文化馆

从表2-21可以看出，攀西经济区特色食材生产加工类非遗项目主要包括两大类，共22项。其中，主辅料生产加工项目13项，调味料生产加工项目9项。就保护等级而言，有省级项目6项，占比27.3%；市级、县级非遗项目16项（市级8项，县级项目8项），占比72.7%。国家级项目缺失。

（2）部分代表性非遗项目的保护与传承

▶ 建昌板鸭制作技艺

建昌板鸭是凉山彝族自治州西昌市德昌县著名特产。据史料记载，西昌市古称建昌，盛产板鸭，因此名为建昌板鸭，距今已有数

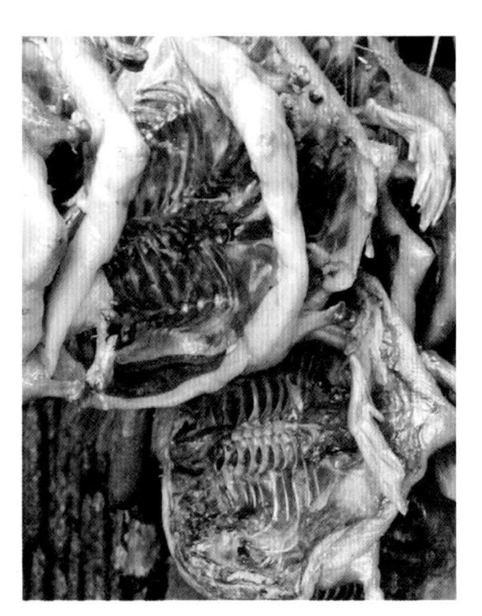

◎悬挂风干的建昌板鸭，是德昌县一道独特的风景（田道华/摄影）

百年历史。建昌板鸭制作技艺考究，系选用3～4月龄的建昌鸭，填肥1～2周后宰杀，经过腌制、风干、叠坯、整形等工艺制作而成。成品具有造型美观、香味浓郁、肥而不腻、营养价值高等特点。建昌板鸭已成为中国国家地理标志保护产品。2023年，建昌板鸭制作技艺被列入四川省第六批省级非物质文化遗产代表性项目名录，得到了较好的保护与传承。

◎从一根根甘蔗到一碗碗红糖，每一丝甜蜜都来自老艺人们经年累月的匠心之作（吴明/摄影）

▶ 金沙江流域古法制作红糖技艺

古法制作红糖技艺是金沙江流域传统而独特的调味品加工技艺，距今已有200多年历史。金沙江流域红糖大多又称“碗碗糖”“碗儿糖”和“小碗红糖”。制作原料为当地优质甘蔗，经过榨汁、加热、蒸发、澄清、熬制等工序熬成糖浆，再将糖浆舀进排列好的土碗里冷却后取出糖块，就成了“碗儿糖”，“碗儿糖”因其外形似碗而得名。每道工序要求严格，一丝不苟，环环相扣。成品具有色泽红亮、纯质无渣、入口甘甜、回味悠长等特点，远销云、贵、川、藏等地区，深受汉族、彝族、藏族等民族群众的喜爱。金沙江流域古法制作红糖技艺在金沙江流域有一定的传承，已被列入凉山彝族自治州非物质文化遗产项目名录，但还需加大保护与传承力度。

▶ 宁南晒醋酿造技艺

宁南晒醋是凉山彝族自治州宁南县著名特产，距今已有数百年历史。宁南晒醋以本地麦麸为主要酿造原料，选用本地含有大量矿物质的优质水源，在宁南独特的地理、气候环境下酿制而成。成品具有醋香浓郁、清爽可口、回味悠长、营养丰富等特点，堪与阆中保宁醋相媲美。目前，宁南晒醋酿造技艺已被列入县级非物质文化遗产项目名录，得到一定的保护与传承，但还需进一步加强。

◎宁南县属于亚热带气候，每年的无霜期超过320天，阳光非常充足。在这样的阳光下，更能晒出一缸上等品质的好醋（吴明/摄影）

2.菜点制作技艺类非遗项目

（1）基本构成情况

菜点制作技艺是饮食类非遗项目的重要组成部分，主要包括菜肴制作技艺、面点小吃制作技艺两个类型。通过对攀西经济区已列入各级非遗代表性项目名录体系的菜点制作技艺类非遗项目进行收集、调研、整理、归纳，其基本构成情况见表2-22。

表2-22　攀西经济区菜点制作技艺类非遗代表性项目名录一览表[①]

类别	序号	代表性项目	等级	保护（或申报）单位
菜肴制作技艺	1	浑浆豆花制作技艺	省级	攀枝花市盐边县
	2	会理羊肉汤锅	县级	凉山彝族自治州会理县文化馆
	3	布依族菜豆花制作技艺	县级	凉山彝族自治州宁南县文化馆
	4	米易铜火锅烹饪技艺	县级	攀枝花市米易县文化馆
面点小吃制作技艺	1	摩梭人花花糖制作技艺	市级	凉山彝族自治州盐源县文化馆
	2	德昌枕头粑制作技艺	市级	凉山彝族自治州德昌县文化馆
	3	甘洛田坝榨榨面制作技艺	市级	凉山彝族自治州甘洛县文化馆
	4	周府糕点制作技艺	市级	攀枝花市盐边县文化馆
	5	德昌卷粉制作技艺	县级	凉山彝族自治州德昌县文化馆
	6	熨斗粑制作技艺	县级	凉山彝族自治州会理县文化馆
	7	油茶、稀豆粉制作技艺	县级	凉山彝族自治州会理县文化馆
	8	鸡火丝饵块制作技艺	县级	凉山彝族自治州会理县文化馆
	9	金阳金豌豆凉粉制作技艺	县级	凉山彝族自治州金阳县文化馆
	10	林氏米花糖制作技艺	县级	凉山彝族自治州宁南县文化馆
	11	华弹泡粑制作技艺	县级	凉山彝族自治州宁南县文化馆
	12	布依族糯食制作技艺	县级	凉山彝族自治州宁南县文化馆
	13	撒莲芙蓉糕制作技艺	县级	攀枝花市米易县文化馆
	14	撒莲曾凉粉制作技艺	县级	攀枝花市米易县文化馆
	15	会理火腿坨	县级	凉山彝族自治州会理县文化馆

从表2-22可以看出，攀西经济区的菜点制作技艺类非遗项目主要包括两大类，共19项。其中，菜肴制作技艺项目4项，面点小吃制作技艺项目15项。就非遗保护等级而言，有省级项目1项，占比5.3%；市级、县级项目18项（市级4项、县级14项），占比94.7%。国家级项目缺失。

① 中国非物质文化遗产网·中国非物质文化遗产数字博物馆：http://www.ihchina.cn/，四川非物质文化遗产网：http://www.ichsichuan.cn及凉山彝族自治州、攀枝花市相关资料整理。

（2）部分代表性非遗项目的保护与传承

▶ 浑浆豆花制作技艺

浑浆豆花是攀枝花市盐边县著名特产。相传浑浆豆花从明末清初就进入盐边，最初在摩梭人家流传，后逐步传到傈僳族、傣族、回族人中，民国时才传到汉族人中。其制作工艺是先将选好的上等黄豆泡涨，用石磨磨成浆，滤去豆渣，入锅中烧沸，取少许熟豆浆备用，再将石膏放入火中烧白后化成水，倒入豆浆内冷却后制成豆花，然后再倒入之前取出的熟豆浆即成，同时配上麻辣蘸水。浑浆豆花细嫩爽滑、色白如乳、入口即化。味道麻辣爽口，富于营养，易消化。2023年，浑浆豆花制作技艺被列入四川省第六批省级非物质文化遗产代表性项目名录，得到了较好的保护与传承。

所谓浑浆豆花，顾名思义，就是浸泡豆花的浆汁是“浑”的，其制作工序更为繁琐。首先是将泡发后的黄豆经过打浆、过滤、煮沸、点卤，再倒入豆浆，最终成为浑浆豆花（陈燕/摄影）

▶ 米易铜火锅烹饪技艺

米易铜火锅是攀枝花市米易县著名美食品种，历史悠久。米易铜火锅采用由红铜打造的火锅作为炊具，选用食材十分丰富、讲究，主要以上等土鸡、自制板鸭、隔年腊蹄花、刀尖丸子等为主料，以香芋、红薯、山药、莲藕、青笋、香料、葱、姜、白酒、骨头汤为辅料和调料。烹制时，先将所有食材按煮熟所需的火候不同分层铺入锅中，再将炒制好的鸡、鸭、腊蹄花等层层码上，加入熬制的浓汤，盖上锅盖，将烧旺的木炭放进铜锅炉膛内；待火锅烧开焖半小时后放入刀尖丸子略煮即成。米易铜火锅食材众多，几乎包罗万象，寓意美好团圆，有较高的历史、文化价值。如今，米易铜火锅烹饪技艺已被列入县级非物质文化遗产项目名录，得到了一定的保护与传承。

在米易，可以看到这样一道风景：一群人围着一只鼎形铜锅觥筹交错、谈笑风生，而那只鼎形铜锅就是远近闻名的米易铜火锅。人们把民俗、祝福、乡情融入铜火锅中，于是，铜火锅就成了文化的载体（田道华/摄影）

3.茶酒制作技艺类非遗项目

（1）基本构成情况

茶酒制作技艺是饮食类非遗项目的重要组成部分，主要包括茶的生产制作技艺和酒的酿造技艺两个类型。通过对攀西经济区已列入各级非遗代表性项目名录体系的菜点制作技艺类非遗项目进行收集、调研、整理、归纳，其基本构成情况见表2-23。

表2-23　攀西经济区茶酒制作技艺类非遗代表性项目名录一览表[①]

类别	序号	代表性项目	等级	保护（或申报）单位
茶的生产制作技艺	1	四川绿茶制作技艺（盐边茶制作技艺）	省级	攀枝花市盐边县
酒的酿造技艺	1	摩梭人苏里玛酒酿造技艺	省级	凉山彝族自治州盐源县文化馆
	2	酿造酒传统酿造技艺（彝族燕麦酒古法酿造技艺）	省级	凉山彝族自治州会东县文化馆
	3	酿造酒传统酿造技艺(彝族杆杆酒酿造技艺)	省级	凉山彝族自治州甘洛县文化馆
	4	蒸馏酒传统酿造技艺（老渡口小曲清香型白酒酿造技艺）	省级	攀枝花市
	5	彝族杆杆酒酿造技艺	市级	凉山彝族自治州甘洛县文化局
	6	老渡口小曲清香型白酒酿造技艺	市级	攀枝花市长和酿酒厂
	7	彝族燕麦、苦荞蒸馏酒酿造技艺	市级	凉山彝族自治州昭觉县文化馆、甘洛县文化馆、会东县文化馆
	8	藏族尔苏酒酿造技艺	市级	凉山彝族自治州甘洛县文化馆
	9	木里藏黄酒酿造技艺	市级	凉山彝族自治州木里县文化馆
	10	黑苦荞酒酿造技艺	县级	凉山彝族自治州甘洛县文化馆
	11	义诺彝族传统泡水酒制作工艺	县级	凉山彝族自治州美姑县文化馆
	12	糯米酒制作技艺	县级	凉山彝族自治州甘洛县文化馆
	13	甘蔗皮酿酒技艺	县级	攀枝花市米易县文化馆

从表2-23可以看出，攀西经济区茶酒制作技艺类非遗项目主要包括两大类，共14项。其中，茶的生产制作技艺项目仅1项，酒的酿造技艺项目13项。就非遗保护等级而言，省级项目5项，占比35.7%，集中在酒的酿造技艺类；市、县两级项目9项（市级5项、县级4项），占比64.3%。国家级项目缺失。

① 中国非物质文化遗产网·中国非物质文化遗产数字博物馆：http://www.ihchina.cn/，四川非物质文化遗产网：http://www.ichsichuan.cn及凉山彝族自治州、攀枝花市相关资料整理。

（2）部分代表性非遗项目的保护与传承

▶ 彝族杆杆酒酿造技艺

彝族杆杆酒是四川省彝族地区的著名特产，至今已有上千年历史。其酒的制作原料为玉米、高粱和荞麦，经过蒸煮和匀、加曲发酵、入坛密封、存储饮用等10余道工序酿造而成。酒质具有色泽橙黄、香气浓郁、回味绵长的特点。饮用时，彝族同胞常插入多根麻管或竹管吸食，因此得名。杆杆酒多由彝族同胞自家酿制，常用于招待客人，分布范围极广，具有重要的民族历史和文化价值。2009年，彝族杆杆酒酿造技艺被列入四川省第二批省级非物质文化遗产项目名录。此后，该项目不仅在彝族百姓家中继续传承，而且通过火把节等多种节庆活动传承、传播，影响不断扩大。

彝家酒谚云："汉区茶为敬，彝区酒为尊"，由此说明酒在彝家日常生活中占据着极为重要的地位（吴明/摄影）

▶ 摩梭人苏里玛酒酿造技艺

苏里玛酒在摩梭语中的语义是"女神的乳汁"，是摩梭人自家酿制的一种黄酒，至今已有2 000多年历史。其酿酒原料丰富，主要用当地产的青稞、玉米、大麦、燕麦、苦荞等。酿制要求严格、讲究，要经过煮料、制曲、加曲、密封、发酵等工艺环节，环环相扣。成品具有色泽黄亮、绵柔可口、回味悠长、营养价值高等特点，是摩梭人招待客人或自家饮用的佳品。2014年，摩梭人苏里玛酒酿造技艺被列入四川省第四批省级非物质文化遗产代表性项目名录。如今，该项目不仅在摩梭人家中持续传承，还通过多种节庆活动进行传承、传播。

苏里玛酒是一种特色鲜明的低度酒，其口感与发酵时间的长短关系密切（吴明/摄影）

▶ 黑苦荞酒酿制技艺

黑苦荞酒是凉山彝族自治州甘洛县的传统特产，创制历史悠久。它是以黑苦荞为主要原料，配以糜黍等优质杂粮酿制而成。酿制过程包括破碎、蒸煮、拌料、入缸发酵、调配、灭菌等10多道工序。成品具有芳香浓郁、回味悠长的特点。黑苦荞酒是甘洛县民众日常饮用和接待客人的重要饮品。黑苦荞酒酿制技艺具有重要的历史、文化价值，已被列入县级非物质文化遗产项目名录，得到一定的保护与传承，但还需进一步加强。

经过蒸馏、发酵后的黑苦荞（吴明/摄影）

4.烹饪设备与餐饮器具制作技艺类非遗项目

（1）基本构成情况

烹饪设备与餐饮器具制作技艺是饮食类非遗项目的重要组成部分，主要包括烹饪设备制作技艺和餐饮器具制作技艺两个类型。通过对攀西经济区已列入各级非遗代表性名录体系的烹饪设备与餐饮器具制作技艺类非遗项目进行收集、调研、整理、归纳，其基本构成情况见表2-24。

表2-24　攀西经济区烹饪设备与餐饮器具制作技艺类非遗代表性项目名录一览表①

类别	序号	代表性项目	等级	保护（或申报）单位
烹饪设备制作技艺	1	红铜火锅制作技艺	省级	凉山彝族自治州会理县文化馆
	2	砂锅制作技艺	市级	凉山彝族自治州越西县文化局
餐饮器具制作技艺	1	彝族漆器髹饰技艺	国家级	凉山彝族自治州喜德县政府
	2	传统茶具制作技艺（藏式木制茶具制作）	省级	凉山彝族自治州木里县文化馆
	3	传统茶具制作技艺（藏式竹制茶具制作）	省级	凉山彝族自治州木里县文化馆
	4	传统茶具制作技艺（藏式烧制茶具制作）	省级	凉山彝族自治州木里县文化馆
	5	藏式烧制茶具制作技艺	市级	凉山彝族自治州木里县文化局
	6	彝族原始餐具制作技艺	县级	凉山彝族自治州金阳县文化馆

从表2-24可以看出，攀西经济区烹饪设备与餐饮器具制作技艺类非遗项目主要包括两大类，共8项。其中，烹饪设备的制作技艺项目2项，餐饮器具制作技艺项目6项。就非遗保护等级而言，有国家级项目1项，占比12.5%；省级项目4项，占比50%，主要集中在餐饮器具制作技艺上；市、县两级项目3项（市级2项、县级1项），占比37.5%。

（2）部分代表性非遗项目的保护与传承

▶ 红铜火锅制作技艺

红铜火锅是凉山彝族自治州会理县传统特色手工制品和炊餐两用器具，至今已有600多年历史。其制作工艺复杂，需要经过制铜坯、刷盐泥浆、高温浸水、反复敲打等多道工序。每一道工序都要求严格，精益求精，一口红铜火锅要敲打一万多锤；通常情况下，每天只能做一口红铜火锅。成品具有色泽亮丽、造型精美、导热性高、经久耐用的特征。红铜火锅是会理县民众不可缺少的烹饪加工设备，

① 中国非物质文化遗产网·中国非物质文化遗产数字博物馆：http://www.ihchina.cn/，四川非物质文化遗产网：http://www.ichsichuan.cn及凉山彝族自治州、攀枝花市相关资料整理。

一年四季都可用来煮制食物，具有重要的历史、文化价值。2009年，红铜火锅制作技艺被列入四川省第二批省级非物质文化遗产项目名录。此后，该项目得到较好的保护与传承。

▶ 凉山彝族漆器制作工艺

漆器是彝族最喜欢的生活器具之一，历史悠久，相传是彝族祖先“狄一合莆”发明并教会了人们制作与使用漆器，后代不断传承。彝族漆器选用优质杜鹃木、酸枝木、樟木等为原料，有选伐原木、干燥、打坯、打磨、补灰、水磨、打底、髹饰、清洗、阴干等40多道工序。制作出的漆器产品具有做工精致、造型多样、美观大方且耐高温、不变形等特点。彝族漆器产品种类丰富，在饮食器具上主要有餐具、酒具等，广泛用于彝族人民的饮食生活之中，具有重要的历史和文化价值。2007年，凉山彝族漆器制作工艺被列入四川省第一批省级非物质文化遗产项目名录。目前，这一珍贵的彝族民间手工艺通过生产和参加多种节庆展示活动等，得到了一定程度的保护与传承，但还需要社会各界高度重视，进一步加强保护、传承力度。

5.饮食民俗类非遗项目

饮食民俗是饮食类非遗项目的重要组成部分，主要包括日常食俗、岁时节庆食俗、饮食特色突出的人生礼俗、食材生产及其他习俗四个类型。通过对攀西经济区已列入各级非遗代表性名录体系的饮食民俗类非遗项目进行收集、调研、整理、归纳，其基本构成情况见表2-25。

每一口红铜火锅都由锅座、锅槽、锅盖三部分组成，锅座和锅槽之间以插销连接，拆卸和携带都较为方便（田道华/摄影）

黑、黄、红是彝族漆器艺术的色彩语言，黑得庄重，红得火烈，黄得艳丽；纹饰大多自然写实，美观大方，装饰意味浓郁（程蓉伟/摄影）

表2-25　攀西经济区饮食民俗类非遗代表性项目名录一览表[1]

类别	序号	代表性项目	等级	保护（或申报）单位
日常食俗	1	彝族餐饮习俗	市级	凉山彝族自治州映象酒楼
岁时节庆食俗	1	火把节（彝族火把节）	国家级	凉山彝族自治州
	2	彝族年	国家级	凉山彝族自治州
	3	藏历年	省级	凉山彝族自治州木里县文化局
	4	彝族尝新节	省级	凉山彝族自治州昭觉县文化馆、甘洛县文化馆
	5	会理端午节	省级	凉山彝族自治州会理市文化馆
	6	彝族妇女凑粮节	市级	凉山彝族自治州昭觉县文化馆
	7	万人“清明饭”风俗	市级	凉山彝族自治州会东县文化馆
食材生产习俗	1	傈僳族野蜂养殖习俗	省级	凉山彝族自治州德昌县文化馆
	2	越西九大碗习俗	省级	凉山彝族自治州越西县
	3	田坝老九碗	县级	凉山彝族自治州甘洛县文化馆

火把节是彝族传统文化中最具标志性的节日之一，也是彝族传统音乐、舞蹈、诗歌、饮食、服饰、农耕、天文、崇尚等文化要素的载体（吴明/摄影）

从表2-25可以看出，攀西经济区饮食民俗类非遗项目主要包括三大类，共11项。其中，日常食俗项目1项，岁时节庆食俗项目7项，食材生产习俗3项。就非遗保护等级而言，有国家级项目2项，占比18.2%；省级项目5项，占比45.5%；市、县两级项目4项（市级3项、县级1项），占比36.4%。

（2）部分代表性非遗项目的保护与传承

▶ 彝族火把节

彝族火把节是彝族最隆重、最盛大、最有民族特色的节日，古代又称为“星回

① 中国非物质文化遗产网·中国非物质文化遗产数字博物馆：http://www.ihchina.cn/，四川非物质文化遗产网：http://www.ichsichuan.cn及凉山彝族自治州、攀枝花市相关资料整理。

节”，每年阴历六月二十四日举行，一般持续3天。火把节起源于彝族民众崇火、敬火，保留着彝族起源、发展的古老信息，具有重要的历史、文化价值。彝族火把节也是彝族饮食文化的重要载体。在节日期间，彝族民众要杀牛、宰羊、杀猪，制作荞面馍馍、坨坨肉等菜点；先祭祀祖先、神灵，然后相互分享食用。火把节有着极高的民族文化内涵，对彝族饮食文化遗产的传承、促进民族间的交流与团结均具有重要作用。2006年，彝族火把节被列入第一批国家级非物质文化遗产项目名录。此后，彝族火把节不仅在彝族民间得到广泛传承，也成为凉山彝族自治州西昌市盛大的民俗节庆活动，其规模最大、内容最丰富、场面最壮观、参与人数最多、民族特色最为浓郁，得到国内外人们广泛的参与和喜爱。

▶ 会理端午节

会理端午节，是凉山彝族自治州会理市的民间传统节日。节日当天除了有吃粽子、咸鸭蛋等传统端午饮食习俗外，还保留着吃药根、游百病、洗药浴等传统特色习俗。吃药根，是指端午当天吃药膳，用沙参、牛蒡根、当归、黄芩、山药等中药材，与土鸡、火腿、猪蹄膀同炖，以利清热排毒、滋补健体、祛邪顺气。游百病，是指在端午节晚饭后，人们扶老携幼倾城而出，游走郊外，祈祷百病驱除、家中老幼大小平安。洗药浴，就是用端午节药市上售卖的野生草药来熬水沐浴，以驱除百病、永葆健康。会理人非常重视每年一度的端午节。会理端午节不仅是纪念爱国诗人屈原的节日，同时也是阖家团聚的节日，而且时间跨度大，从阴历五月初五的“小端阳节”到五月十五的“大端阳节”，一直沿袭至今，已有近两千年历史。2023年，会理端午节被列入四川省第六批省级非物质文化遗产代表性项目名录。

在四川省凉山彝族自治州会理市，“摆药市”“吃药根”“游百病”等独具特色的端午民间风俗由来已久。端午前夕，万人千桌的“药根宴”会摆满几条街（万平/摄影）

三、四川饮食类非遗项目构成的主要特征

（一）总体特征

1.四川饮食类非遗项目数量众多，类别丰富，已建立起四级非遗保护体系

四川饮食类非遗被批准列入的代表性项目有五个类别，共680项，进入国家级、省级、市级、县级等四级名录体系，从而建立起完整的四川饮食类非遗保护体系。具体情况见表2-26。

表2-26　四川饮食类非遗代表性项目名录统计表

类别	国家级／项	省级／项	市级／项	县级／项	小计／项
特色食材生产加工类	6	48	55	63	172
菜点烹制技艺类	1	77	70	87	235
茶酒制作技艺类	8	48	57	48	161
烹饪设备与餐饮器具制作技艺类	3	19	8	15	45
饮食民俗类	4	25	8	30	67
合计	22	217	198	243	680

从表2-26来看，四川饮食类非遗项目的类别包括特色食材生产加工类、菜点烹制技艺类、茶酒制作技艺类、烹饪设备与餐饮器具制作技艺类和饮食民俗类共五种类别，每一类别的代表性项目数量从数十项到200余项不等，且被列入不同等级。其中，菜点烹制技艺类非遗项目数量最多，达235项，占四川饮食类非遗项目总量的34.6%；第二是特色食材生产加工类非遗项目172项，占比25.3%；第三是茶酒制作技艺类非遗项目161项，占比23.7%；第四是饮食民俗类非遗项目67项，占比9.9%；第五是烹饪设备与餐饮器具制作技艺类非遗项目，数量最少，但也达45项，占比6.6%。具体情况见四川饮食类非遗代表性项目五种类别统计图。

四川饮食类非遗代表性项目五种类别统计图

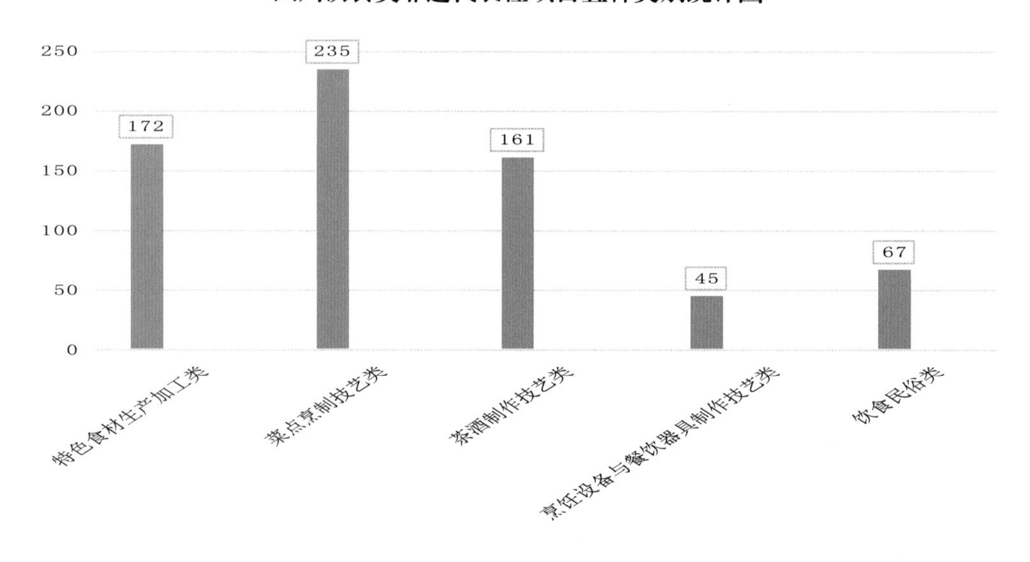

从饮食类非遗项目的等级及数量来看，四川饮食类非遗项目的等级数量大致呈金字塔形排列，国家级饮食类非遗项目处于塔尖，其数量最少，为22项，占四川饮食类非遗项目总量的3.2%；省级非遗项目有217项，占比31.9%；市级非遗项目数量达198项，占比29.1%；县级非遗项目数量最多，达243

项，占比35.7%。在国家级饮食类非遗代表性项目中，五种类别非遗项目均有分布。其中，茶酒制作技艺类项目最多，达8项；其次是特色食材生产加工类项目，有6项；最少的是菜点烹饪制作技艺类项目，仅有1项。具体情况见四川饮食类非遗代表性项目四个等级统计图。

四川饮食类非遗代表性项目四个等级统计图

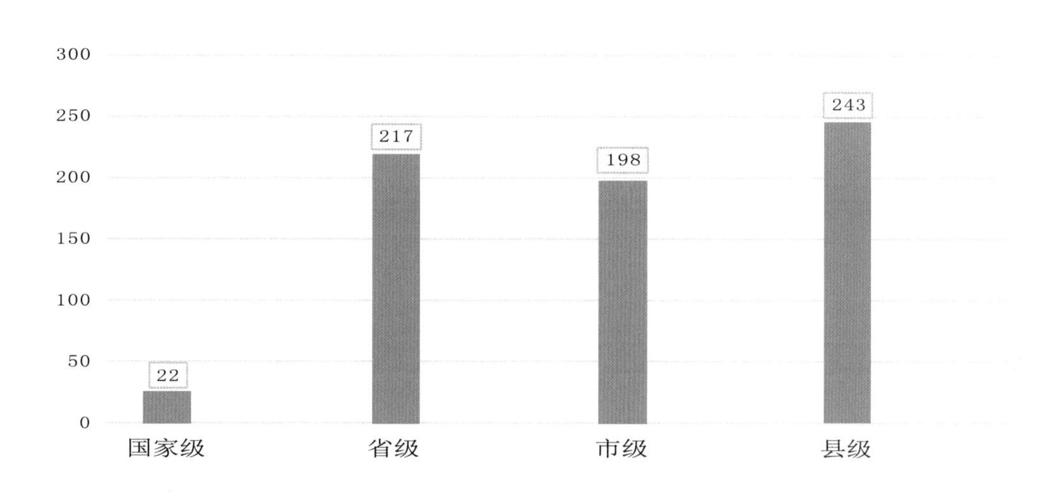

从四川饮食类非遗保护体系的总体情况来看，川菜享誉全国乃至世界，其中菜点烹制技艺类非遗代表性项目数量位居四川饮食各类别非遗代表性项目之首，但菜点制作技艺类国家级非遗代表性项目仅有1项，而四川茶酒制作技艺类国家级非遗代表性项目有8项，由此可见，菜点制作技艺类国家级非遗代表性项目数量与川菜的重要价值及影响力极不相称，还需进一步努力，使其不断提升和完善。

2.四川饮食类非遗项目地域分布广泛，区域特色鲜明，民族文化特色突出

四川饮食类非遗项目广泛分布于四川省的5个区域，由于各区域的地理、气候、物产，乃至社会、人文等环境的不同，各区域饮食类非遗项目数量和等级都不够均衡，并且呈现出鲜明、突出的区域特色和民族文化特色。

从饮食类非遗项目的数量分布来看，位居第一的是成都平原经济区，非遗项目数量最多，达201项，占四川饮食类非遗项目总量的29.6%；第二是川南经济区，紧随其后，非遗项目数量194项，占比28.5%；第三是川东北经济区，非遗项目数量135项，占比19.9%；第四是川西北生态示范区，非遗项目数量76项，占比11.1%；排名第五的是攀西经济区，非遗数量最少，仅74项，占比10.9%。进一步从饮食类非遗的国家级项目数量看，成都平原经济区仍居第一，有11项；川南经济区有5项，攀西经济区有3项，川西北生态示范区有2项，而川东北经济区有1项。具体情况见表2-27和四川省五区饮食类非遗代表性项目占比图。

表2-27　四川省五区饮食类非遗代表性项目保护体系统计表

区域	等级				小计／项
	国家级／项	省级／项	市级／项	县级／项	
成都平原经济区	11	83	52	55	201
川南经济区	5	56	68	65	194
川东北经济区	1	32	42	60	135
川西北生态示范区	2	25	14	35	76
攀西经济区	3	21	22	28	74
合计	22	217	198	243	680

从饮食类非遗项目类别的分布来看，特色食材生产加工类非遗数量排名前两位的是川东北经济区52项，成都平原经济区48项。菜点制作技艺类非遗数量排名第一的是川南经济区，有72项；第二是成都平原经济区，有70项；反映出这两个区域的川菜资源丰富多彩。茶酒制作技艺类非遗数量最多的是川南经济区，有61项，尤其是酒的酿制技艺类达54项，与川酒主产区相吻合；排名第二的是成都平原经济区，有49项，其中，茶的制作技艺类有19项，远超其他4个区域，反映出此区域茶文化突出的特点。烹饪设备与餐饮器具制作技艺类非遗数量最多的是成都平原经济区，有15项；排名第二的是川西北生态示范区，有9项。饮食民俗类非遗数量最多的是成都平原经济区，有19项，排名第二的是川西北生态示范区，有16项，这两个区域聚居着汉族、藏族、羌族、回族等多个民族，饮食习俗各自都有丰富多彩的民族文化特征，饮食民俗类非遗数量之多是其良好反映。具体情况见表2-28和四川省五区饮食类非遗代表性项目类别及数量分布图。

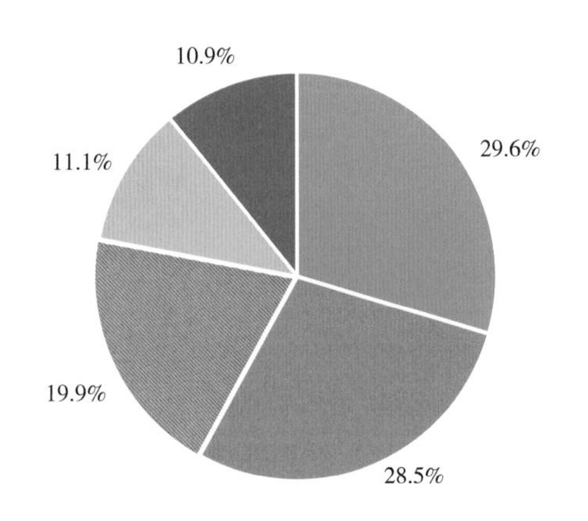

表2-28　四川省五区饮食类非遗代表性项目数量统计表

地域	类别					小计
	特色食材生产加工类	菜点烹制技艺类	茶酒制作技艺类	烹饪设备与餐饮器具制作技艺类	饮食民俗类	
成都平原经济区	48	70	49	15	19	201
川南经济区	43	72	61	6	12	194
川东北经济区	52	46	21	7	9	135
川西北生态示范区	7	28	16	9	16	76
攀西经济区	22	19	14	8	11	74
合计	172	235	161	45	67	680

四川省五区饮食类非遗代表性项目类别及数量分布图

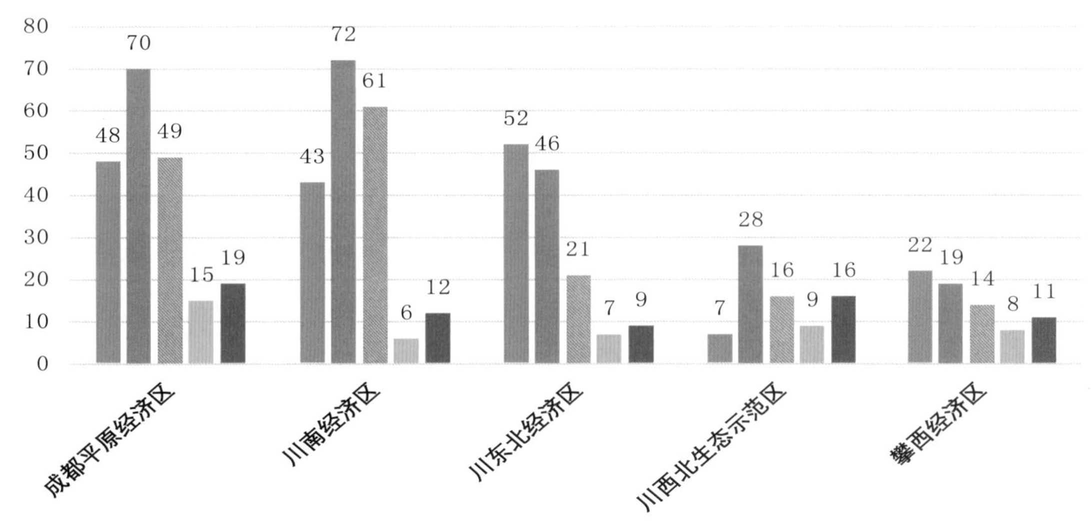

3.四川饮食类非遗的保护与传承总体态势良好，但各等级间参差不齐

近年来，随着四川各级政府对饮食类非遗保护与传承工作的不断重视和社会关注，以及建立非遗项目代表性传承人名录，设立非遗保护基地和体验基地，举办非遗节庆及相关节庆活动等多项措施，极大地推动了四川饮食类非遗保护与传承工作不断发展，总体态势良好，取得了许多突出的成效。其中，国家级、省级饮食类非遗项目的保护与传承体系健全，措施较为完善，成效颇为显著，主要表现在三个方面：

◎水井坊博物馆内景（程蓉伟/摄影）

第一，国家级、省级饮食类非遗项目代表性传承人认定程序规范，名录完整，传承人信息完善并积极开展保护与传承工作。如泸州老窖酒酿制技艺国家级代表性传承人有赖高淮、沈才洪、张良等3人，此外还有较多的传承人都在通过生产活动开展该项目的保护与传承工作；陈麻婆豆腐、赖汤圆等传统制作技艺的代表性传承人通过收徒、培训、交流等方式开展传承、推广活动。第二，国家级、省级饮食类非遗项目的传承保护基地种类多样，功能健全，主要包括饮食类非遗项目的传习保护示范基地、生产性保护示范基地、体验基地等。如四川省雅安市友谊茶叶有限公司被评为南路边茶制作技艺的国家级非遗生产性保护示范基地，成都水井坊酿造技艺体验基地被评为国家级项目体验基地，眉山东坡泡菜体验基地被评为省级项目体验基地，成都川菜博物馆被认定为川菜传统烹饪技艺的省级项目体验基地等。这些饮食类非遗项目的传承保护基地都通过产品生产加工、组织和参加各种活动或与旅游融合等方式，积极开展保护与传承工作，见人、见物、见生活，极大地提升了饮食类非遗项目的生命力和影响力。第三，一些国家级、省级饮食类非遗项目建有自己的非遗博览园、博览馆等，积极开展非遗宣传、展销活动。如江油市清香园建有中国酱文化博览园，并举办中国酱文化节等；自贡建有自贡井盐博览园，并举办了国际盐产业博览会暨井盐文化节等；成都市郫都区、四川旅游学院分别建有中国川菜博览馆、休闲美食文化园等。相比较而言，四川的部分市级、县级饮食类非遗项目在保护与传承上还存在一定差距，一些项目因后继乏人或制作成本高、难度大、资金匮乏等多种因素在保护和传承上举步维艰。可以说，四川饮食类非遗保护与传承总体态势良好，国家级、省级项目保护与传承比较完善、成效显著，但许多市级、县级项目还需要从多个方面进一步加大推进力度，开展相关工作，促进其更好地保护与传承。

（二）四川省各区域饮食类非遗的特征

1.成都平原经济区饮食类非遗的特征

（1）饮食类非遗数量众多

成都平原经济区作为四川省经济、政治、文化中心，其饮食类非遗种类齐全、源远流长、文化内涵深厚，是四川饮食类非遗的核心区域。成都平原经济区饮食类非遗保护形成了系统完整的国家级、省级、市级、县级四级非遗保护体系，进入非遗保护名录的项目数量众多，饮食类非遗总数居四川省五区之首，达到201项。其中，国家级非遗代表性项目11项，省级非遗代表性项目83项，市级非遗代表性项目52项，县级非遗代表性项目55项，国家级饮食类非遗数量、省级饮食类非遗数量均排名四川省五区第一。

（2）饮食类非遗类别分布比较均衡

成都平原经济区饮食类非遗中，特色食材生产加工、菜点烹制技艺、茶酒制作技艺、烹饪设备与餐饮器具制作技艺、饮食习俗等各类别大多有各个等级的非遗项目（五大类都有国家级非遗项目），分布较为均衡。在各类别中，菜点烹制技艺类项目数量最多，达70项；烹饪设备与餐饮器具制作技艺类项目数量最少，为15项。与其他区域相比，特色食材生产加工类、烹饪设备与餐饮器具制作技艺类项目总量居四川省五区之首。

（3）饮食类非遗的保护与传承措施得力，效果突出

成都平原经济区各级政府非常重视饮食类非遗的保护与传承，并采取各种措施不断加强饮食类非遗的保护与传承力度。一是饮食类非遗保护信息化水平高。如位于成都市青羊区的四川省非遗保护中心建有四川非物质文化遗产网，是全省非遗信息发布最完整、最权威的网站；成都市各区市也建立了专门的非遗保护网络中心，非遗宣传力度大。二是建立了众多非遗项目基地，提高了非遗项目的群众参与度，包括非遗项目传习保护示范基地、生产性保护示范基地和项目体验基地等。除成都水井坊酿造技艺体验基地、雅安茶厂南路边茶技艺体验基地为国家级项目体验基地外，还有两节山老酒酿造体验基地、临江寺豆瓣技艺体验基地等数量较多的省级项目体验基地。三是将非遗项目与旅游有机融合，通过举办各种节庆活动来传承非遗，拉动旅游经济发展，取得了良好的效果。如2019年10月，“中国成都国际非物质文化遗产节”成功举办，非遗节期间，500余家参展单位现场销售额为5 000余万元，签约金额超1亿元，吸引570余万人次参与，吸引媒体报道5 000余次。[①]

2.川南经济区饮食类非遗的特征

（1）饮食类非遗数量多、类别齐，保护体系完整

川南经济区是四川饮食类非遗的重要分布区，历史悠久，其饮食类非遗项目数量众多、类别齐全。川南经济区的饮食类非遗代表性项目总数达194项，仅次于成都平原经济区，排名第二。其中，有特色

① 中国非物质文化遗产保护中心：《第七届中国成都国际非遗节圆满闭幕》，中国非物质文化遗产网，报道日期：2019年10月22日。

郎酒天宝洞（程蓉伟/摄影）

食材生产加工、菜点烹制技艺、茶酒制作技艺、烹饪设备与餐饮器具制作技艺、饮食习俗，类别齐备。拥有完整的饮食类非遗国家级、省级、市级、县级四级保护体系。其中，有国家级饮食类非遗代表性项目5项，省级饮食类非遗代表性项目56项，市级饮食类非遗代表性项目68项，县级饮食类非遗代表性项目65项，基本形成了呈金字塔结构的非遗体系。

（2）饮食类非遗特色鲜明，地域资源优势突出

川南经济区茶酒制作技艺类数量居四川省五区之首，尤其是酒的酿造技艺类非遗代表性项目达54项。这与川南经济区的地域资源优势密不可分。川南的宜宾、泸州等市是四川白酒集中产地，诞生了五粮液、泸州老窖、郎酒等全国著名白酒品牌。此区域具有得天独厚的白酒酿造自然条件，加之白酒生产历史悠久、文化内涵深厚、品质上佳、品牌影响力大等优势，使川南白酒生产优势突出，白酒酿造技艺的保护措施得力，许多酒类酿造技艺的非遗项目得到了很好的保护、传承与发展。在该区域酒类酿造技艺非遗项目中，有国家级3项，省级9项，市级30项，县级12项。近年来，当地政府非常重视非遗保护，将酒类非遗项目与各种节庆活动及旅游有机融合，在促进酒文化传播和非遗保护、传承工作中发挥了重要作用。如2017年，“中国国际名酒文化节”在宜宾市成功举办，有力地推动了川南酒类非遗项目的保护与传承。

（3）饮食类非遗的保护与传承不均衡

在川南经济区，烹饪设备与餐饮器具制作技艺与饮食习俗两大类非遗，相较于其他饮食非遗的保护与传承还存在一些差距，非遗数量较少，非遗保护等级不高。其中，餐饮器具制作技艺有省级项目3项，市级项目1项，县级项目2项，国家级项目尚属空白。饮食习俗类，有省级项目4项，市级项目3项，县级项目5项，没有国家级项目。菜点制作技艺类虽有72项，占四川省五区之首，但仍然缺失国家级项目。由此说明，这三大类非遗还需要进一步挖掘与整理，通过争取提升非遗项目的保护等级和采取其他措施来促进保护与传承，补齐非遗保护与发展的短板，促进川南经济区饮食类非遗保护与传承的整体协调发展。

3.川东北经济区饮食类非遗的特征

（1）饮食类非遗种类丰富，形成了金字塔形保护体系

川东北饮食类非遗历史悠久，文化内涵深厚，种类丰富。特色食材生产加工技艺、菜点烹制技艺、茶酒制作技艺、烹饪设备与餐饮器具制作技艺、饮食习俗这五大类别均有分布，饮食类非遗代表性项目达135项。其中，特色食材生产加工类非遗项目数量最多，达52项；烹饪设备与餐饮器具制作技艺类非遗项目数量最少，仅有7项。从饮食类非遗保护体系的构建来看，有国家级饮食类非遗项目1项，省级饮食类非遗项目32项，市级饮食类非遗项目42项，县级非遗项目60项，基本形成了呈金字塔结构的饮食类非遗保护体系。

（2）饮食类非遗特色鲜明，文化色彩纷呈

川东北经济区饮食类非遗资源优势突出，特色鲜明。一是粉面类饮食非遗项目分布广泛，种类丰富，代表品种有川北凉粉、岳东挂面、九龙挂面、川北客家手工面等；二是豆制品形态多样，数量众多，代表品种有剑门豆腐、开江豆笋、南部大桥豆瓣、曾家酸水豆腐、营山油豆腐等；三是调味品非遗特色突出，主要集中于醋、醪糟及红油制作，代表品种有保宁醋、东柳醪糟、营山红油等。同时，川东北经济区饮食类非遗具有多种文化色彩，主要体现出三国文化、红色文化及旅游文化等，如张飞牛肉、广元女儿节、阆中四绝等。当地已逐渐将饮食类非遗项目与旅游有机融合，不断推动饮食类非遗的保护、传承和旅游业发展。

（3）饮食类非遗发展不均衡，国家级非遗项目尚属空白

川东北经济区饮食类非遗项目虽然在五大类别中均有分布，但保护与传承参差不齐，数量差别较大。其饮食类非遗项目主要集中于特色食材的生产加工技艺、菜点烹制技艺、茶酒制作技艺和饮食民俗这四大类，分别为52项、46项、21项、9项；而烹饪设备与餐饮器具制作技艺类非遗项目的数量非常少，仅有7项。同时，从整体上来看，川东北经济区饮食类非遗保护等级总体较低，市级、县级非遗项目102项，占整个川东北经济区饮食类非遗项目总数的75.6%；省级非遗项目数量仅32项，占比23.7%；国家级非遗项目仅有1项，需要加大国家级饮食类非遗代表性项目的申报力度。由此可以看

川北凉粉的三种吃法（田道华/摄影）

张飞牛肉（程蓉伟/摄影）

出，还需要进一步挖掘与整理川东北经济区的饮食类非遗项目，通过争取提升更多高级别的非遗项目和采取其他措施，促进各类别非遗项目的进一步保护、传承与发展。

4.川西北生态示范区饮食类非遗的特征

（1）饮食类非遗较为丰富，构建了金字塔形保护体系

川西北饮食类非遗资源丰富，在特色食材生产加工技艺、菜点烹制技艺、茶酒制作技艺、烹饪设备与餐饮器具制作技艺、饮食习俗类五大类均有分布。该区域的饮食类非遗代表性项目总量达76项，其中数量最多的是菜点烹制技艺类非遗项目，达28项；数量最少的是特色食材生产加工类非遗项目，仅7项。川西北生态示范区的饮食类非遗已构建了国家级、省级、市级和县级四级保护体系。其中，国家级饮食类非遗项目2项，省级饮食类非遗项目25项，市级饮食类非遗项目14项，县级饮食类非遗项目35项，基本形成呈金字塔结构的非遗保护体系。

烧制前的藏式烹饪器具（李科科/摄影）

（2）少数民族饮食类非遗特色突出

川西北生态示范区是藏族、羌族等少数民族世居区，少数民族饮食类非遗历史悠久、种类丰富、内涵深厚、特色鲜明。该地区的饮食民俗类非遗项目丰富多彩，很好地表达了藏族、羌族等少数民族同胞的饮食思想、民族精神、宗教信仰等，具有重要的民族文化价值和社会价值。烹饪设备及餐饮器具非遗数量多，有国家级非遗项目，与菜点烹制技艺、茶酒制作技艺等一起很好地展示了藏族、羌族等少数民族精湛而高超的手工艺水平。

（3）饮食类非遗项目总数偏少，且保护与传承不均衡

川西北生态示范区饮食文化遗产资源非常丰富，但挖掘、传承、保护力度还不够，饮食类非遗总体数量偏少、保护等级不高。市级、县级饮食类非遗项目49项，占整个川西北生态示范区饮食类非遗项目总数的64.5%；省级非遗项目25项，占比为32.9%；国家级非遗项目2项，占比为2.6%。同时，该区域饮食类非遗的保护与传承不均衡。该地区地理环境独特、地质地貌丰富、气候变化极大，造就了其食材资源具有特色鲜明的优势，但是，食材生产加工类非遗项目数量仅7项，相对较少。由此说明，还需要不断挖掘特色食材生产加工类非遗项目的历史、文化价值，通过申报并列入各级保护名录，加大特色食材生产加工及其他四类非遗项目的保护与传承力度。

5.攀西经济区饮食类非遗的特征

（1）饮食类非遗较为丰富，构建了较为完善的非遗保护体系

攀西经济区饮食类非遗资源丰富，在特色食材生产加工技艺、菜点烹制技艺、茶酒制作技艺、烹饪设备与餐饮器具制作技艺、饮食习俗类五大类别均有分布。该区域的饮食类非遗代表性项目总量有74

项，其中数量最多的是特色食材生产加工类非遗项目，有22项；数量最少的是烹饪设备与餐饮器具制作技艺类非遗项目，仅有8项。攀西经济区饮食类非遗已构建了国家级、省级、市级和县级四级保护体系，其中国家级非遗项目3项，省级非遗项目21项，市级非遗项目22项，县级非遗项目28项，形成了呈金字塔结构的非遗保护体系。

（2）饮食文化遗产民族特色鲜明

攀西经济区少数民族分布广泛，主要有彝族、藏族、苗族、傈僳族、傣族、纳西族、布依族等。这些少数民族均有自己独特的饮食文化与传统，饮食文化遗产历史悠久、多姿多彩。其中，饮食习俗类非遗代表性项目达28项，各少数民族都有自己独特的节日食俗和饮食特色突出的人生礼俗，承载着本民族独特的身份认同和文化符号，具有十分重要的民族文化和社会价值。一些饮食民俗，如火把节、彝族年等已列入国家级非遗代表性名录，可见各级政府对少数民族饮食类非遗传保护与传承的高度重视。同时，该地区少数民族的酿酒技艺独特，酿酒原料多为荞麦、燕麦、糯米、甘蔗皮等，均为传统手工酿制，饮酒方式为杆杆酒，与汉族酿酒和饮酒习俗有较大区别。

傈僳族的日常饮食带有当地原生态的显著特征（田道华/摄影）

（3）饮食类非遗项目总数较少，且保护与传承不甚均衡

攀西经济区饮食类非遗资源非常丰富，但也存在挖掘、传承、保护力度不够等问题，饮食类非遗项目总数在四川省五区中靠后，仅有74项，保护与传承不甚均衡。其中，饮食民俗类非遗有2项国家级项目，但特色食材生产加工类技艺、茶酒制作技艺、烹饪设备与餐饮器具制作技艺类等非遗项目的保护等级普遍不高。该区域独特的地理、气候条件造就了丰富多样的特色食材，但特色食材生产加工类非遗项目数量仅22项，一些地方特产的生产加工尚未纳入非遗保护名录，需要深入挖掘、整理饮食类非遗资源，进一步加大非遗保护力度，将更多地方特产的种植、养殖及加工技艺纳入非遗保护体系，以促进该区域饮食类非遗项目得以更好地保护与传承。

需要指出的是，虽然四川饮食类非遗项目已经建立了四级保护体系，并且在保护与传承上取得了较大成效，特色突出，但是四川饮食类非遗资源十分丰富，分布广泛，数量极大，还有一些具有历史、文化、科学等价值的饮食类非遗项目由于挖掘、整理、提炼不够或申报不及时等原因，尚未列入各级非遗保护名录，还需要深入调研、普查，摸清家底，查漏补缺，进一步完善四川饮食类非遗保护体系，更好地进行保护与传承。

四川饮食类物质文化遗产与老字号的构成及特征

四川饮食类物质文化遗产，主要指四川各族人民在饮食品的生产与消费历史过程中创造、积累并遗留下来的物质财富。它反映了四川人民不同历史时期的饮食生产与生活方式，表现了当时民众的饮食思想、饮食心理及饮食习俗特征，见证了四川饮食文化的传承与变迁，具有较高的历史、社会、艺术与科学价值，是四川宝贵的饮食文化遗产。四川饮食类物质文化遗产类别较多、数量丰富、历史悠久、文化底蕴深厚，长期以来受到了相应的重视和保护，尤其是在饮食遗址等饮食类物质遗产的保护上已经建立起国家级、省级、市级、县级四级文物保护体系。随着四川地区的考古发掘，相关的饮食遗址、炊餐器具将不断发现与出土，还需要不断加以研究与保护。

饮食类老字号，是指拥有世代传承的产品、技艺或服务，具有鲜明的传统文化色彩，并取得社会广泛认同和赞誉的饮食类企业品牌。它们属于饮食文化遗产体系中的饮食文化景观和饮食文化空间类别，不仅保持着原有饮食文化传统并发生着相应变化、相对活态的饮食文化遗产，还是集中展现传统饮食文化表现形式的场所。它们历史悠久，文化意蕴丰富，品牌价值高，既是中国历史文化的“活化石”和民族品牌的典型代表，也是工匠精神的传承与展现。我国非常重视老字号的保护与发展，政府相关部门规范开展老字号评审，加强老字号保护与扶持力度，推动老字号创新传承。四川饮食类老字号数量较多，主要有国家级、省级两个等级，是四川饮食文化遗产的重要组成部分和宝贵财富。梳理和研究四川饮食类老字号有助于更好地促进四川饮食文化遗产的保护与传承。

一、四川饮食类物质文化遗产的构成及特征

四川饮食类物质文化遗产主要包括古代饮食文献、古代炊餐器具、饮食遗址及其他文物类别，分布极广，数量丰富。但是，由于其中的饮食文献涉及四川多个区域，难以按照区域划分。因此，这里主要依据饮食类文化遗产的基本属性、类别与历史发展等因素，对四川饮食类物质文化遗产的组成进行构建：第一层，按照饮食类文化遗产的基本属性与类别，分为四川古代饮食文献、四川古代炊餐器具、四川饮食遗址及其他文物三大类别。第二层，主要按照饮食类文化遗产的历史发展及属性等进一步细分。其中，四川古代饮食文献分为先秦至魏晋南北朝时期、唐宋时期、元明清时期；四川古代炊餐器具分为新石器时期、夏商周时期、秦汉至唐宋时期、元明清时期；四川饮食遗址及其他文物主要按照属性分为饮食遗址、古代饮食类画像砖及古代饮食类陶俑。而每一类别又有众多品种，在此将按三大类别对调研、收集的四川饮食类物质文化遗产进行梳理、归纳与阐述。

（一）四川古代饮食文献

1.基本构成情况

四川古代饮食文献，指涉及四川饮食、烹饪之事的古代著述，既包括专门的古代饮食著作，如食经、菜谱等，也包括记载饮食、烹饪之事的其他古代著作，如正史、野史、笔记小说、方志、类书等。四川古代饮食文献记录了四川饮食的历史与发展，传承、传播着川菜文化，是研究四川饮食历史的重要资料和宝贵的四川饮食文化遗产，种类较为丰富但又十分零散。这里首先按照三个历史阶段进行收集、梳理，具体情况见表2-29与表2-30，并对其中一些记载四川饮食文化内容较多的古代饮食文献进行了简述。

表2-29　先秦至唐宋时期记载四川饮食的主要文献一览表

时间	序号	文献名称	作者	与四川饮食烹饪相关的主要内容
先秦至魏晋南北朝时期	1	《吕氏春秋》	战国末 吕不韦等	《吕氏春秋·本味》是世界上最早并较为完整的烹饪理论著述。其中，记述并称赞了四川的调味佳品：“和之美者，阳朴之姜。”经考证，当时的阳朴在今重庆北碚。这既说明先秦时巴蜀地区已出产和使用优质调味料，也说明当时四川饮食十分重视调味。
	2	《四时食制》	魏武帝 曹操	该书记载了四川地区一些特产食材及食用方法。如“郫县子鱼，黄鳞赤尾，出稻田，可以为酱”；“鳍，一名黄鱼，大数百斤，骨软可食，出江阳（今泸州市泸县）、犍为（今乐山市犍为县）。”由此可见，四川的水产品在当时比较出名。
	3	《华阳国志》	东晋 常璩	该书是我国现存最早并较完整的一部地方志，其中的《巴志》《蜀志》较多地记载了东晋及以前巴蜀地区的饮食生产与生活情况。
	4	《齐民要术》	北魏 贾思勰	我国保存完整的、最早的一部农学和食品学文献。书中的《笨曲并酒》篇介绍了四川酴酒的制法、喝法、性味及效果等；也引《食经》提到蜀人腌酸瓜，称其“美好”等。由此可见，四川酿酒与泡菜制作技艺在当时已有较高水平。
唐宋时期	1	《酉阳杂俎》	唐代 段成式	该书是一部笔记小说，其中的《酒食》与《广动植》等篇较多地记载了当时四川地区的菜点及特色食材。
	2	《茶经》	唐代 陆羽	该书是我国乃至世界上现存最早且最完整的茶叶专著。书中对四川茶叶的种植、制作及饮用等有较详细的记载，反映了唐代及以前四川茶的发展情况。
	3	《艺文类聚》	唐代 欧阳询与 陈叔达等	该书是我国现存最早的一部完整的官修类书，其中第87卷引《与朝臣诏》曰：“新城孟太守道，蜀賭豚鸡鹜味皆淡，故蜀人作食，喜着饴蜜”；第89卷引《范子计然》：“蜀椒出武都，赤色者善。”说明当时蜀人已养成喜食甜与麻的饮食风俗，蜀椒已较知名。
	4	《北梦琐言》	北宋 孙光宪	该书主要记载唐五代十国的史事，其中记载唐代四川用魔芋块茎磨粉与面粉等为原料制作猪腿、羊肉、脍炙等仿荤食品用于官府宴会等，说明当时四川素食制作技术较高。

续表

时间	序号	文献名称	作者	与四川饮食烹饪相关的主要内容
唐宋时期	5	《太平广记》	北宋 李昉与李穆等	该书是我国第一部古代文言纪实小说总集，其中的卷三〇三载："天宝末，崔圆在益州，暮春上巳，与宾客将校数十百人具舟楫游于江……饮酒奏乐方酣。"可见当时四川船宴的盛况。
	6	《东坡志林》	北宋 苏轼 （或他人辑录）	该书收录苏轼笔记、杂感、小品、史论等编撰而成，其中记载了苏轼饮食养生见解，言"自今日以往，不过一爵一肉，有尊客盛馔，则三之，可损不可增。有召我者，预此以先之，主人不从而过是者，乃止。一曰安分以养福，二曰宽胃以养气，三曰省费以养财。"
	7	《仇池笔记》	北宋 苏轼 （或他人辑录）	此书是《东坡志林》的姊妹篇，其中记载了与苏轼有关的饮食品种及观点，如真一酒、盘游饭、谷董羹、二红饭，以及蒸豚诗、煮猪头颂、论茶等。从中可见苏轼的饮食烹饪实践与饮食思想。
	8	《东京梦华录》	北宋 孟元老	该书较多地记述了北宋汴京的饮食状况。卷二《饮食果子》记述了四川特色食品"西川乳糖、狮子糖霜"等；卷四《食店》记述了"川饭店"及其菜点，反映了四川饮食在汴京的发展状况。
	9	《益部方物略记》	北宋 宋祁	该书是专门记载四川特产的典籍，其中包括食茱萸、蒟酱、芋、天师栗等许多特色食材，印证了当时四川食材的丰富情况。
	10	《清异录》	北宋 陶谷	该书是一部重要的饮食著作，其中记载，"蜀中有一道人卖自然羹"；川人制作"消灾饼"供唐僖宗食用；《孟蜀尚食掌食典一百卷》中载有"酒糟骨"，这些记载丰富了四川烹饪历史中的菜点种类。
	11	《老学庵笔记》	南宋 陆游	该书是陆游记录亲历、亲见、亲闻之事而成，其中记载了有关四川饮食的见闻，如四川特产食材雪蛆、苏轼的"盘游饭"等。
	12	《梦粱录》	南宋 吴自牧	该书较多地记述了南宋都城临安的饮食状况，其中记载了"川饭分茶"店等四川饮食店及菜点品种在当地的情况。
	13	《武林旧事》	南宋 周密	该书较多地记述了南宋都城临安的饮食状况，其中记载了四川特产"乳糖狮儿"等，宋神宗曾将其赏赐给小儿食用。
	14	《山家清供》	南宋 林洪	该书是一部重要的饮食著作，其中记载了一些与四川相关的菜点品种，包括东坡豆腐、木鱼子、槐叶冷淘、青精饭、玉糁羹、鸳鸯炙、元修鱼等。由此可见，南宋时的川菜品种已较为丰富。
	15	《糖霜谱》	南宋 王灼	该书是现存记载中国制糖业的最早典籍，其中记载了来往于蜀之遂宁的邹姓和尚开始制作糖霜和传播其制法之事，反映了唐宋时四川糖霜的制作历史。

表2-30　元明清时期记载四川饮食的主要文献一览表

时间	序号	文献名称	作者	与四川饮食烹饪相关的主要内容
元明清时期	1	《岁华纪丽谱》	元代 费著	该书主要记载了宋元时期成都地区各个节令的风俗及游宴、船宴等内容，描绘了当时成都的游宴、船宴盛况。
	2	《蜀中广记》	明代 曹学佺	该书广泛收录了明代及以前蜀中众多特色食材、菜肴、食俗、宴席等内容。
	3	《益部谈资》	明代 何宇度	该书主要记述了四川的山川景物、风土人情及古今轶事，其中记载了四川出产的“雪蛆”特征、制作与食用方法等，可见明代四川特色食材状况。
	4	《本草纲目》	明代 李时珍	该书是重要的中国医学巨著，书中详细记载了上千种药用与食用原料的性味、功效、药方等，其中包括许多四川食材，如枸、椒、盐等，是研究四川饮食养生的重要资料。
	5	《升庵外集》	明代 杨慎	该书第23卷主要记述饮食76条，并进行了考证。其中记载和论述了四川特产的竹根黄、嘉鱼、竹蜜蜂、芦酒等。可见当时四川特色食材及饮食品状况。
	6	《遵生八笺》	明代 高濂	该书是我国一部内容广博而实用的养生专著，其中的《饮馔服务笺》记述了茶、汤、粥、粉面、蔬菜、酿造、甜食等的制法及养生功能，包括食用花椒延寿方法和四川猪头肉的制法。
	7	《群芳谱》	明代 王象晋	该书分12谱，记载了众多植物原料；其中，谷、蔬、果、茶等皆专列一谱，尤其记载了四川花椒肉厚皮皱、粒小子黑、外红里白，他椒不及等。可见，四川花椒品质优良。
	8	《蜀语》	明代 李实	该书是一部四川方言词典，其中记录了四川食材、器具、烹饪方法、菜点等方面的方言。
	9	《醒园录》	清代 李化楠、 李调元	该书是一部重要的饮食著作，主要记载江浙饮食，兼及一些四川饮食，包括菜肴、面点小吃、腌渍食品、酿造调味品等，对近代川菜发展有重要影响。
	10	《金川琐记》	清代 李心衡	该书主要记述了清代四川地区少数民族的特产食材及饮食习俗。
	11	《中馈录》	清代 曾懿	该书是一部专门记载四川饮食的重要著作，包括四川20余种食物的制作与储存方法，反映了清代四川民间的饮食制作技艺。
	12	《粥谱》	清代 黄云鹄	该书是一部记载了200余种粥品的重要饮食著作，其中包括四川乌金白菜粥、巢菜粥、长寿果粥等，可见清代四川粥品较为多样。
	13	《蜀都碎事》	清代 陈详裔	该书是有关成都的见闻录与收录的故事集，其中记述了较多的四川特色食材，如竹蜜蜂之蜜、冰雪鱼、斗鸡菇、竹鼺等。
	14	《芙蓉话旧录》	清代 周询	该书是一部主要记载清末成都各方面状况的著作，其中对当时成都菜点、茶与饮料、厨师工资等有较详细记载，可见当时成都饮食的发展状况。

续表

时间	序号	文献名称	作者	与四川饮食烹饪相关的主要内容
元明清时期	15	《食品佳味备览》	清代鹤云	此书是作者品评食品的专著，其中提到四川的“川冬菜烩板栗好”“四川的竹荪好”，可见清末四川的特色食材与菜品。
	16	《清稗类钞》	清代徐珂	该书是一部内容广泛、按类编撰的综合性文献。《清稗类钞·饮食类》是对清代饮食资料的汇编，记载了四川隆昌豆豉、万源县（今万源市）食俗，特别是首次指出了“馔肴之有特色者”有“京师、山东、四川、广东”等概念，表明川菜在清末已是特色鲜明的著名地方风味流派。
	17	《成都通览》	清代傅崇矩	该书是一部专门记载清末成都各方面状况的综合性文献，其中对清末成都的物产、食俗、菜点及餐馆等多方面进行了较为详细的介绍，反映了当时成都饮食业的兴旺状况。
	18	《筵款丰馐依样调鼎新录》	清代佚名	该书是一部专门记载清末四川菜点的饮食著作，反映了当时川菜菜点品种的丰富和制作技艺的高超。

仅从以上两表来看，先秦至魏晋南北朝时期记载四川饮食的文献最少，仅4部，占比10.8%；唐宋时期记载四川饮食的文献居中，有15部，占比40.5%；元明清时期记载四川饮食的文献最多，有18部，占比48.7%。以类别而言，记载四川饮食、烹饪之事的饮食文献主要包括两大类，共37部著作。第一，专门记载饮食的著作有11部。其中，专门或主要记载四川饮食的著作仅3部，即《岁华纪丽谱》《中馈录》《筵款丰馐依样调鼎新录》，数量较少。第二，书中内容涉及饮食的著作有26部。其中，专门记载四川各地情况且涉及饮食的著作有12部，数量较多。这说明饮食文化作为当时四川历史和文化的重要部分已受到关注并被记录下来。

2.部分代表性饮食文献

◆《华阳国志》

華陽國志卷第三
蜀志
蜀之爲國肇於人皇與巴同囿至黃帝爲其子昌意
娶蜀山氏之女生子高陽是爲帝嚳封其支庶於蜀
世爲侯伯歷虞夏商周武王伐紂蜀與焉其地
東接於巴南接於越北與秦分西奄峨嶓地稱天府
原曰華陽故其精靈則井絡垂耀江漢遵流河圖括
地象曰岷山之精上爲井絡帝以
會昌神以建福夏書曰岷山導江東別爲沱泉源深
盛爲四瀆之首而分爲九江其寶則有璧玉金銀珠

《华阳国志》书影

《华阳国志》，东晋史学家常璩著。全书一十二卷，记载了从远古到东晋永和年间西南地区的历史、地理、物产、民俗等内容。其中的《巴志》记载了部分四川东部的食物原料，如鱼、盐、茶、蜜、山鸡、白雉皆为贡品，荔枝、冬葵、香橙已是地方特产；《蜀志》言四川西部“地称天府”，“山林泽鱼，园圃瓜果，四节代熟，靡不有焉”。该书还记述了四川饮食具有“尚滋味”“好辛香”的食俗，由此表明川菜对味道的追求具有悠久的历史传统。书中还记述了蜀中富人嫁娶所设太牢“之厨膳”是“染秦化故也”，由此可见，川菜自古以来就有很强的借鉴、融合特征。《华阳国志》为传承川菜文化作出了重大贡献，是研究四川饮食文化的重要典籍。

◆《酉阳杂俎》

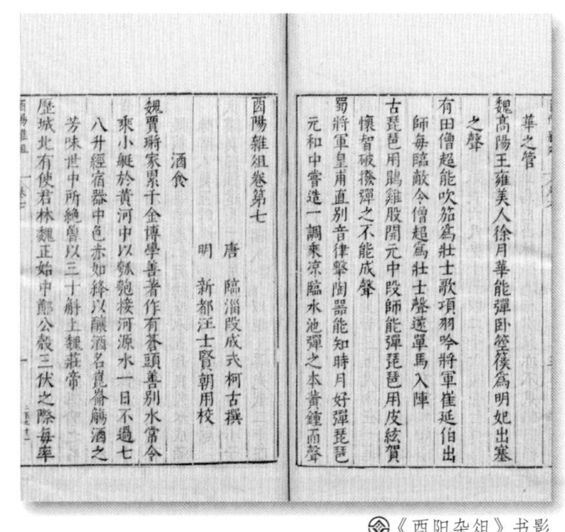
華之管
魏高陽王雍美人徐月華能彈卧箜篌爲明妃出塞
之聲
有田僧超能吹笳爲壯士歌項羽吟將軍崔延伯出
師每臨敵令僧超爲壯士聲遂單馬入陣
古琵琶用鵾雞股開元中段師能彈琵琶用皮絃賀
懷智破撥彈之不能成聲
蜀將軍皇甫直別音律擊陶器能知時月好彈琵琶
元和中嘗造一調乘凉臨水池彈之本黃鍾而聲

酉陽雜俎卷第七
唐　臨淄段成式柯古撰
明　新都汪士賢朝用校
酒食
魏賈鏘家累千金博學善著作有蒼頭善别水常令
乘小艇於黃河中以瓠匏接河源水一日不過七
八升經宿器中色赤如絳以釀酒名崑崙觴酒之
芳味世中所絶曾以三十斛上魏莊帝
歷城北有使君林魏正始中鄭公慤三伏之際每率

《酉阳杂俎》书影

《酉阳杂俎》，唐代段成式著。段成式，祖籍临淄邹平（今山东淄博），但生于四川，五岁时随父离蜀，后来又随其父多次来川，十分熟悉蜀中情况。《酉阳杂俎》全书前集二十卷、续集十卷，主要记述了古代中外传说、神话、传奇及风土习俗、物产等。其中，《酒食》篇记载了127种菜点，有蜀梼炙、汤中牢丸等品种；《广动植》记述了较多的四川特色食材，为研究川菜原料提供了重要史料。此外，该书还提出了“物无不堪吃，唯在火候，善均五味”的烹饪理论主张。

◆《益部方物略记》

《益部方物略记》，北宋文学家、史学家宋祁著。该书是在《剑南方物》的基础上，经过实地考察，进一步增补四川特产原料的品种编撰而成。该书记载了四川特产原料65种，包括虫鱼类7种、鸟兽类8种、药类9种、草木类41种。其中，所列红豆、赤鷯芋、绿葡萄、天师栗、天仙果、隈枝、佛豆、蒟等植物原料，还有嘉鱼、黑头鱼、沙绿鱼、石鳖鱼等特产鱼类，都是四川饮食烹饪的重要食材，反映了宋代四川食物原料较为丰富、独特的状况。

◆《茶经》

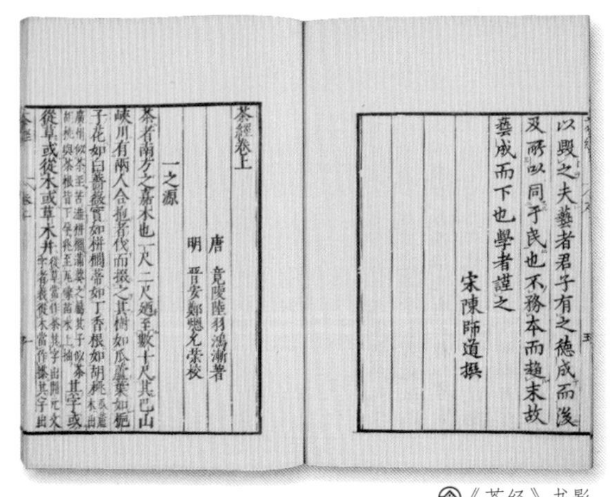
以毁之夫藝者君子有之德成而後
及所以同于民也不務本而趨末故
藝成而下也學者謹之
宋陳師道撰

茶經卷上
唐　竟陵陸羽鴻漸著
明　晋安鄭煾允榮校
一之源
茶者南方之嘉木也一尺二尺迺至數十尺其巴山
峽川有兩人合抱者伐而掇之其樹如瓜蘆葉如梔
子花如白薔薇實如栟櫚蒂如丁香根如胡桃
從草或從木或草木并

《茶经》书影

《茶经》，唐代陆羽著。陆羽是复州竟陵（今湖北天门）人，一生嗜茶，精于茶道，被誉为“茶仙”，奉为“茶圣”，祀为“茶神”。他所著的《茶经》是在系统总结唐代及以前有关茶叶知识和实践经验基础上，结合自身取得的茶叶生产与制作第一手资料编撰而成。此书三卷、十节，主要内容包括茶叶的起源与历史、生产制作与饮茶技艺、器皿、饮茶风俗、茶叶分布及优劣等。书中指出，茶之源出于中国南方，包括四川在内的“巴山峡川”；同时指出，“剑南”是全国八大茶叶产区之一，在四川有彭州、绵州、蜀州、邛州、雅州、泸州、眉州、汉州等产茶，并且“以彭州上”。这些记述反映了唐代四川茶叶的发展状况。

《蜀语》

《蜀语》，明代李实著。该书主要记录并解释了明代四川人日常生活中的常用词语，其中对四川饮食原料、器具、烹饪方法、菜点等方面的方言有较详解说，如“以盐渍物曰滥”“渍藏肉菜曰醃”（同“腌”），“地芝曰菌”“以物沾水曰蘸”，既顺切又横切的刀法称“报切”，“蒸糯米揉为饼曰餈巴”。同时指出，明代宫廷食品“不落荚”源于四川，“滋味”一词是四川人言饮食的代名词，“饮食曰滋味”等等。该书为研究四川饮食的方言俗语及饮食民俗提供了重要参考。

◆《醒园录》

《醒园录》，清代四川罗江县（今德阳市罗江区）人李化楠所著，其子李调元编刊成书。该书最初源于李化楠在江浙一带做官时收集、整理江浙饮食的手稿，后由其子李调元整理、编纂、刊印而成，因在其父修建的醒园（今德阳市罗江区文星镇）居住而命名《醒园录》。该书载于《函海》第三十函，放入所建的藏书楼——“万卷楼”中。全书分上下两卷，共记录饮食品116种，包括菜肴39种、面点小吃24种、腌渍食品25种、酿造调味品24种、饮料4种，另外还包括5种食物的保藏方法。该书虽然以江浙地区的本地饮食为主，兼及江浙地区外来饮食及四川部分饮食，但是经李调元修订刊印并藏于万卷楼供人传抄学习，对四川饮食文化产生了重要影响，为川菜借鉴他人之长起到了重要的推动作用。

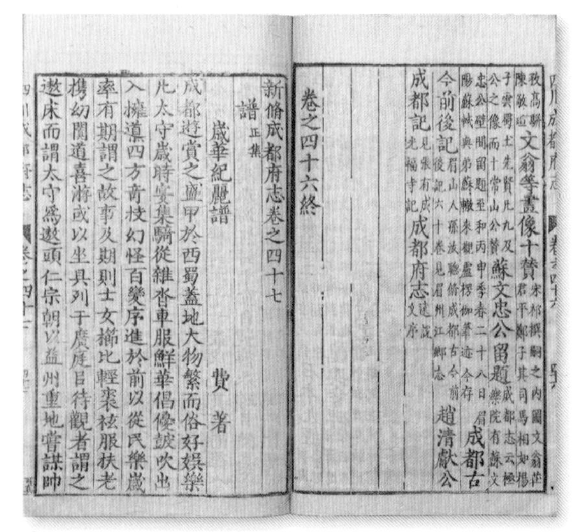

文翁等畫像十贊
蘇文忠公留題
成都古今前後記
趙清獻公
成都記
成都府志
卷之四十六終

新脩成都府志卷之四十七
譜 正集
歲華紀麗譜　費著
成都遊賞之盛甲於西蜀蓋地大物繁而俗好娛樂
凡太守歲時宴集騎從雜沓車服鮮華倡優鼓吹出
入擁道四方奇技幻怪百變序進於前以從民樂歲
率有期謂之故事及期則士女櫛比輕裘袨服扶老
携幼闐道喜游或以坐具列于廣庭以待觀者謂之
遨床而謂太守爲遨頭仁宗朝以益州重地嘗謀帥

《岁华纪丽谱》书影

◆《岁华纪丽谱》

《岁华纪丽谱》，元代费著撰写，又名《成都游宴记》《成都岁华纪丽谱》。该书共一卷，开篇言“成都游赏之盛甲于西蜀”，接着以节令为序，记述了当时成都自元旦至冬至各个节令的风俗，以及官府和民间游宴、船宴情况，包括上元节灯会、二月二踏青、三月三游学射山、四月百花潭游江、七月七游学射山、八月十五中秋玩月等。在描述各种宴会时，主要对宴会的时间、地点、形式进行了记录，但没有提及宴会菜单。该书为研究四川游宴、船宴及岁时节令食俗等饮食文化遗产提供了重要资料。

◆《金川琐记》

《金川琐记》，清代李心衡著。李心衡是上海人，乾隆时期曾赴蜀抚慰少数民族，居住达10年之久，其后将亲历、亲见及亲闻编撰成此书。全书共6卷，所收录的川东、川西地区特产食材包括天星米、圆根、苦笋、糌粑、冬虫夏草，以及雪鹅、羌活鱼、雪鱼、小曲、熊掌、孩儿鱼等，同时还记述了藏、羌、苗、瑶、土家、仡佬等少数民族的饮食习俗，为研究清代川菜烹饪和四川饮食民俗提供了重要史料。

◆《中馈录》

《中馈录》，清代四川华阳（今成都市双流区）人曾懿著。全书共二十节，记述了20种食物的制作与储存方法，包括制香肠法、制肉松法、制鱼松法、制五香熏鱼法、制糟鱼法、制风鱼法、制醉蟹法、藏蟹肉法、制皮蛋法、制糟蛋法、制辣豆瓣法、制豆豉法、制腐乳法、制酱油法、制甜酱法、制泡盐菜法、制冬菜法、制甜醪酒法、制酥月饼法等。该书所记食物制作及贮存方法方便实用、简易可行，至今四川许多食品制作方法仍与书中所载方法类似。该书是研究清代四川饮食烹饪之法的重要史料。

◆《芙蓉话旧录》

《芙蓉话旧录》，清代周询著。该书的“工资”“肴馔”“饮料”“食米”“花会”“茶点”“小食”等内容对当时成都菜点、茶与饮料、厨师工资等有较详细记载。其中，“工资”部分指出，在各自佣工的工作中，“惟庖人工资特贵，多者每月银数两，少亦二三千文”。其中，“小食”部分特别指出：“北门外有陈麻婆者，善治豆腐，连调和物料及烹饪工资一并加入豆腐价内，每碗售钱八文，兼售酒饭，若须加猪、牛肉，则或食客自携以往；或代客往割，均可。其牌号人多不知，但言陈麻婆，则无不知者。其地距城四五里，往食者均不惮远，与王包子同以业致富。”由此可见当时成都饮食业的经营状况。

◆《成都通览》

《成都通览》，清代末年四川简阳人傅崇矩著。全书共八卷，细目1 000条，30万字。该书对清末成都的物产、食俗、菜点、烹饪方式等进行了较详细的介绍。如卷七所载“成都之包席馆及大餐馆”“成都之南馆饭馆炒菜馆”“成都之著名食品店”“成都之食品类”“成都之家常便菜类”等部分，详细记述了成都的包席馆、南馆、炒菜馆及食品店的菜点品种，以及著名食品类、家常便菜类的具体品种。此外，其他卷还记载了成都的烹饪原料、饮食习俗等相关内容。该书为研究清末川菜发展状况提供了十分重要的资料。

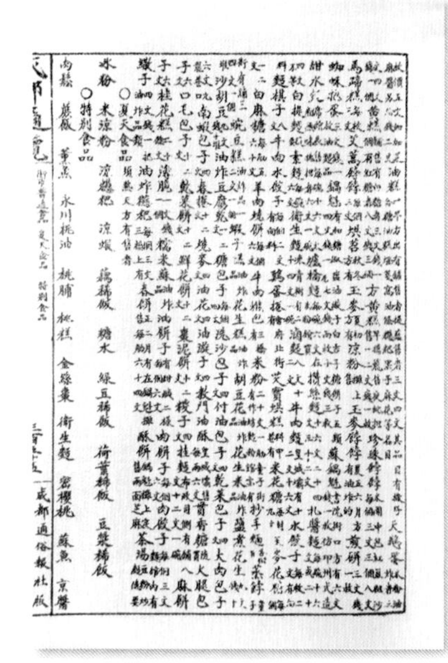

《成都通览》书影

◆《筵款丰馐依样调鼎新录》

《筵款丰馐依样调鼎新录》，清代佚名著。该书在清末民初是手抄本，由筵席菜谱和家常菜谱组成，以川菜为主，杂有其他地方菜品，共收录四川菜点2 500种，其中写有制法的菜点达905种，是研究清末四川饮食菜点与制作方法的重要参考资料。

（二）四川古代炊餐器具

1.基本构成情况

四川古代炊餐器具，是指四川民众在饮食品的生产和消费过程中所创造并使用的各种工具，主要包括炊具、餐具、酒具三大类。它们是四川发展史上社会生产与生活的产物，既发挥着多样且重要的饮食功能，也承载着四川民众不同时期的饮食思想与精神，具有较高的历史、文化与艺术等价值。

以历史阶段而言，随着历史发展和技术进步，其材质不断增多，类别和品种也不断丰富。在新石器时期，四川地区的炊餐器具以土陶为主。其中，炊具主要有灶、炉、鼎、釜、鬲、甑、甗、鬶等；餐具和酒具则有碗、盘、钵、豆、盆、缸、瓮、簋、罐、杯、壶、瓶等。进入夏商周时期，除陶质炊餐器具外，最突出的是创新制作和使用青铜器具。其中，青铜炊具有鼎、釜、鬲、镬、釜、甑、甗等；餐具和酒具有簋、豆、盘、敦、盂、盨、簠，以及尊、壶、方彝、爵、角、觚、觯、杯、卣、觥、罍、盉、尊缶、勺等。自秦汉至唐宋、元明清时期，除陶器之外，创新制作并使用的主要是铁器、漆器、瓷器和金银玉石器等，材质和品类都得以极大地丰富。在秦汉至唐宋时期，铁器成为炊餐器具创新的主要类别；漆器、瓷器起源于战国时期，在秦汉时有了较大发展，到唐宋时更是突飞猛进。此外，金银玉石器也逐渐增加。其中，铁质炊具主要有釜、镬、锅等；漆器餐具与酒具主要有豆、壶、卮、耳杯、盘等；瓷质餐具与酒具有壶、碗、罐、洗、瓶、盘、碟、盂、杯、盏等；金银、玉石质餐具与酒具有鎏金银执壶、银杯、银尊、银匜、玉盒、玉觥、玉卮等。在元明清时期，铁器、漆器和金银、玉石器平稳发展，而瓷器产量和品质不断提升，成为餐具与酒具的主要类别。铁质炊具依然以釜、镬、锅等为主，漆器有盒、盘、碗、杯、壶，金银及玉石器有金杯、银壶、玉碗、玉盘，而瓷器的品类丰富、造型精巧，包括碗、盘、盆、碟、梅瓶、执壶、高脚杯、压手杯、小盅等。

2.部分代表性炊餐器具

四川古代的炊餐器具生产历史悠久，材质和制作技艺多样，种类繁多，难以枚举，这里仅按照材质的不同列举部分代表性品种。

陶三足炊器

（1）陶质炊餐器具

陶质炊餐器具在古代的四川，是饮食烹饪中最古老、最常用、最重要的一大类别。这类炊餐器具，从新石器时期一直贯穿古代四川人饮食生活的始终，并延续至今，品种众多，包括世界著名的三星堆遗址出土的陶质炊餐器具等。

◆ 陶三足炊器

陶三足炊器，于1986年在广汉三星堆遗址出土，现收藏于三星堆博物馆。此器高44厘米、口径19.7厘米、盘径38.5厘米，三足鼎立，足成袋状，中空，存储量大，盘面宽大，像四川泡菜坛的坛沿。关于此器的用途主要有两种不同说法，有学者认为是古蜀人用来煮熟食物的炊器，三足下可以用火加热，比较适合蒸煮液体状食物；也有一些学者认为此器是盛水的器具。

◆ 陶盉

陶盉，于1980年在广汉三星堆遗址出土，现收藏于三星堆博物馆。此器高47.9厘米，宽19.6厘米，顶有一半圆形口，一侧有一管状短流；器身微束，一侧有一宽鋬；有三个中空的袋状足与器身相通，既可增加容量，又方便生火加温。陶盉是古蜀人用来温酒的器具。

陶盉

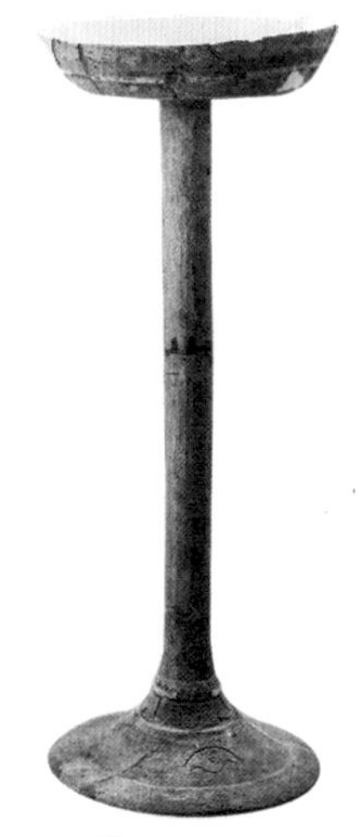
陶高柄豆

◆ 陶高柄豆

陶高柄豆，于1980年在广汉三星堆遗址出土，现收藏于三星堆博物馆。此器高45.4厘米，高柄豆顶部为圆盘状，用来盛放食物，中间是高高垂立的豆颈，中空，下部是呈喇叭状的底座，是古蜀人用来盛放食物的器具。陶高柄豆一般较高，与人席地而坐的高度相近，既便于取食，又便于移动摆放，是一种设计巧妙的餐饮器具。

（2）青铜炊餐器具

青铜炊餐器具主要在商周及春秋战国时期制作和使用，不仅有供烹饪加工的炊具，也有许多供进餐、饮酒的餐饮器具，品种丰富，造型多样。以下属于战国时期的邵之食鼎、牛纹铜罍、嵌错宴乐攻战纹铜壶等就是其中的部分代表。

◆ 邵之食鼎

邵之食鼎于1980年在成都市新都区马家乡出土，现收藏于四川博物院。此器高25.4厘米，口径24.9厘米，是战国时期烹煮肉食的器具，有双附耳，三兽足，盖顶有一龙星钮，上套一环，盖内有铭文“邵之食鼎”。鼎表面饰有三角雷纹、索纹、连勾纹、凤纹等，构造巧妙，造型美观、大方。

邵之食鼎

◆ 牛纹铜罍

牛纹铜罍

牛纹铜罍于1980年在四川省彭州市濛阳镇竹瓦街出土，现收藏于四川博物院。此器高79厘米，口径26.8厘米，是西周时期的一件大型盛酒器，造型美观，覆豆形盖，盖盘上筑有四头跪牛，双耳间以浮雕羊头相隔，圆腹，圈足，纹饰简练，通体素地。

◆ 嵌错宴乐攻战纹铜壶

嵌错宴乐攻战纹铜壶于1965年在成都市百花潭中学10号墓出土，现收藏于四川博物院。此器高40厘米，口径13.4厘米，是四川战国时期的一件盛酒器，壶盖刻有圆圈纹、兽纹和卷云纹，壶身饰有箍状带纹，壶底是菱形纹和四瓣纹。壶身图案丰富，自上而下分为四部分，第一部分刻有厨房操作图，采桑歌舞图；第二部分刻有宴乐武舞图；第三部分为水陆攻战图；第四部分为狩猎图。图案栩栩如生，形象生动，反映了

嵌错宴乐攻战纹铜壶

当时民众多彩的生产、生活场景。

（3）漆质与金银质炊餐器具

成都是中国漆艺最早的发源地之一。中国漆艺起源于距今3 000多年的商周时期。从战国到秦汉以后，四川尤其是成都因盛产生产漆器的主要原料——漆和朱砂而逐渐成为中国古代最著名的漆器制作中心之一。在餐饮器具制作上，主要是豆、壶、卮、耳杯、盘及攒盒等。这些漆质炊餐器具较多用于当时人们的饮食生活之中。此外，金银质餐饮器具数量不多，但做工精细、造型美观。

漆豆

◆ 漆豆

漆豆出土于成都商业街船棺葬，现收藏于成都博物馆。此器高23.8厘米，口径41.5厘米，足径37.5厘米，是战国时期的一件盛食器，木胎，表髹黑漆，盘面大部分涂朱，用线面结合的方法绘制复杂的纹样，盘外壁纹饰似蝉纹。圈足上则以朱、赭两色单线勾填蟠螭纹。

芙蓉花金盏

◆ 芙蓉花金盏

芙蓉花金盏于1973年在四川省安县文星公社出土，现收藏于四川博物院。此器高4.8厘米，口径9厘米，是宋代的一件饮食器具，敞口，深腹，喇叭形圈足。碗壁上部，八朵花瓣呈顺时针方向叠压一圈，下部则反向叠压，上下错落相交。碗内底部刻花蕊和三个花瓣，其形象逼真，似一朵盛开的芙蓉花。

（4）瓷质餐饮器具

四川是古代南北丝绸之路和海上丝绸之路的重要交会点，瓷器作为丝绸之路上的重要物品在四川大量生产，尤其是唐宋及以后，窑址众多，不断涌现名窑、名品，千峰累色，似玉类冰，为人称道。早在唐代，杜甫《又于韦处乞大邑瓷碗》诗就赞道："大邑烧瓷轻且坚，扣如哀玉锦城传。君家白碗胜霜雪，急送茅斋也可怜。"位于邛崃的邛窑则是中国最古老的民窑之一和古代陶瓷名窑。以邛窑为代表的大批瓷窑烧制出众多的盘、碗、壶、罐等餐饮器具。

◆ 青瓷褐彩斑纹双系注子

青瓷褐彩斑纹双系注子现收藏于邛崃市博物馆。此器高15.6厘米，口径10.1厘米，底径8.9厘米，是唐代的一件饮食器具，罐直口微撇，丰肩，肩以下渐敛，平底，肩部置四系，通体内外施青灰色釉，外壁施釉不及底，口部及四系处涂以酱色釉斑。

青瓷褐彩斑纹双系注子

孔雀蓝釉瓷碗

◆ 孔雀蓝釉瓷碗

孔雀蓝釉瓷碗，现收藏于成都博物馆。此器高5.8厘米，口径14.1厘米，底径5.2厘米，是明代的一件饮食器具，以铜元素为着色剂，烧制后呈现亮蓝色调的低温彩釉，色彩亮丽，通体有细小圆点状开片。

◆ 景泰青花人物故事纹瓷盖罐

景泰青花人物故事纹瓷盖罐，于成都衣冠庙明墓出土，现收藏于四川博物院。此器高47.8厘米，口径21.8厘米，底径22.6厘米，是明代的一件饮食器具，口直，颈短，圆盖，罐身绘有青花人物故事图，通体饰有青花纹饰、鹿鹤纹、云堂手纹、海水纹、飞马纹等，质地光滑，色泽鲜亮，造型美观、大方。

景泰青花人物故事纹瓷盖罐

（三）四川古代饮食遗址及其他文物

1.四川古代饮食类画像砖及陶俑

四川古代饮食类画像砖及陶俑作为其他文物，主要出现在汉代尤其是东汉时期。当时，四川画像砖及陶塑艺术非常发达，无论是塑造技巧，还是雕刻手段，都有很高的造诣。其中，四川汉代饮食类画像砖及陶俑种类丰富，造型多样，制作技艺精湛，风格鲜明。它们刻画了四川民众制作饮食、举办筵宴等场景，塑造了栩栩如生的人物形象与姿态，是四川宝贵的饮食物质文化遗产，具有重要的历史、文化、艺术价值。这里选取部分具有代表性的画像砖及陶俑进行简述。

（1）东汉四川部分代表性饮食类画像砖（拓片）

◆ 宴饮画像砖

宴饮画像砖现收藏于四川省广汉市文管所。该宴饮画像砖为浅浮雕，左上角一男子手持响鼓舞动，其下一女子跪坐抚琴，二人面前设一几，几上有酒碗。砖的上方正中一长服女子正扭身回首而舞，下方有一大鼓。砖的右方有三人，或跪坐赏乐，或举双手和拍击掌，极为生动。

◆ 酿酒画像砖

酿酒画像砖现收藏于四川博物院。此画像砖生动地反映了四川民间酒肆酿酒和销售的情景。画面上有各类酒具，还有售酒者、卖酒者、买酒者。画面右侧有灶一座，灶上有釜，旁边一人左手靠于釜边，右手在釜内搅拌酒曲，一人在旁观看。灶前有一酒炉，炉内有瓮，瓮有螺旋圆圈，连着通至炉上的圆圈。该酿酒画像砖真实地反映了当时的酿酒过程，包括酿酒原料的拌和、上甑、蒸馏、出甑、入窖、发酵等。

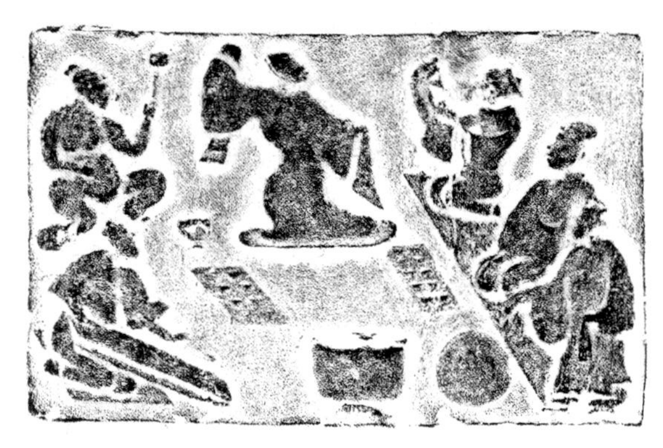

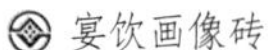宴饮画像砖

酿酒画像砖

◆ 庖厨画像砖

庖厨画像砖现收藏于成都市新都区杨升庵博物馆。这是一方刻画庖厨从事饮食制作的东汉画像砖。场景上方有瓦檐屋顶，室内左侧二人头戴包巾，身着长袍，跪坐在长案之后准备菜肴，其身后立一架，架上悬挂肉三块；右侧是一长方形灶，灶上置一釜一甑，一人立于灶前，正手持炊具烹煮食物，生动地勾画出了汉代烹饪食物的生活场景。

◆ 羊尊酒肆画像砖

羊尊酒肆画像砖现收藏于四川博物院。羊尊酒肆画像砖刻画的是东汉时期四川民众在酒馆交易的场景，酒肆为五脊屋顶，梁架、蜀柱、阑额等，反映出汉代木结构建筑的特征。画面集中表现了一个普通酒肆的繁忙景象。图中有人物五名，从左至右：一卖酒者手持量器，将盛酒的容器正递给沽酒者；另一沽酒者正欲上前；右侧一人肩挑酒罐，另一人手推独轮车，车上放一羊形酒尊，正往外推去。后面案上置羊形酒尊二、方形容器一，左边案前有四个酒罐。画像砖所绘人物身份不同，神态各异，堪称形神兼备，惟妙惟肖，是一幅不可多得的汉代社会生活图画。

庖厨画像砖

羊尊酒肆画像砖

◆ 舂米画像砖

舂米画像砖现收藏于四川博物院。画面的上部是一座干栏式粮仓，左下部，两人站在矮架上，利用杠杆原理，借用身体下压的力量起动杆头，达到舂米的效果；右下部，簸去糠秕以取得粳米，一人持桶

倾倒已舂完的谷，另一人持双扇扬风除糠，表现了人们正忙于舂米的繁忙景象。

◆ 舂米入仓画像砖

舂米入仓画像砖现收藏于邛崃市文物管理局。该画像砖左下部残缺，上部正面为粮仓，右侧为居室；左侧一人正负重登梯往楼仓运送粮食；仓楼下的天井中有一对杵臼，两人手扶扶架，足踏杵端而碓，另一人手持长棍立于臼前翻搅谷物。此方画像砖采用写实的手法，表现了汉代农家收割后“或舂或揄，或簸或蹂”（《诗经·大雅·生民》）的农事活动场面。

舂米画像砖

舂米入仓画像砖

（2）东汉部分代表性餐饮类陶俑

◆ 陶彩绘提鱼俑

陶彩绘提鱼俑是一件东汉时期的文物，生动地塑造了一名女子手持双鱼、表情喜悦的情态，于1981年在重庆市忠县涂井崖墓出土，现藏于四川博物院。

◆ 陶托盘献食俑

陶托盘献食俑是一件三国蜀汉时期的文物，生动地塑造了一名厨人左手托一圆盘、上置耳杯和果肴，右手执一圆饼状食物的情态。该文物于1981年在重庆市忠县涂井崖墓出土，现藏于四川博物院。

陶彩绘提鱼俑

陶托盘献食俑

◆ **陶庖厨俑**

陶庖厨俑出土的较多，以下三件皆是东汉时期的文物，都生动地塑造了厨人在案前制作食物的情态，只是食材不同。其一于1980年由四川博物院征集所得，现藏于四川博物院，案上制作的食材较为单一。其二于1981年在重庆市忠县涂井崖墓出土，现藏于四川博物院，案上制作的食材很丰富。其三，于四川省成都市611所汉墓出土，现藏于成都博物院。该陶庖厨俑扇形双发髻，髻上簪花，额上束巾，身穿荷叶襦裙，左手提鸡、鱼、衣服及鸡涂朱。陶庖厨俑是四川地区汉代陶俑的重要类型，用生动的细节及表情刻画表现人民生活的喜悦，是汉代天府之国富足、安定的真实写照。

陶庖厨俑（其二）

陶庖厨俑（其一）

陶庖厨俑（其三）

2.四川古代饮食遗址

（1）基本构成情况

四川古代饮食遗址是四川饮食物质文化遗产的重要组成部分，属于不可移动物质文化遗产，数量众多，分布广泛，是古代四川民众饮食生产、加工的真实场所和饮食制作技艺的重要历史遗存，见证了四川饮食文化的传承与变迁，具有重要的历史、文化、科学等价值。目前，四川饮食遗址的保护已经建立起国家级、省级、市级、县级四级保护体系，保护力度正不断加强。通过对被列入国家级、省级的四川古代饮食遗址进行梳理、归纳，其具体情况见表2–31。

表2-31 四川古代主要饮食遗址一览表（国家级与省级）[1]

类别	序号	名　称	级别	年代	地址
酿酒遗址	1	泸州大曲老窖池	国家级	明	泸州市
	2	水井街酒坊遗址	国家级	明	成都市
	3	泸州老窖窖池群及酿酒作坊	国家级	明	泸州市江阳区
	4	五粮液老窖池遗址	国家级	明至清	宜宾市翠屏区
	5	剑南春酒坊遗址	国家级	清	绵竹市
	6	旭水酒作坊遗址	省级	清	自贡市荣县
	7	泸县酒窖池	省级	清	泸州市泸县
	8	三溪酒坊遗址	省级	清	泸州市龙马潭区
	9	醉八仙“修德槽坊”酿酒作坊	省级	清	泸州市龙马潭区
	10	糟房头酿酒作坊遗址	省级	明至清	宜宾市宜宾县
	11	德盛福、元兴和酒窖遗址	省级	明	宜宾市翠屏区
	12	“德利源”酒坊窖群	省级	清	眉山市东坡区
制盐及相关遗址	1	东源井古盐场	国家级	清	自贡市贡井区
	2	吉成井盐作坊遗址	国家级	清	自贡市大安区
	3	盐神庙	国家级	清	内江市资中县
	4	白云盐井遗址	省级	唐至宋	成都市蒲江县
酱油酿造遗址	1	先市酱油酿造作坊群	国家级	清	泸州市合江县
瓷窑遗址	1	什邡堂邛窑遗址	国家级	隋至宋	四川省邛崃市
	2	瓷窑铺遗址	省级	唐至宋	广元市利州区
	3	瓷碗铺窑址	省级	宋	达州市通川区
	4	碗厂湾瓷窑遗址	省级	元至清	凉山彝族自治州会理县
	5	坛罐窑遗址	省级	明至清	眉山市青神县

① 国家文物局网站：http://www.ncha.gov.cn/col/col2262/index.html，四川省人民政府网站：http://www.sc.gov.cn/10462/10883/11066/及各地市相关资料整理。

从表2-31可以看出，四川已列入保护之中的国家级和省级饮食类遗址主要包括四类，共22项。其中，酿酒遗址12处，制盐及相关遗址4处，酿造酱油遗址1处，瓷窑遗址5处。以保护等级而言，国家级保护遗址10处，主要集中在酿酒类、制盐及相关遗址类；省级保护遗址12处，主要集中在酿酒类、瓷窑类遗址。这说明四川自古就是酿酒和制盐的重要区域，是四川自古出美酒、产井盐的力证。

（2）部分国家级、省级代表性饮食遗址

明代泸州老窖窖池（程蓉伟/摄影）

◆ 泸州大曲老窖池

泸州大曲老窖池位于泸州市下营沟21号，是国家重点文物保护单位。其历史悠久，始建于明代万历年间，共有4口窖池，呈纵向排列，每口窖池内有两个地坑，中间以池干分开，4口窖池均为鸳鸯窖。泸州大曲老窖池是我国现存建造最早、保存最完整、使用时间最持久的酒窖池，酒质优良，具有很高的历史、文化、科学研究价值。

◆ 吉成井盐作坊遗址

吉成井盐作坊遗址位于自贡市大安区杨家冲上凤岭，是国家重点文物保护单位。该作坊创建于清朝咸丰、同治年间，由吉成井、裕成井、益生井、天成井四口盐井组成，占地面积16 650平方米。吉成井盐作坊历经一百多年的生产，时至今日，仍然保存完好，是见证清代四川自贡井盐生产的活化石，具有很高的历史、文化、科学研究价值。

自贡吉成井盐作坊遗址（吴明/摄影）

十方堂邛窑遗址中的“文君窑”（吴明/摄影）

◆ 十方堂邛窑遗址

十方堂邛窑遗址位于邛崃市南河乡十方堂村，是国家重点文物保护单位。该窑址创建于隋朝，盛于唐朝，止于宋朝。十方堂邛窑遗址面积较大，东西长530米，南北宽210米，总面积11.13万平方米。所产之物具有典型唐代风格，有青釉、青釉褐绿斑、青釉褐绿彩绘等装饰品种，器物有盘、碗、罐等，具有很高的历史、文化、艺术、科学研究价值。

◆ 旭水酒作坊遗址

旭水酒作坊遗址位于荣县旭阳镇附东街社区，是四川省文物保护单位，始建于清朝顺治年间。该遗址主要为砖木结构，共18柱17开间，面阔82米，现存窖池38个，每个窖池深1.5米，长4.7米，宽3.6米，保存比较完整，对研究荣县酒文化具有重要的历史、文化、科学价值。

◆ 瓷窑铺遗址

瓷窑铺遗址位于广元市北郊、嘉陵江左岸，是四川省文物保护单位，始建于唐末。该遗址长约2 000米，宽约500米，总面积约100万平方米。瓷窑铺主要烧制日常饮食生活用具，以碗、盘、壶、盆、罐等为主，器形主要是敞口器，装饰工艺以彩绘、粉绘、印花、刻花为主，对研究四川唐宋陶瓷具有重要的历史、文化、艺术和科学价值。

（四）四川饮食类物质文化遗产构成的特征

1.四川饮食类物质文化遗产数量众多，分布广泛

四川历史悠久，物华天宝，人杰地灵。在这片神奇而瑰丽的土地上，勤劳智慧的四川民众创造了大量宝贵的饮食类物质文化遗产，它们像一颗颗璀璨的珍珠镶嵌在四川饮食历史长河中熠熠生辉。四川饮食类物质文化遗产类别丰富、数量众多，既有直接参与或见证民众饮食生活，被誉为饮食文化遗产“活化石”的饮食器具、饮食遗址、饮食画像砖及庖厨俑等，也包括记录或体现民众饮食生活的饮食文献等。它们相互印证，相辅相成，共同创造了四川地区辉煌而灿烂的饮食文化。与此同时，四川饮食类物质文化遗产分布广泛，且体现出较为鲜明的特色。如成都平原经济区是四川饮食类物质文化遗产的集中分布区，不仅有许多相关的饮食文献，还发掘出丰富的炊餐器具和较多的制盐遗址、瓷窑遗址、饮食类陶俑等，饮食文化相对发达，由此说明这与成都平原经济社会发展较快有紧密联系。又如川南经济区，白酒窖池遗址比较集中，说明酒文化比较发达。

2.四川饮食类物质文化遗产保护措施得力，保护效果良好

四川饮食类物质文化遗产是宝贵的文化财富，四川政府相关部门高度重视文物保护工作，采取了一系列措施加强文物保护。2019年，四川省出台了《关于加强文物保护利用改革的实施意见》，明确了四川文物保护利用改革的重点任务和保障措施。同时，四川省文物保护体系也已构建。目前，四川饮食类物质文化遗产已经建立了国家、省、市、县四级保护体系，其中有关饮食类物质文化遗产国家重点文物保护单位达10家，省级文物保护单位达12家，还有数量较多的市级、县级文物保护单位。另外，省级及市、州的许多博物馆也收藏并保护着许多饮食类文物。四川饮食类物质文化遗产保护工作正扎实推进。

3.四川饮食类物质文化遗产内涵深厚，价值丰富

四川饮食类物质文化遗产历史久远，文化内涵深厚，见证了四川饮食文化的传承与变迁。如四川炊餐器具，从最原始的陶器，不断进化为青铜器、漆器、铁器、瓷器等，材质更加轻便，造型更加精致，工艺更加精湛。四川炊餐器具的演变史，就是一部四川社会和饮食生活的发展史。四川饮食类物质文化遗产不仅具有极高的历史、社会价值，还具有较高的艺术、科学价值。如饮食画像砖上逼真的生活场景，陶庖厨俑惟妙惟肖、笑容可掬的造型，既是民众饮食思想、乐观旷达精神的体现，也代表了当时高超的艺术水平。再如泸州大曲老窖池历经数百年的变迁，至今仍然能持续生产普惠大众的美酒，其中蕴含着极高的科学价值和薪火相传的工匠精神。

二、四川饮食类老字号的构成及特征

四川饮食类老字号拥有中华老字号、四川老字号两个等级，它们分别由国家商务主管部门和四川省商务主管部门按照评审条件进行严格评审所认定。其评审条件包括拥有商标所有权；品牌创立于1956年及以前；拥有传承独特的产品、技艺或服务；有传承中华民族优秀传统的企业文化、民族特色与地域

文化特征；具有历史价值、文化价值和良好信誉；具有较强的可持续发展能力等。按照经营属性划分，四川饮食类老字号可分为茶酒类、餐饮类、调味品类、其他食品类四大类。

历经百年的韩包子，在今天的成都市民中，仍然对它的味道记忆犹新（程蓉伟/摄影）

（一）基本构成情况

饮食类老字号属于饮食文化遗产体系中的饮食文化景观和文化空间，是活态地保持着原有饮食文化传统，并且集中展现传统饮食文化表现形式的场所，具有鲜明的地域文化特征和较强的传承能力、可持续发展能力，对所在地的饮食文化传承和发展起着重要作用。这里主要根据四川省的区域发展格局和饮食类老字号的基本类别，对四川饮食类老字号的组成体系进行构建：第一层，按照四川省区域发展格局，分为五个区域。其中，成都平原经济区、川南经济区、川东北经济区等三个区域有饮食类老字号，而川西北生态示范区、攀西经济区两个区域没有。第二层，在区域划分的基础上，则按照饮食类老字号基本类别进一步细分，即各个区域内的饮食类老字号进一步细分为茶酒类、餐饮类、调味品及其他食品类四类老字号，每一类别又包含具体的老字号。经过调研、收集、梳理和归纳，成都平原经济区、川南经济区、川东北经济区饮食类老字号具体构成情况分别见表2-32、表2-33、表2-34。

表2-32　成都平原经济区饮食类老字号一览表①

类别	序号	名称	等级	地点
茶酒类老字号	1	四川全兴股份有限公司（注册商标：全兴）	中华老字号	成都
	2	四川剑南春（集团）有限责任公司（注册商标：剑南春）	中华老字号	德阳
	3	四川省绵阳市丰谷酒业有限责任公司（注册商标：丰谷）	中华老字号	绵阳
	4	四川沱牌曲酒股份有限公司（注册商标：沱牌）	中华老字号	遂宁
	5	四川八百寿酒业有限公司（注册商标：彭祖）	中华老字号	眉山
	6	四川省文君酒厂有限责任公司（注册商标：文君）	四川老字号	成都

① 根据商务部中华老字号信息管理平台（http://zhlzh.mofcom.gov.cn/）和四川省商务厅网站关于认定四川老字号的一系列通知（http://swt.sc.gov.cn/guestweb4）整理而成。

续表

类别	序号	名称	等级	地点
茶酒类老字号	7	四川简阳尽春意酒业有限公司（注册商标：尽春意）	四川老字号	成都
	8	四川三苏酒业有限责任公司（注册商标：三苏）	四川老字号	眉山
	9	四川资阳宝莲酒业有限公司（注册商标：宝莲）	四川老字号	资阳
	10	成都市蜀州春酒业有限公司（注册商标：崇阳牌）	四川老字号	成都
	11	四川雅安茶厂有限公司（注册商标：金尖、康砖）	四川老字号	雅安
	12	乐至县祥飞酒业有限公司（注册商标：乐意）	四川老字号	资阳
餐饮类老字号	1	四川省成都市饮食公司（龙抄手店，注册商标：龙）	中华老字号	成都
	2	四川省成都市饮食公司（陈麻婆豆腐店，注册商标：陈麻婆）	中华老字号	成都
	3	四川省成都市饮食公司（赖汤圆店，注册商标：赖）	中华老字号	成都
	4	四川省成都市饮食公司（钟水饺店，注册商标：钟）	中华老字号	成都
	5	四川省成都市饮食公司（夫妻肺片店，注册商标：夫妻）	中华老字号	成都
	6	四川省成都市饮食公司（荣乐园，注册商标：荣乐园）	中华老字号	成都
	7	四川省成都市饮食公司（盘飧市，注册商标：盘飧市）	中华老字号	成都
	8	四川省成都市饮食公司（耗子洞鸭店，注册商标：耗子洞）	中华老字号	成都
	9	成都新通惠实业有限责任公司（张老五凉粉，注册商标：张老五）	中华老字号	成都
	10	成都新通惠实业有限责任公司（痣胡子龙眼包子宾隆店，注册商标：痣胡子）	中华老字号	成都
	11	成都通锦达商贸有限责任公司（洞子口张凉粉，注册商标：洞子口张）	中华老字号	成都
	12	成都九远饮食有限责任公司（韩包子店，注册商标：韩）	中华老字号	成都
	13	四川省成都市饮食公司（注册商标：带江草堂）	四川老字号	成都
	14	成都九远饮食有限责任公司（韩包子店，注册商标：韩）	四川老字号	成都
	15	四川省成都市饮食公司（粤香村店，注册商标：粤香村）	四川老字号	成都
	16	四川省荥经县周记祖传棒棒鸡（注册商标：周）	四川老字号	雅安
	17	绵阳四维餐饮娱乐有限公司（注册商标：四维）	四川老字号	绵阳
	18	乐山市中心城区游记肥肠汤店（注册商标：游记）	四川老字号	乐山
	19	乐山市中心城区宝华园烧卖馆（注册商标：宝华园）	四川老字号	乐山
	20	眉山市东坡区马旺子饭店（注册商标：马旺子）	四川老字号	眉山

续表

类别	序号	名 称	等级	地点
调味品类老字号	1	四川省郫县豆瓣股份有限公司（注册商标：鹃城牌）	中华老字号	成都
	2	成都市郫县绍丰和调味品实业有限公司（注册商标：绍丰和）	中华老字号	成都
	3	四川省资阳市临江寺豆瓣有限公司（注册商标：临江寺）	中华老字号	资阳
	4	四川清香园调味品股份有限责任公司（注册商标：清香园）	中华老字号	绵阳
	5	四川省五通桥德昌源酱园厂（注册商标：桥）	中华老字号	乐山
	6	成都新繁食品有限公司（注册商标：新繁）	四川老字号	成都
	7	四川乐山全华调味品有限公司（注册商标：全华）	四川老字号	乐山
	8	成都市大王酿造食品有限公司（注册商标：太和）	四川老字号	成都
	9	成都市大王酿造食品有限公司（注册商标：海会寺）	四川老字号	成都
	10	四川省郫县豆瓣股份有限公司（注册商标：犀浦）	四川老字号	成都
其他食品类老字号	1	成都市桂花庄食品有限公司（注册商标：桂花庄）	中华老字号	成都
	2	崇州市老号汤长发麻饼厂（注册商标：汤长发）	中华老字号	成都
	3	罗江县豆鸡有限责任公司（注册商标：罗江）	中华老字号	德阳
	4	乐山市光洪食品有限责任公司（注册商标：苏稽）	中华老字号	乐山
	5	四川雄健实业有限公司（注册商标：雄健丰田）	中华老字号	德阳
其他食品类老字号	6	都江堰市杨梦糖果食品厂（注册商标：杨梦）	四川老字号	成都
	7	眉山东坡区老字号晋凤羊肉店（注册商标：晋凤）	四川老字号	眉山
	8	仁寿县张二心食品厂（注册商标：张二心）	四川老字号	眉山
	9	仁寿县文林镇张记糕点厂（注册商标：张记）	四川老字号	眉山
	10	四川省惠通食业有限责任公司（注册商标：惠通）	四川老字号	眉山
	11	三台县潼川农产品开发有限责任公司（注册商标：潼川）	四川老字号	绵阳

从表2–32可以看出，成都平原经济区的饮食类老字号包括四大类，共53家。其中，餐饮类老字号最多，达20家，其他三类老字号的数量接近，茶酒类老字号12家、调味品类老字号10家、其他食品类老字号11家。就老字号的等级而言，中华老字号27家，在整个成都平原经济区饮食类老字号中的占比为50.9%，也是餐饮类老字号居多；四川老字号26家，占比为49.1%。

表2-33　川南经济区饮食类老字号一览表①

类别	序号	名 称	等级	地点
茶酒类老字号	1	泸州老窖股份有限公司（注册商标：泸州老窖）	中华老字号	泸州
	2	四川省古蔺郎酒厂（注册商标：郎牌）	中华老字号	泸州
	3	宜宾五粮液集团有限公司（注册商标：五粮液）	中华老字号	宜宾
	4	四川旭水酒业有限公司（注册商标：旭水）	四川老字号	自贡
	5	四川泸州市新佳荔酒业有限公司（注册商标：老泸春）	四川老字号	泸州
餐饮类老字号	1	自贡市蜀江春餐饮食品有限公司（注册商标：蜀江春）	四川老字号	自贡
	2	自贡市富顺小留芬酒楼（注册商标：留芬）	四川老字号	自贡
	3	富顺县刘锡禄豆花城（注册商标：刘锡禄）	四川老字号	自贡
调味品类老字号	1	自贡三木调味品酿造有限公司（注册商标：太源井）	中华老字号	自贡
	2	自贡市天味食品有限公司（注册商标：天车）	中华老字号	自贡
	3	泸州护国陈醋有限公司（注册商标：护国岩）	中华老字号	泸州
调味品类老字号	4	泸州市合江先市酿造食品厂（注册商标：先市）	四川老字号	泸州
	5	合江县永兴诚酿造有限责任公司（注册商标：五比一）	四川老字号	泸州
	6	内江市程熊酿造有限责任公司（注册商标：蜀中）	四川老字号	内江
	7	隆昌县山乡酿造食品厂（注册商标：山古坊）	四川老字号	内江
其他食品类老字号	1	四川省正味正点食品厂（注册商标：泸州肥儿粉）	四川老字号	泸州
	2	四川省资中县丰源食品有限公司（注册商标：丰源）	四川老字号	内江
	3	四川省天一食品有限公司（注册商标：天一）	四川老字号	内江
	4	内江市市中区马氏酥枣兔商店（注册商标：马品荣）	四川老字号	内江
	5	南溪区郭氏明丽食品厂（注册商标：採玲）	四川老字号	宜宾

从表2-33可以看出，川南经济区的饮食类老字号包括四大类，共20家。其中，调味品类老字号最多，达7家；其次是茶酒类老字号、其他食品类老字号皆为5家；再次是餐饮类老字号，仅3家。以老字号的等级而言，中华老字号6家，在整个川南经济区饮食类老字号中占比30%，主要集中在茶酒、调味品两大类，餐饮类及其他食品类则空缺；四川老字号14家，占比70%，四类均有分布。

① 根据国家商务部中华老字号信息管理平台（http://zhlzh.mofcom.gov.cn/）和四川省商务厅网站关于认定四川老字号的一系列通知（http://swt.sc.gov.cn/guestweb4）整理而成。

表2-34　川东北经济区饮食类老字号一览表①

类别	序号	名称	等级	地点
茶酒类老字号	1	四川江口醇酒业（集团）有限公司（注册商标：江口醇）	中华老字号	巴中
	2	四川省阆中市芳醇酒业有限责任公司（注册商标：保宁）	四川老字号	南充
	3	四川省渠县濛山曲酒厂（注册商标：濛山牌）	四川老字号	达州
	4	四川汉碑酒业有限公司（注册商标：汉碑）	四川老字号	达州
	5	南江双冠曲酒厂（注册商标：烧老二）	四川老字号	巴中
	6	四川小角楼酒业有限责任公司（注册商标：小角楼）	四川老字号	巴中
餐饮类老字号	1	四川川北（凉粉）饮食文化有限公司（注册商标：川北）	中华老字号	南充
	2	四川保宁蒸馍有限公司（注册商标：保宁）	中华老字号	南充
	3	剑阁县剑门关宾馆（注册商标：剑门）	四川老字号	广元
调味品类老字号	1	四川保宁醋有限公司（注册商标：保宁）	中华老字号	南充
	2	南充烟山味业有限责任公司（注册商标：烟山牌）	中华老字号	南充
	3	四川阆中王中王酿造有限公司（注册商标：贵族王中王）	中华老字号	南充
	4	平昌县驷马豆瓣厂（注册商标：驷马牌）	四川老字号	巴中
其他食品类老字号	1	四川鼎兴食品有限公司（注册商标：鼎兴）	中华老字号	南充
	2	剑阁县剑门火腿有限责任公司（注册商标：剑门）	四川老字号	广元
	3	四川张飞牛肉有限公司（注册商标：张飞）	四川老字号	南充
	4	南充市金巴蜀食品有限公司（注册商标：佳客来）	四川老字号	南充
	5	四川省岳池县天登食品有限责任公司（注册商标：天登）	四川老字号	广安
	6	四川省宕府王食品有限责任公司（注册商标：宕府王）	四川老字号	达州
	7	四川东柳醪糟有限责任公司（注册商标：东汉）	四川老字号	达州
	8	四川省通江县银耳有限责任公司（注册商标：雪花）	四川老字号	巴中
	9	四川省南江县土产果品公司（注册商标：光雾山）	四川老字号	巴中

① 根据商务部中华老字号信息管理平台（http://zhlzh.mofcom.gov.cn/）和四川省商务厅网站关于认定四川老字号的一系列通知（http://swt.sc.gov.cn/guestweb4）整理而成。

龙抄手店是四川省成都市的一家著名老字号（程蓉伟/摄影）

从表2-34可以看出，川东北经济区的饮食类老字号包括四大类，共22家。其中，其他食品类老字号最多，达9家；其次是茶酒类老字号6家；餐饮、调味品两类老字号较少，分为有3家和4家。以老字号的等级而言，中华老字号7家，在整个川东北经济区饮食类老字号中占比31.8%，主要集中在餐饮、调味品两大类，其他两类各有1家；四川老字号15家，占比68.2%，四类均有分布。

（二）部分饮食类老字号的传承与保护

1.成都市饮食服务公司（龙抄手店）（中华老字号）

龙抄手始创于1941年成都悦来场，创始人张武光与朋友在“浓花茶园”商议开办抄手店之事，取店名时借用浓花茶园的“浓”字，取谐音“龙”为名号，寓意生意兴隆，至今已有70余年的历史。龙抄手开店初期，主要经营原汤、海味、清汤、酸辣、红油等口味抄手，进入20世纪60年代后，由烹饪大师张青云、刘龙贵主厨，经营品种有所增加。龙抄手做工精细，抄手皮薄如纸、细滑如绸、呈半透明状，肉馅细嫩爽滑、芳香四溢，汤汁晶莹剔透、微辣浓香，属于四川抄手中的上品。1995年，龙抄手店被评为“中华老字号”。

2.成都九远饮食有限责任公司（中华老字号）

韩包子始创于1914年温江县（今成都市温江区），创始人为韩玉隆，1952年公私合营后改名为国营成都市东城区饮食公司，1998年改制，更名为成都九远饮食有限责任公司。韩包子精选上乘五花猪肉，以高汤和馅，面皮中厚边薄，武火蒸制，馅成团不僵、肉细腻不散，香味浓郁。2011年，该企业被评为中华老字号。如今，为顺应餐饮市场的发展，韩包子打造上游原料生产基地，建立了中央厨房，统一包子制作工艺流程，产业化发展步伐不断加快。

3.南充烟山味业有限责任公司（中华老字号）

南充烟山味业有限责任公司是一家集冬菜生产、加工、销售于一体的调味品企业，始创于清代乾隆年间，至今已有数百年历史。该公司生产的“烟山牌”嫩尖冬菜，精选芥菜中的优质箭杆菜为原料，加上配制的十余种天然香料调味，用土陶罐自然发酵3年制成。成品色泽黑亮、质地脆嫩、口感清香，是众多川菜烹饪中的重要调辅料。2006年，该公司被评为中华老字号。目前，该公司已发展成为四川省农业产业化经营“重点龙头企业”，发展态势良好。

4.乐山市中心城区游记肥肠汤店（四川老字号）

游记肥肠创始于1855年，由游子敬创制，位于乐山市市中区，至今已有160余年历史。游记肥肠制作一直沿用传统技术，全手工操作，精选上等肥肠，加入豌豆、猪腿骨慢火炖8小时，成品汤白鲜浓、质地柔软、香气浓郁。特色产品为香酥游肠卷，外酥内软，味道香醇。2008年，游记肥肠店被评为四川老字号。

5.自贡市蜀江春餐饮食品有限公司（四川老字号）

自贡蜀江春创始于1931年，距今已有近百年历史。蜀江春是自贡盐帮菜的典型代表，其菜品取材广泛、烹饪方式多样、味型浓厚，尤其是水煮、火爆、冷吃、干煸类菜肴的特色最为鲜明。其代表菜肴有京酱包子、一品鸭、海鲜什锦、红烧牛掌、红烩鱿鱼等。2006年，自贡蜀江春被评为四川老字号。如今，蜀江春已走出自贡，在成都开有数家分店，品牌影响力不断扩大。

（三）四川饮食类老字号构成的特征

1.四川饮食类老字号种类丰富，数量较多

截至目前，由国家商务主管部门在全国范围内评选出的各类中华老字号企业上千家，由四川省商务主管部门在全省评选出的各类四川老字号共有125家。在四川95家饮食类老字号中，有中华老字号40家，四川老字号55家，在整个四川老字号中的占比达42%。从老字号的种类看，四川饮食类老字号包括茶酒类、饮食类、调味品类、其他食品类四大类。其中，茶酒类老字号23家，在整个四川饮食类老字号中的占比为24.2%；餐饮类老字号26家，占比为27.4%；调味品类老字号21家，占比为22.1%；其他食品类老字号25家，占比为26.3%。具体情况见四川饮食类老字号分类统计图。

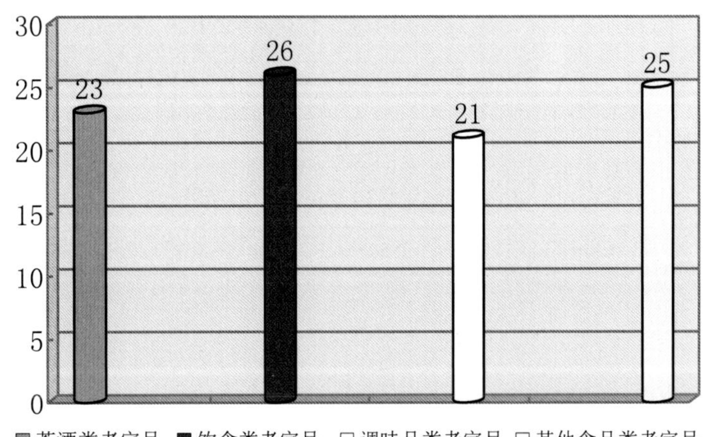

从图中可以看出，四大类老字号的占比较为均衡，在22%～27%，只是餐饮类老字号数量更多一些、占比更大一些。

2.四川饮食类老字号地域特征鲜明，分布不均衡

四川饮食类老字号地域特色比较鲜明，区域资源优势明显。如饮食类老字号集中于成都平原经济区，多达20家；川南经济区饮食类老字号中，川酒企业极具特色，如泸州老窖、郎酒和五粮液皆为中华老字号；川东北经济区饮食类老字号中，特色调味品及餐饮企业比较突出，如保宁醋、保宁蒸馍、川北凉粉等为中华老字号。但是，从四川省五个区域的饮食类老字号来看，成都平原经济区饮食类老字号数量最多，有53家，其中有中华老字号27家，四川老字号26家；其次是川东北经济区，其饮食类老字号数量为22家，其中有中华老字号7家，四川老字号15家；再次是川南经济区，其饮食类老字号数量有20家，其中有中华老字号6家，四川老字号14家；川西北生态示范区、攀西经济区至今尚无饮食类老字号企业。具体分布情况见《四川省五区饮食类老字号分布图》。

四川省五区饮食类老字号分布图

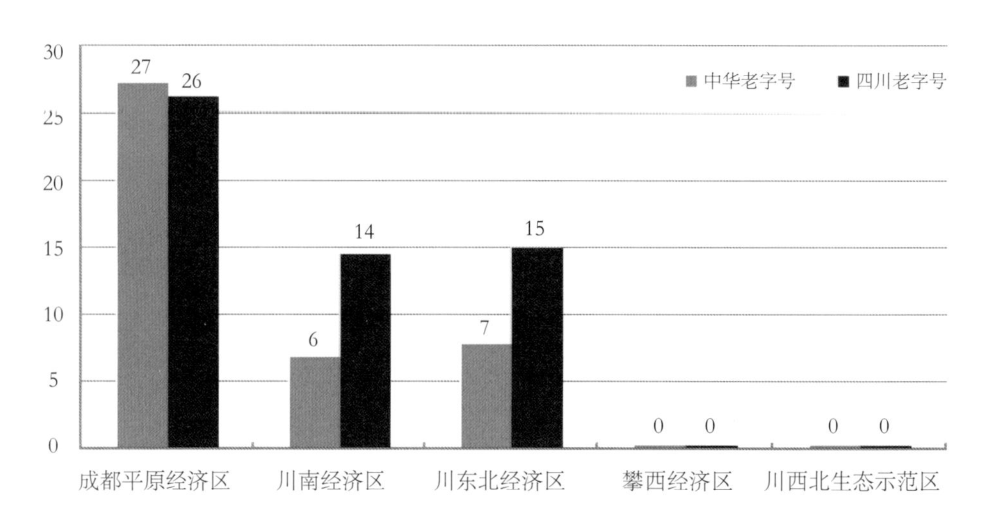

从上图可以看出，四川饮食类老字号分布不均衡。造成分布不均衡的原因较多，其中与各地政府、企业的重视程度有较大关系。如一部分餐饮食品企业已基本达到了四川老字号评选条件，却没有积极参与申报、评选，因此未被评审认定为四川老字号。今后，四川省内各地尤其是攀西经济区、川西北生态示范区还需高度重视并加强对具有百年历史的各种饮食类企业的保护，促进其更好地传承与发展。

第三章 四川饮食文化遗产的保护、传承与可持续发展

四川饮食文化遗产种类丰富，数量繁多，受到各级政府的重视，许多政府部门制定和出台了相关政策对四川饮食文化遗产加以保护和传承。同时，四川各地民众也十分喜爱四川饮食文化遗产，他们积极参与饮食类非物质文化遗产的传承和传播，由此使得四川饮食文化遗产的保护与传承取得了显著成就，但仍然存在一些问题，必须对症下药加以解决。为此，这里在第二章研究内容的基础上，首先总结和分析四川饮食文化遗产保护、传承的现状与问题，再分析和借鉴省外、国外饮食文化遗产在保护与传承上的成功经验，提出四川饮食文化遗产保护、传承与可持续发展的相应对策和建议。

第一节 四川饮食文化遗产保护传承的现状及问题

一、四川饮食文化遗产保护传承的成效

通过前文分别对四川饮食类非物质文化遗产、四川饮食类物质文化遗产、四川饮食类老字号构成及特征的研究和分析，同时梳理国家层面和四川省及四川各地的相关政策与开展的相关活动，可以看出四川饮食文化遗产保护与传承工作已取得极大成绩，主要表现在以下几个方面。

（一）四川饮食文化遗产的保护格局基本形成

2017年，中共中央办公厅、国务院办公厅印发了《关于实施中华优秀传统文化传承发展工程的意见》，指出“保护传承文化遗产是传承中华优秀传统文化的重点任务”。[①]由此，相关部级单位陆续发

① 中共中央办公厅、国务院办公厅：《关于实施中华优秀传统文化传承发展工程的意见》，2017年。

布了多个文件明确工作的具体要求，其中包括《关于推荐申报第五批国家级非物质文化遗产代表性项目的通知》《国家级文化生态保护区管理办法》《关于大力振兴贫困地区传统工艺助力精准扶贫的通知》等。在此基础上，四川省相继出台了《四川省非物质文化遗产条例》《四川省委办公厅、省政府办公厅关于传承发展中华优秀传统文化的实施意见》《四川省非物质文化遗产传承发展工程实施意见》等法规和文件，使四川饮食文化遗产保护制度化、规范化水平不断提升。四川饮食文化遗产的三大组成部分，即四川饮食类非物质文化遗产、四川饮食类物质文化遗产、四川饮食类文化空间即四川饮食类老字号，都已基本形成了全方位的保护格局。

在四川饮食类非物质文化遗产方面，根据前述统计，被批准列入国家级、省级、市级、县级四级名录体系的饮食类非遗代表性项目有5个类别，680项，从而建立起较为完整的四川饮食类非遗保护体系。从类别来看，四川饮食类非遗的类别拥有特色食材生产加工类、菜点烹制技艺类、茶酒制作技艺类、烹饪设备与餐饮器具制作技艺类和饮食民俗类5个类别，每一类别的代表性项目数量从数十项到两百余项不等，且被列入不同等级。其中，菜点烹制技艺类非遗项目数量最多，达235项，在四川饮食类非遗总量中占比34.6%；其次是特色食材生产加工类非遗项目，172项，占比25.3%；第三是茶酒制作技艺类非遗项目，161项，占比23.7%；第四是饮食民俗类非遗项目，67项，占比9.9%；第五是烹饪设

在金沙遗址博物馆的展陈内容中，有很多陶缸、陶罐、陶壶等与饮食文化息息相关的出土文物（程蓉伟/摄影）

备与餐饮器具制作技艺类非遗项目，数量最少，但也有45项，占比6.6%。与此同时，四川各地通过建立非遗项目的代表性传承人名录、设立非遗保护基地和体验基地、举办非遗节及相关节庆活动等多项措施，推动了四川饮食类非遗传承与保护工作不断发展，总体态势良好。

在四川饮食类物质文化遗产方面，其种类丰富，包括古代饮食文献、古代炊餐器具、饮食遗址及饮食画像砖、庖厨俑四大类别，每一类别之下还拥有许多品种。四川饮食类物质文化遗产是四川宝贵的文物，是四川历史文化的物质化呈现。四川各级政府相关部门高度重视文物保护工作，采取了一系列措施加强文物保护，目前已建立了国家级、省级、市级、县级四级文物保护体系。除了数量较多的市级、县级文物保护单位外，国家重点文物保护单位达10家，省级文物保护单位达12家。此外，各地博物馆也收藏了许多饮食类文物。这些都促使四川饮食类物质文化遗产得到了良好保护。

在四川饮食类文化空间方面，四川饮食类老字号种类丰富、数量较多，主要包括茶酒类老字号、饮食类老字号、调味品类老字号、其他食品类老字号四大类。目前而言，被批准认定的老字号包括中华老字号、四川老字号两个等级，前者由国家商务主管部门在全国各类企业中评选认定，后者由四川省商务主管部门在全省各类企业中评选认定，四川饮食类老字号在这两类中皆榜上有名，其中，中华老字号有40家，四川老字号有55家，在整个四川老字号中的占比达42%，保护与传承较好。

（二）四川饮食文化遗产宣传展示成效明显

通过举办和参与重要的节庆活动及加强社会宣传推广活动，四川饮食文化遗产，尤其是四川饮食类非物质文化遗产的宣传展示成效明显，非遗美食的概念得到社会各界的广泛认同。

首先，“中国成都国际非物质文化遗产节”已成为四川饮食文化遗产重要的宣传展示平台。“中国成都国际非物质文化遗产节”作为国家级的国际文化盛会，是新时代展现中国文化自信、开展对外文化交流、繁荣世界文化的重要平台。自2007年以来，已成功举办多届，得到了国内外的广泛认可，为充分展示、交流、互鉴非遗保护经验，扩大中华文化国际影响力作出了突出贡献，对提升四川和成都的国际知名度、美誉度发挥了积极作用。特别是2019年举办的“第七届中国成都国际非物质文化遗产节”，主题展览达6个，聚集了42个国家和地区的910余个非遗项目。此外，还有各种展演、竞技活动。在此期间，500余家参展单位现场销售额为5 000余万元，签约金额超1亿元；吸引了570余万人次参与；吸引媒体报道5 000余次，微博相关话题点击量达到1.6亿人次，实现了社会效益和经济效益双丰收。[①]其中，非遗美食技艺展作为“第七届中国成都国际非物质文化遗产节”的国际大展之一，以“传承美食文化 留住美好乡愁”为主题，通过展示、竞技、教学和市集四个板块，展现了包括四川饮食文化及制作技艺在内的深厚而精湛的美食文化。

其次，积极参与全国“文化和自然遗产日”宣传展示活动。近年来，按照国家文化和旅游部的统一部署，在全国“文化和自然遗产日”期间，四川各地精心安排、认真组织各类宣传展示活动。在2019

① 四川省人民政府网：第七届中国成都国际非物质文化遗产节落下帷幕，http://www.sc.gov.cn/10462/10464/10797/2019/10/23/f5ad002d929049428f5cb3e81fb3595d.shtml，检索日期：2019年12月23日。

年“文化和自然遗产日”期间，四川省非遗宣传展示活动在21个市（州）全面展开，其间有100余场非遗宣传展示活动，掀起了非遗保护新热潮。[①]在“文化和自然遗产日”期间，适逢传统节日端午节，除了赛龙舟、做香包之外，包粽子等各具特色的端午饮食习俗也得到很好的展示。在2020年“文化和自然遗产日”期间，在国家文化和旅游部统一安排部署下，四川省文化和旅游厅采取线上方式，主办了四川非遗宣传展示系列活动——“云上·四川非遗影像展”，并通过电视终端和网络平台播出。影像展由《非一般的匠心》《非一般的韵律》《非一般的味道》三大篇章构成。[②]其中，《非一般的味道》展示了四川饮食类非遗的魅力，有眉山市选送的“东坡肘子制作工艺”、南充市选送的“杨鸭子香酥鸭传统制作技艺”、泸州市选送的“两河吊洞砂锅”，还有四川旅游学院川菜发展研究中心专门录制的川菜传统制作技艺专题片——《云上川菜　神奇魅力》等非遗美食影片。通过云端展播，不仅提升了民众对四川饮食文化遗产保护重要性的认识，而且向大众传播了川菜制作技艺与文化，发挥了饮食类非遗在民众健康生活中应有的作用。

再次，认真组织开展饮食文化遗产社会宣传推广活动。为动员全社会共同参与、关注和保护饮食文化遗产，四川各地文化遗产保护工作者持续开展了饮食文化遗产进校园、进社区、进企业、进景区等多个专项活动。如凉山彝族自治州盐源县非遗进景区实践活动在泸沽湖镇举行，分为舞台展演和非遗展示区展示两大板块进行。其中，非遗展示区包括传统饮食、达巴文化、传统手工艺等多个精品非遗项目，该活动引来许多当地群众和外地游客参观、体验和品尝，取得了良好的宣传展示效果。[③]此外，2021年四川省开展“天府旅游美食”推选活动，全省21个市（州）共推出809道深受百姓认可、具有鲜明地域特色的代表性美食，其中就包括许多饮食类非遗项目品种；四川省文化和旅游厅组织专家推选出100道具有全省代表性、特色突出的美食品种，构成了四川省省级“天府旅游美食”名录，并进行宣传推广。2023年春节前，四川省开展了“蜀味春节—天府旅游美食过大年”短视频网络评选活动，春节期间将评选出的优秀短视频通过四川省文化和旅游厅微信公众号、智游天府、百度、凤凰网、搜狐网、一点资讯、今日头条、抖音等媒体平台展播，让海内外民众充分感受包括非遗美食在内的四川非遗文化魅力。同时，各市（州）也在春节期间开展了非遗美食现场宣传展示及推广活动，如遂宁市举办了“拾年味　传非遗”美食集市，南充市集中举办美食展，成都市举办美食节，制作和展示许多非遗美食。

（三）四川饮食文化遗产助力精准扶贫，成效突出

2015年，中共中央政治局审议通过了《关于打赢脱贫攻坚战的决定》，促进全国扶贫工作进入新

① 四川新闻网：当“文化和自然遗产日”遇上端午节 四川上百场活动不容错过，http://scnews.newssc.org/system/20190529/000968489.html，检索日期：2019年12月23日。

② 新华网：2020年“文化和自然遗产日”四川非遗宣传展示系列活动开启，http://m.xinhuanet.com/sc/2020-06/14/c_1126113261.htm，检索日期：2020年6月20日。

③ 腾讯网：传承多彩文化 创享美好生活——第七届中国成都国际非物质文化遗产节盐源县非遗进景区实践活动在泸沽湖镇举行，https://xw.qq.com/cmsid/20191023A0JSFM00?f=newdc，检索日期：2019年12月15日。

彝族年是彝族总要的节日。品彝家美食是节日期间的重要活动内容之一（田道华/摄影）

的关键阶段。国家文化和旅游部、四川省文化和旅游厅制定和出台多项相关政策措施，四川各地由此深入实施和推进传统工艺振兴，以非遗中的传统工艺为重点，推动"非遗+扶贫"工作。其中，四川饮食类传统制作技艺作为非遗传统工艺的重要内容，也融入"非遗+扶贫"之中，取得了初步成效。

2018年，国家文化和旅游部办公厅、国务院扶贫办综合司下发的《关于支持设立非遗扶贫就业工坊的通知》，以及国家文化和旅游部办公厅下发的《关于大力振兴贫困地区传统工艺助力精准扶贫的通知》，对"非遗+扶贫"做出具体部署，提出在深入调研基础上选取适于带动就业、有市场潜力的传统工艺项目，根据项目特点和工作实际，采取政府投资、对口帮扶援建、合作共建等方式，设立非遗扶贫就业工坊，形成一个或几个相对集中的传统工艺生产培训和交流展示空间。[①]2021年，国家文化和旅游部办公厅、人力资源社会保障部办公厅、国家乡村振兴局综合司又下发了《关于持续推动非遗工坊建设助力乡村振兴的通知》，为深入贯彻习近平总书记关于非物质文化遗产保护重要指示批示精神，落实党中央、国务院关于扎实做好巩固拓展脱贫攻坚成果同乡村振兴有效衔接的工作部署，在非遗助力精准脱贫工作基础上，继续推动非遗工坊（原非遗扶贫就业工坊）建设，加强非遗保护，促进就业增收，巩固脱贫成果，助力乡村振兴。[②]为此，2018年四川省制定和深入实施了《四川省传统工艺振兴实施计划》，以非遗传统工艺为重点，推动"非遗+扶贫"工作。[③]2022年，四川省文化和

① 中华人民共和国文化和旅游部网站：文化和旅游部办公厅 国务院扶贫办综合司关于支持设立非遗扶贫就业工坊的通知，http://zwgk.mct.gov.cn/auto255/201807/t20180717_833857.html?keywords=，检索日期：2019年12月15日。

② 中华人民共和国文化和旅游部网站：文化和旅游部办公厅 人力资源社会保障部办公厅 国家乡村振兴局综合司 关于持续推动非遗工坊建设助力乡村振兴的通知，https://zwgk.mct.gov.cn/zfxxgkml/fwzwhyc/202112/t20211214_929828.html，检索日期：2023年1月18日。

③ 搜狐网：四川省人民政府办公厅关于转发文化厅等部门四川省传统工艺振兴实施计划的通知，https://www.sohu.com/a/243550160_756392，检索日期：2019年12月13日。

旅游厅与四川省人力资源社会保障厅、四川省乡村振兴局联合制定并下发了《四川省非遗工坊管理办法》，涉及非遗工坊的认定范围和条件、认定部门和程序、非遗工坊职责和管理措施、组织保障和激励政策等内容，继续推动四川省非遗工坊建设，以非遗助力乡村振兴。①饮食类非遗与老百姓的日常生活密切相关，在社会各界大力协同下，对助力精准扶贫和脱贫、乡村振兴起到了重要作用，取得了明显成效。如阿坝藏族羌族自治州壤塘县在“政府扶持、传承人自主创办”的模式下，开设了藏茶、藏式陶艺等26个非遗传习所，在当地政府的推动下，在2018年就有15个传习所产生利润，累计实现近500万元的经济效益；依靠“非遗+扶贫”脱贫的有510户，2000余人。②彝族年是国家级非遗项目，是集餐饮娱乐、服饰制作、文化传授等诸多民俗事项于一体的重要民俗节日，分布于川、滇、黔、桂等省区的广大彝族地区。西昌市安哈镇彝家新寨以“螺岭彝风”原生态民俗风情为主题，以“彝历新年美食节”为亮点，通过开办“彝家乐”，让游客参与彝族原生态民俗风情活动及彝族非遗旅游产品制作体验，品尝原汁原味的彝家美食，实现了脱贫致富。③

（四）四川饮食文化遗产保护传承因文旅融合不断迈上新台阶

在长期的保护与传承实践中，四川省一些文化遗产项目自觉与旅游融合，形成了一批知名文旅融合品牌。特别是在2019年四川省文旅大会召开后，四川各地深入贯彻落实大会精神，推进四川省委、省政府建设文化强省和旅游强省的战略部署落地实施，使得文旅融合成为社会各界的自觉行动，四川饮食文化遗产也积极融入文化旅游之中，走出新路径、迈上新台阶。

2019年，“彝族火把节”入选全国十大非遗与旅游融合发展优秀案例，彰显了四川饮食非遗+旅游的发展成果。川菜传统烹饪技艺体验基地——成都川菜博物馆，通过体验活动让游客不仅了解川菜的历史文化，还让游客亲自参与互动、体验川菜烹饪技艺，全方位感受川菜的无穷魅力，同时大力开展针对外籍人士的川菜体验式教学，年接待外籍人士体验川菜文化3万余人。④在2019年“第七届中国成都国际非物质文化遗产节”上，四川省文化和旅游厅隆重发布了10条“非遗之旅”线路，受到了众多游客的关注并参与体验。⑤其中，有4条线路直接融入了四川饮食文化遗产的三大类型作为旅游资源，即饮食类非物质文化遗产、饮食类物质文化遗产和饮食类文化空间，可以称作“饮食类文化遗产之旅”，具体如下：

---

① 四川省文化和旅游厅网站：《四川省非遗工坊管理办法》相关政策解读，http://wlt.sc.gov.cn/scwlt/hyjd/2022/5/20/d6896eaded304308a8ae18ba1ec72fed.shtml，检索日期：2023年1月18日。

② 付远书：四川：非遗资源盘活扶贫经济，中国文化报，2019-07-23（08）。

③ 第一旅游网：彝家乐让彝族同胞乐起来——四川省凉山彝族自治州西昌市安哈镇长板桥村旅游致富纪实，http://toptour.cn/tab1648/info246650.htm，检索日期：2019年6月25日。

④ 手机央广网：提档升级 川菜体验园、川菜博物馆助力国际美食之都建设，http://g1.m.cnr.cn/xml/524374161_zaker_20180929.html，检索日期：2019年6月25日。

⑤ 红星新闻：10条成都“非遗之旅”线路正式发布，https://baijiahao.baidu.com/s?id=1647723228754813175&wfr=spider&for=pc，检索日期：2019年10月25日。

| 茶香之旅路线 |

白鹿白茶（彭州市白鹿镇）—青城绿茶、花音·青城坐忘民宿（都江堰市青城后山）—文井江枇杷茶（崇州市文井江镇）—成佳茶乡（蒲江县成佳镇）—碧潭飘雪徐公茶［新津县（今新津区）儒林路］—彭镇老茶馆（双流区彭镇）—清源社区（青羊区苏坡街道）。线路特色：白茶、绿茶、红茶、花茶，一口尝尽川茶滋味;采茶、制茶、品茶、赏茶，一路玩遍西蜀茶乡。

成都双流区彭镇老茶馆（程蓉伟/摄影）

| 蜀味之旅路线 |

宽窄巷子（青羊区）—新繁泡菜（新都区新繁镇）—天府沸腾小镇（新都区三河街道）—成都川菜博物馆（郫都区古城镇）—怀远三绝（崇州市怀远镇）—路之青城（崇州市街子镇民宿）。线路特色：川菜之魂，集于豆瓣；川菜之骨，尽归泡菜。历一段味觉旅程，方知一菜一格；赴一场舌尖探险，乃尝百菜百味。

刚刚出笼的叶儿粑是怀远三绝中的重头戏（陈燕/摄影）

| 醇酿之旅路线 |

水井坊博物馆（锦江区水井街）—崇阳大曲（崇州市崇阳街道）—酒文化中心（大邑县王泗镇）—大梁酒庄（邛崃市临邛街道）—文君故里（邛崃市文君街）—十方轻旅（邛崃市鹤南路民宿）。线路特色：穿越喧嚣闹市和宁静乡野，体验传奇酿造技艺。享蜀地醇美，品千古柔情。

位于成都市锦江区水井街的水井坊博物馆（程蓉伟/摄影）

| 陶艺之旅路线 |

桂花土陶（彭州市桂花镇）—军乐白瓷（彭州市军乐镇）—邛窑考古遗址公园（邛崃市文君街道）—明月村（蒲江县甘溪镇）—同治龙窑（天府新区永兴镇）。线路特色：拨开历史的尘土，走进一个从陶到瓷的演变历程，体验一颗匠心的守望与传承，感受一个民族的历史与荣耀。

蒲江县甘溪镇明月村古窑（程蓉伟/摄影）

可以说，四川饮食文化遗产与旅游的规范化、常态化深度融合已迈出坚实有力的一步，以文促旅、以旅彰文的态势发展良好，着力推动饮食文化遗产保护与传承工作迈上了新台阶。

二、四川饮食文化遗产保护传承存在的问题

四川饮食文化遗产保护与传承工作已取得很大成绩，但是由于各种主客观原因，还存在一些问题和不足。

（一）四川饮食文化遗产资源的挖掘与整理还不够深入

首先，在非物质文化遗产资源方面，就整体而言，目前四川饮食文化遗产中有关菜点制作、茶酒制作的非遗项目较多，而饮食习俗类、饮食语言和文献类的项目较少；国家级项目较少。市、县两级非遗资源挖掘与整理不够深入，一定程度上仍然存在着一些非遗项目重申报晋级、轻保护建设的现象。如川南经济区，在烹饪设备与餐饮器具制作技艺类、饮食习俗类两大类非遗项目上数量较少、保护级别较低；川东北经济区的饮食类非遗虽然各种类别均有分布，但数量差别较大、保护级别较低，在茶酒制作技艺、烹饪设备与餐饮器具制作技艺方面表现较为突出，需要进一步挖掘、整理、保护与传承。从整体上来看，川东北经济区饮食类非遗大多数为市级、县级项目，省级数量较少，国家级项目空白，需要加大申报国家级非遗项目的力度，以促进其更好地保护。此外，川西北生态示范区、攀西经济区都有非常丰富的饮食文化遗产资源，但都存在挖掘、保护与传承力度不够，非遗项目总体数量偏少、保护级别不高、保护措施不多等问题。

其次，四川饮食类文化空间地域分布不均衡、挖掘不够。按照四川省五个区域的饮食类老字号分类来看，成都平原经济区饮食类老字号数量最多，为53家；川东北经济区饮食类老字号数量次之，为22家；川南经济区饮食类老字号数量为20家；川西北生态示范区、攀西经济区至今尚无饮食类老字号企业，因此，必须加大这些地区饮食文化空间资源的挖掘与整理。

（二）四川饮食文化遗产人才建设体系尚有待深化

四川饮食文化遗产包括饮食类非物质文化遗产、饮食类物质文化遗产、饮食文化景观和文化空间三大类别，在相关人才队伍建设上虽有一些相同之处，但也有许多差异。具体而言，四川饮食文化遗产的相关人才队伍主要包括三个方面：一是饮食文化遗产保护的实践者，聚焦在饮食类非物质文化遗产上，就是饮食类非遗项目的传承人，尤其是代表性传承人；二是政府相关部门及项目保护单位的饮食文化遗产管理人才；三是相关院校和科研机构的饮食文化遗产教育培训与研究人才等。只有这三个方面的人才共同开展四川饮食文化遗产的保护与传承实践、理论研究和综合管理，才能更好地促进其保护与传承。目前，四川饮食文化遗产的人才建设体系还有待深化，具体表现也有三个方面：一是饮食类非遗项目代表性传承人的动态管理有待加强，传承人队伍建设相对薄弱；二是政府相关部门及项目保护单位有关饮食文化遗产管理的专门人才相对匮乏；三是饮食文化遗产保护与传承的研究和管理

人才培养滞后。四川省目前尚无成熟的饮食文化遗产学科及专门研究机构，在一定程度上制约了相关研究和管理人才的培养。

（三）四川饮食文化遗产的当代价值有待进一步发挥

目前，四川省饮食文化遗产和旅游融合还处于起步阶段，饮食类非遗促进乡村振兴的成效还有待进一步提升；饮食文化遗产与经济社会深度融合的机制还亟待进一步完善，融入的方式和手段还需要进一步创新；四川饮食文化遗产的当代价值，如提升中华民族文化自信、弘扬巴蜀文化精神等，还需进一步发挥。此外，囿于追逐经济利益，有些地方、有些项目打着文旅融合与非遗促进乡村振兴的旗号，进行一些不合理的开发和不适当的利用，导致一些饮食文化遗产被曲解。一些地区将当地的饮食文化遗产作为重要的旅游资源进行开发，一味追求旅游商业价值，忽略了饮食文化遗产所蕴含的民族精神特质和地方文化本质。部分地方将一些饮食类非遗项目过度商业化、表演化，甚至将质朴、纯真的饮食非遗项目变成了娱乐游客的工具，逐渐背离了文化遗产保护与传承的初心，遗失了饮食文化遗产保护与传承的精华。

（四）四川饮食文化遗产宣传方式有待进一步创新，影响力还需扩大

四川饮食文化遗产保护的宣传方式较为传统，大多通过重点节庆和活动辅以传统媒体、部分新媒体进行传播，其宣传方式有待进一步创新，可增强互动性和体验性，借以提升和扩大宣传效果。以移动网络为平台的新媒体，可以为四川饮食文化遗产的传播赋能，但目前关于四川饮食文化遗产的媒体传播活动还不够，如以目前深受年轻人喜爱的自媒体短视频为例，在抖音等短视频平台的呈现并不多，在视频内容的呈现上种类较少，视频拍摄的质量也参差不齐，造成了短视频传播的影响力十分有限。此外，通过调研发现，一些民众对于四川饮食文化遗产，包括饮食类非遗的相关概念与内容了解甚少，甚至把饮食品种直接当成饮食类非遗。由此可见，四川饮食文化遗产的宣传效果和影响力还需要提升。

四川饮食文化遗产保护传承及可持续发展的路径与对策

一、饮食文化遗产保护传承与可持续发展的中外比较及借鉴

（一）国外饮食文化遗产保护和发展的模式与策略

1.饮食类世界级非遗的基本情况

2003年10月17日，联合国教科文组织第32届大会通过了《保护非物质文化遗产公约》。该公约第一条就对非物质文化遗产进行了定义（第一章已述），并在第十六条、第十七条、第十八条分别设立

了世界非物质文化遗产的三类名录：一是“人类非物质文化遗产代表作名录”；二是“急需保护的非物质文化遗产名录”；三是“保护非物质文化遗产的计划、项目和活动”（后改称为“最佳实践项目名录”）。这三者通常统称为“世界级非遗名录”。2009年，自该公约实施以来，首次将饮食类项目纳入其中，包括日本的“奥能登的田神祭”和中国的“龙泉青瓷传统烧制技艺”两个项目。此后，法国、墨西哥、土耳其、韩国、朝鲜等国也陆续成功申报世界级饮食类非遗项目。申报饮食类非遗名录是传承和保护国家传统饮食文化的重要途径，是推广饮食文化、增强文化影响力的重要方法。许多国家申报世界饮食类非遗名录的实践和经验对我国饮食类非遗代表性项目申报世界非遗名录起到了重要的启发和借鉴作用。

通过对“世界级非遗名录”的收集、整理和归纳，发现截至2022年底，联合国教科文组织公布的“急需保护的非物质文化遗产名录”“人类非物质文化遗产代表作名录”及“最佳实践项目名录”三个类别，共涉及676项目，而在这三个类别中，饮食类非遗项目共有78项，约占总数的11.54%，但分布不均衡：第一，在“急需保护的非物质文化遗产名录”（简称“急需保护名录”）中，涉及饮食的非遗项目有7项，即2012年由博茨瓦纳申报的博茨瓦纳卡特伦区陶器制作工艺；2013年由危地马拉申报的帕奇典礼；2016年由葡萄牙申报的Bisalhães 黑陶制作工艺；2019年由白俄罗斯申报的尤拉斯基卡拉霍德春祭；2023年由乌克兰申报的乌克兰罗宋汤烹饪文化，智利的Quinchamalí 和Santa Cruz de Cuca陶器。其中，菜点类非遗项目1项，涉及烹饪设备与餐饮器具的陶器制作类非遗项目4项，涉及饮食的民俗类非遗2项。第二，在“最佳实践项目名录”中，仅有1项饮食类非遗项目，即2021年由肯尼亚申报的肯尼亚推广传统饮食和保护传统饮食文化的成功案例。第三，在“人类非物质文化遗产代表作名录”（简称“代表作名录”）中，涉及饮食的项目最多，达70项，具体情况见表3-1。

表3-1 联合国教科文组织饮食类“人类非物质文化遗产代表作名录”一览表[①]

列入年份	序号	代表作名称	申报国家
2009年（2项）	1	奥能登的田神祭	日本
	2	龙泉青瓷传统烧制技艺	中国
2010年（5项）	1	克罗地亚北部的姜饼制作技艺	克罗地亚
	2	法国美食大餐	法国
	3	传统的墨西哥美食—地道、世代相传、充满活力的社区文化，米却肯州模式	墨西哥

① 此表根据联合国教科文组织网站https://en.unesco.org/和中国非物质文化遗产网·中国非物质文化遗产数字博物馆http://www.ihchina.cn/公布的名录相关信息整理。

续表

列入年份	序号	代表作名称	申报国家
2010年（5项）	4	手工业行会，按行业进行知识传承并保持身份认同的网络	法国
	5	赫拉尔德斯贝尔亨冬末火与面包节，克拉克林根面包圈与火桶节	比利时
2011年（3项）	1	土耳其小麦粥（Ceremonial Keskektradition）	土耳其
	2	仪式美食传统凯斯凯克	土耳其
	3	广岛县的壬生花田植	日本
2012年（2项）	1	塞夫鲁樱桃节	摩洛哥
	2	霍雷祖陶瓷工艺	罗马尼亚
2013年（6项）	1	东代恩凯尔克的马背捕虾传统	比利时
	2	地中海饮食文化	塞浦路斯、克罗地亚、西班牙、希腊、意大利、摩洛哥、葡萄牙
	3	古代格鲁吉亚人的传统科维夫里酒缸Qvevri酒制作方法	格鲁吉亚
	4	和食，日本人的传统饮食文化，以新年庆祝为最	日本
	5	越冬泡菜的腌制与分享	韩国
	6	土耳其咖啡的传统文化	土耳其
2014年（4项）	1	薄饼，作为亚美尼亚文化表达的传统面包制作、意义和展现	亚美尼亚
	2	潘泰莱里亚社区种植藤蔓的传统农业实践	意大利
	3	照料阿甘树的知识与实践	摩洛哥
	4	黄铜及铜制器皿传统制造工艺	印度
2015年（5项）	1	朝鲜泡菜制作传统	朝鲜
	2	Oshituthi shomagongo，马鲁拉水果节	纳米比亚
	3	阿拉伯咖啡，慷慨的象征	阿拉伯联合酋长国、沙特阿拉伯、阿曼、卡塔尔
	4	锡达莫人的新年庆典	埃塞俄比亚
	5	佩尔尼克地区的民间盛宴	保加利亚

续表

列入年份	序号	代表作名称	申报国家
2016年（6项）	1	烤馕制作和分享的文化：拉瓦什、卡提尔玛、居甫卡、尤甫卡	阿塞拜疆、哈萨克斯坦、吉尔吉斯斯坦、土耳其、伊朗
	2	比利时啤酒文化	比利时
	3	沃韦酿酒师节	瑞士
	4	L'Oshi Palav 传统菜及相关社会文化习俗	塔吉克斯坦
	5	帕洛夫文化传统	乌兹别克斯坦
	6	阿尔贡古国际钓鱼文化节	尼日利亚
2017年（4项）	1	多尔玛制作和分享传统——文化认同的标志	阿塞拜疆
	2	那不勒斯比萨制作技艺	意大利
	3	马拉维的烹饪传统——恩西玛	马拉维
	4	风车和水车磨坊主技艺	荷兰
2018年（2项）	1	塞加尼女性的陶艺技巧	突尼斯
	2	哈萨克斯坦牧马人的传统春季节日仪式	哈萨克斯坦
2019年（5项）	1	移牧：地中海和阿尔卑斯山季节性牲口迁移	奥地利、希腊、意大利
	2	用皮革袋酿制马奶酒的传统技艺及相关习俗	蒙古
	3	墨西哥普埃布拉州、特拉斯卡拉州和西班牙塔拉韦拉德拉雷纳、埃尔蓬特德拉尔索维斯波的制陶工艺	墨西哥、西班牙
	4	艾尔玛拉的大马士革玫瑰相关习俗和手工艺	叙利亚
	5	科索夫彩绘陶瓷传统	乌克兰
2020年（9项）	1	兹拉库萨陶器制作，兹拉库萨村的手工陶轮制陶	塞尔维亚
	2	新加坡的小贩文化，多元文化城市背景下的社区餐饮习俗	新加坡
	3	克肯纳群岛的夏尔非亚捕鱼法	突尼斯
	4	阿联酋传统阿夫拉贾灌溉体系及与其建设、维护和公平配水有关的口述传统、知识和技艺	阿拉伯联合酋长国
	5	与古斯米的生产和消费有关的知识、技术和实践	阿尔及利亚、毛里塔尼亚、摩洛哥、突尼斯

续表

列入年份	序号	代表作名称	申报国家
2020年（9项）	6	传统石榴节庆典及文化	阿塞拜疆
	7	伊阿弗提亚，马耳他扁平酵母面包的烹饪艺术和文化	马耳他
	8	药草文化中的凉马黛茶习俗和传统知识，巴拉圭瓜拉尼传统饮料	巴拉圭
	9	树林养蜂文化	白俄罗斯、波兰
2021年（6项）	1	阿瓦珲人与陶器有关的价值观、知识、传说和实践	秘鲁
	2	西布吉安，塞内加尔的烹饪艺术	塞内加尔
	3	阿纳厄传统手工技艺	伊拉克
	4	意大利松露采集的传统知识和实践	意大利
	5	久慕汤	海地
	6	科尔索文化，荷兰花果巡游	荷兰
2022年（11项）	1	中国传统制茶技艺及其相关习俗	中国
	2	枣椰树相关知识、技能、传统和习俗	埃及、阿拉伯联合酋长国、阿曼、巴林、巴勒斯坦、卡塔尔、科威特、毛里塔尼亚、摩洛哥、沙特阿拉伯、苏丹、突尼斯、也门、伊拉克、约旦
	3	朝鲜：平壤冷面习俗	朝鲜
	4	约旦的阿尔曼萨夫，一个喜庆的宴会和它的社交活动和文化意义	约旦
	5	法棍面包的工艺和文化	法国
	6	斯洛文尼亚养蜂，一种生活方式	斯洛文尼亚
	7	作为身份、好客和社会交往象征的茶文化	阿塞拜疆、土耳其
	8	哈里萨辣酱，知识、技能以及烹饪和社会实践	突尼斯
	9	种植Khawlani咖啡豆的相关知识和实践	沙特阿拉伯
	10	淡朗姆酒大师的知识	古巴
	11	与传统李子酒šljivovica的准备和使用有关的社会实践和知识	塞尔维亚

从上表可知，自2009年首次将饮食类项目列入世界级非遗项目名录以来，饮食类非遗逐渐受到国际社会的认可与重视，许多国家认识到饮食类非遗的重要性与独特地位，2022年共有11项饮食类项目成功列入人类非遗代表作名录，是饮食类项目成功申遗世界非遗项目数量最多的一年。截至2022年12月，各国饮食类非遗列入人类非遗代表作名录共有70项，若以五大类进行划分，每一类都有，但数量和占比不一。其中，数量最多的是菜点烹制技艺类相关项目，有20项，在整个饮食类人类非遗代表作名录中占比28.6%；其次是饮食习俗类及其他相关项目，有17项，占比24.3%；第三是特色食材的生产加工类相关项目，有15项，占比21.4%；排在后两位的分别是茶酒制作技艺相关项目，有10项，占比14.3%，烹饪设备和餐饮器具制作技艺类相关项目，有8项，占比11.4%。

总体而言，列入世界级非遗名录的饮食类非物质文化遗产项目总共78项，排在前三位的类别也是菜点烹制技艺类、饮食习俗及其他类、特色食材生产加工类，具体情况见表3-2。

表3-2　联合国教科文组织饮食类非物质文化遗产项目分类统计一览表

项目分类	保护类别			小计／项
	急需保护的非物质文化遗产名录／项	最佳实践项目名目／项	人类非物质文化遗产代表作名录／项	
特色食材生产加工类	0	0	15	15
菜点烹制技艺类	1	0	20	21
茶酒与咖啡制作技艺类	0	0	10	10
烹饪设备与餐饮器具制作技艺类	4	0	8	12
饮食民俗及其他类	2	1	17	20
合计	7	1	70	78

需要指出并值得注意的是，关于饮食类世界级非遗项目的分类统计，主要是根据每个项目的侧重内容进行划分的，项目名录中有菜点烹制技艺类、特色食材的生产加工类、茶酒及咖啡制作技艺类、饮食习俗及其他类、烹饪设备和餐饮器具制作技艺类。但是，饮食类世界级非遗项目在批准列入时更注重的是一个国家或地区除了传统手工艺之外的文化习俗和文化传统。尤其是在菜点烹制技艺项目中，不仅有技艺内涵，还有“社会实践、仪式、节庆活动”或“有关自然界和宇宙的知识和实践”的内容。如“土耳其小麦粥（Ceremonial Keskektradition）”，其项目内容及入选理由在于：土耳其小麦粥是婚礼、庆典或宗教节日上的传统美食。婚礼或节日前一天在祈祷和传统音乐中清洗和研磨小麦，婚礼或节日当天将小麦与肉骨、洋葱、香料、水和油同煮，经一天一夜煮制后，将小麦粥分给村里所有人共同

享用。土耳其小麦粥着眼于邻里社区间的互动与分享，而且通过代代相传，实现了饮食文化的传承与多样性[①]。这个项目属于社会实践、仪式和节庆活动，是有关自然界和宇宙的知识和实践，而并不是重点关注小麦粥的制作技艺。另如叙利亚的“艾尔玛拉的大马士革玫瑰相关习俗和手工艺”，其项目内容及入选理由在于：与大马士革玫瑰相关的习俗和手工艺涵盖医疗、养生和美容用途。大马士革玫瑰从5月开始盛放，当采摘开始，一年一度的节庆亦随之到来。花农以手采摘玫瑰，并收集花苞用来制茶；乡村妇女会制作玫瑰糖浆、果酱和糕点；而药剂师则出售药用的干制大马士革玫瑰[②]。该节庆参加者众多，这也证明了该习俗对其传承者具有悠久的文化意义。

目前，中国已有两项饮食类世界级非遗项目，分别是“龙泉青瓷传统烧制技艺”和“中国传统制茶技艺及其相关习俗”。龙泉青瓷传统烧制技艺是一种具有制作性、技能性和艺术性的传统手工艺，至今已有1700余年的历史。其传统烧制技艺包括原料的粉碎、淘洗、陈腐和练泥；器物的成形、晾干、修坯、装饰、素烧、上釉、装匣、装窑；最后在龙窑内用木柴烧成。龙泉青瓷的产品包括陈设瓷、装饰瓷、茶具、餐具等，其中龙泉青瓷茶具、餐具等是烧制技术与饮食文化艺术表现的完美结合，如“粉青”“梅子青”厚釉瓷淡雅、含蓄、敦厚、宁静，体现了中国的传统审美。中国传统制茶技艺及其相关习俗，是有关茶园管理、茶叶采摘、茶的手工制作，以及茶的饮用和分享的知识、技艺和实践。制茶师运用杀青、闷黄、渥堆、萎凋、做青、发酵、窨制等核心技艺，发展出绿茶、黄茶、黑茶、白茶、乌龙茶、红茶六大茶类及花茶等再加工茶，中国有2000多种茶品，均以不同的色、香、味形满足着民众的多种需求。饮茶和品茶贯穿于中国人的日常生活和社交礼仪等

采茶、种茶、制茶（《中国自然历史绘画》）

① 联合国教科文组织网站：Ceremonial Keşkek tradition，https://ich.unesco.org/en/RL/ceremonial-keskek-tradition-00388，检索日期：2019年4月25日。

② 联合国教科文组织网站：Practices and craftsmanship associated with the Damascene rose in Al-Mrah，https://ich.unesco.org/en/RL/practices-and-craftsmanship-associated-with-the-damascene-rose-in-al-mrah-01369#identification，检索日期：2019年4月25日。

场合。中国茶系统而完整的知识体系、广泛而深入的社会实践、成熟而发达的传统技艺、种类丰富的手工制品，体现了中国人所秉持的谦、和、礼、敬的价值观，并通过丝绸之路促进了世界文明的交流与互鉴。

2. 饮食类世界级非遗项目保护和传承的模式与策略分析

针对四川饮食文化遗产保护与传承中存在的问题，这里以世界级非遗项目“地中海饮食文化”“法国美食大餐”“日本和食”为例，简要总结保护成效较为显著的葡萄牙、法国、日本在饮食类非遗方面的保护、传承模式和经验，以供参考和借鉴。

（1）地中海饮食的保护与传承——以葡萄牙为例

2013年12月，由葡萄牙与塞浦路斯、克罗地亚、希腊、西班牙、意大利和摩洛哥联合向联合国教科文组织申报的地中海饮食被批准列入“人类非物质文化遗产代表作名录”。地中海饮食文化包含了一系列技术、知识、习俗、象征和传统，涉及耕种、收割、捕鱼、畜牧、贮存、加工、烹饪，以及最重要的美食分享。共同分享食物是地中海盆地各个群体文化认同感和连贯性的基础。地中海饮食文化强调热情好客、邻里和睦、不同文化间的对话及创造性，并且在文化空间、节日庆典中发挥着至关重要的作用，让来自不同年龄段、不同背景、不同社会阶层的人们得以欢聚一堂。

地中海风味的黄油香煎三文鱼配法棒（程蓉伟/摄影）

地中海饮食是地中海盆地历史、文明、地理、气候、植被和生物群落等多方面因素的共同产物，是地中海文明的体现和证明，包含重要的精神和物质价值。尽管葡萄牙并不属于地中海沿岸国家，但是，数千年来，葡萄牙与地中海盆地人民在商贸和文化方面的往来使得各自的宗教、传统、饮食习惯流传到他国。葡萄牙的饮食文化体现出许多地中海饮食的特征，如橄榄油的使用、谷物和蔬果在菜肴中的大量运用，以及正餐时饮用葡萄酒的习惯等。在葡萄牙农业海洋部、外交部、联合国教科文组织葡萄牙代表处、葡萄牙地中海饮食全国委员会、葡萄牙营养学家协会等众多机构的帮助与支持下，塔维拉市政府作为葡萄牙的代表，在为地中海饮食申报入选“人类非物质文化遗产代表作名录”中扮演了非常重要的角色。为了更好地保护与传承地中海饮食这一世界级非遗，葡萄牙在管理、保护和宣传方面逐渐形成了一套模式，值得借鉴[①]。

① 徐亦行、傅菡钰：《葡萄牙非物质文化遗产保护制度对我国的启示》，曹德明：《国外非物质文化遗产保护的经验与启示 欧洲与美洲卷 上》，社会科学文献出版社，2018年，第233页—241页。

第一，管理模式。2014年，葡萄牙部长会议通过成立地中海饮食保护和推广工作组的提案，地中海饮食保护和推广工作组由葡萄牙农业海洋部负责进行总体协调，工作组成员来自葡萄牙政府跨部门人员，如葡萄牙农业海洋部部长办公室、塔维拉市政厅、葡萄牙联合国教科文组织全国委员会、葡萄牙文化遗产总局、葡萄牙旅游局、葡萄牙教育总局等。其工作任务包括5个方面：一是在葡萄牙推广和保护地中海饮食；二是根据联合国教科文组织《保护非物质文化遗产公约操作指南》的规定，宣传地中海饮食，使人们认识到地中海饮食这一非物质文化遗产的重要性；三是按照各公共或私立机构的要求，包括向媒体提供地中海饮食的相关讯息；四是监督地中海饮食保护计划在全国范围内的实施；五是在国际上代表葡萄牙协调与其他国家合作的地中海饮食保护和开发工作。

第二，保护模式。地中海饮食的保护计划涵盖了研究调查、清单罗列、营养健康教育、宣传方式、相关机构团体的参与等多方面。在申报成功后，葡萄牙相关政府机构首先完成的便是一份详尽的地中海饮食清单，主要由文化部负责，内容包括与地中海饮食相关的饮食活动、产品目录，以及食物的制造、生产和保存技术等。在申报结束后，葡萄牙仍由各部门派人员成立地中海饮食工作小组，共商地中海饮食保护战略，这对于保护地中海饮食来说至关重要。此外，葡萄牙相关政府机构也在讨论推进国内地中海饮食相关议题的研究，研究内容包括地中海饮食的历史、饮食实践、营养模式、社区内部关系，支撑地中海饮食这一生活方式的基本价值，地中海饮食对葡萄牙的影响等。

第三，宣传模式。葡萄牙充分利用互联网和现实体验的双重优势开展各式各样的创意活动，结合地中海饮食非物质文化遗产的独特性，针对不同人群进行全方位的传播和宣传。主要有以下三种方式。

首先，开设了“地中海饮食”官方网站。2015年3月，由阿尔加维省和塔维拉市政府联合创办的“地中海饮食”网站正式上线，网站访问地址为http：//dietamediterranica.net/，并有葡萄牙语、西班牙语、英语和法语四种语言版本。在“地中海饮食”官网上，可以查阅地中海饮食的相关介绍、健康营养信息、阿尔加维省的地中海饮食风貌、各类活动讯息、地中海饮食保护计划、地中海饮食菜谱、各种出版物、访谈节目录像等内容，方便人们系统地了解地中海饮食，选择自己感兴趣的参观、体验活动。

地中海生蚝（程蓉伟/摄影）

其次，举办各种特色鲜明的展览，包括“地中海饮食—千年文化遗产”特别文化展、地中海饮食巡回展、地中海饮食展等。“地中海饮食—千年文化遗产”特别文化展的展览地为塔维拉市的市博物馆，向公众开放的时间是2013年2月25日～2017年12月31日，每周二～周六早上10:00～下午4:30；展出内容包括文化空间的概念、地中海数千年的生活方式、地中海饮食在社会和宗教方面的体现、用于宗教的食物及其符号、被世界卫生组织认可的标准饮食体系内的海陆产品等。据统计，该展览的年参观人数约为25000人次。地中海饮食巡回展是由塔维拉市政府举办的不定期巡回展览，主要由市政府提供的19幅可移动展板组成，以葡萄牙语和英语的形式讲述了地中海饮食的数千年历史，参观者也可在现场领取葡萄牙语、英语和西班牙语宣传手册。葡萄牙各市政府提出展览申请，即可在该城市的中心地带或博物馆等场所展出这些展板，已举办过地中海饮食巡回展的城市包括里斯本、阿格鲁、埃武拉、奥良、阿尔布费拉和阿尔库什–迪瓦尔德维什等。地中海饮食展像一个集中的大型交易市场。自2013年起，塔维拉市政府已在城市的历史中心陆续举办了四届地中海饮食展。展览一般安排在每年9月，为期3～4日，包括农产品、捕捞业商家、美食试吃活动和产品试用会等，有合作意向的参观者可以直接与参展商家进行商业对话。此外，地中海饮食展还举办一系列文化和学术活动，如法朵音乐会、弗拉明戈和地中海舞蹈表演、马术表演、健康生活方式推介会、研讨会、个展、农场体验活动等。

再次，开展互动性强的体验活动，如地中海饮食厨艺教学展示、农场体验、阿尔加维海陆系列美食节等。地中海饮食厨艺教学展示是在塔维拉市的市博物馆定期举办，不收费，但有名额限制，公众需提前申请。厨艺展示活动的主讲人通常包括一名厨师和营养学家，每次活动以不同食材为主题，介绍其营养价值、展示其烹饪方式，如砂锅鱼汤、洋槐豆布丁等。农场体验能够让公众更好地了解阿尔加维省的传统农业系统，因此塔维拉市也定期举行短途农场体验活动，内容涵盖土壤结构、气候变化、社会经济因素等多方面知识，同样免费，也需提前注册申请。体验活动通常由阿尔加维大学科技系的教师担任主讲人，带领参观者领略城市菜园和集约型农业等新型农业。阿尔加维海陆系列美食节则是另一个重要的互动体验活动。自2015年起，每年3～5月，阿尔加维省区域发展协调委员会都会策划、举办美食节，其中陆地系列美食节通常于3月或4月举行，海洋美食节则常被安排在5月。美食节期间，食客可在20多家参与美食节活动的餐厅以较为低廉的价格品尝到使用洋槐豆、杏仁、章鱼、金枪鱼、鳕鱼、魟鱼、黄花鱼等食材制作的各类美食。人们不仅品尝美食，还可以参加餐桌装饰比赛，按照要求使用阿尔加维传统食品和手工艺品装点餐桌。

除了以上主要的宣传方式外，塔维拉市政府还整理、编辑了地中海饮食目录，制订了与农业部合作创办地中海饮食研究中心的计划，定期举办研讨会，参与国际会议并在电视节目中进行宣传，在市中心的河岸市场开设地中海饮食商店。

（2）法国的美食大餐

法国的美食大餐于2010年入选人类非物质文化遗产代表作名录。法国美食大餐伴随着个人或群体生活的重要时刻，是庆祝各种活动，如出生、结婚、生日、纪念日、庆功和团聚的一项实用的社会风俗。节日盛宴是将人们聚集在一起，共享良酒、美食艺术的大好机会。法国美食大餐所注重的是人与人之间的亲密和睦、味觉上的美好体验及人与自然间的平衡。法国采取一系列保护与传承此项非遗的措施，如计划实施《国民膳食纲要》（PNA），切实发挥大学与科研院所的重要作用，设立专用的综合文化设施（美食城网点体系），积极构建饮食文化遗产国际合作体系等，稳步推进了这一世界级非遗的保护与传承，其主要模式和经验如下[①]：

第一，重点配套政策的实施。

法国制定和实施的重点配套政策，如《国民膳食纲要》及专用综合文化设施的设立等，有效地促进了法国美食大餐的保护与传承。

烹制中的法国大餐（吴明/摄影）

法国美食大餐在申报入选“人类非物质文化遗产代表作名录”时，分别规定了国家和私人部门在保护该遗产中应承担的责任。其中，国家层面的保护工作主要体现在《国民膳食纲要》（PNA）的制定和实施中，制定并采取了相应的保护和开发措施。一方面，积极开展为学校教育配套的美食文化体验教育。如在2011年3月至12月，6个试点大区（阿尔萨斯、勃艮第、法兰西岛、北部–加莱海峡、中央大区和留尼汪岛）先后开设了美食班，并在2011学年伊始将其推广到所有大区。美食班共8堂课，每堂课时长90分钟，课程的开设得到了法国产地及质量检测中心的赞助。美食班的目标是提高学生的心理素质，完善感官的语言表达方式，克服对新鲜食物的恐惧及鼓励学生参与家庭烹饪。其中的最后两堂课采用“美食文化体验小组”的形式，让学生和家长零距离接触法国美食大餐文化，分享社交乐趣和土特产风味。负责饮食和国民教育的国家主管部门已经与法国产地及质量检测中心密切合作，出版了《美食文化学习指南》。据统计，2011～2012学年，约有400个班级（大约1万名学生）参加了美食班课程。在不少大区，开设这门课程的费用由法国卫生和社会团结部共同承担，因而开支相对较少（每个学生花费4欧元）。其他一些针对年轻人的宣传体验活动也被纳入《国民膳食纲要》实施的范畴。另一方面，鼓励全国性大型文化活动增加美食专题板块。为了宣传法国美食大餐入选“人类非物质文化遗产代表作名录”，也为了响应法国文化与宣传部的行动，《国民膳食纲要》已将欧洲遗产日活动扩展到饮食和美食文化遗产中。2010年的欧洲遗产日已尝试性地加入了主题为“知名人物”的饮食和美食文化活动，翌年又举行了主题为“旅行”的活动。“马赛2013欧洲文化之都”活动组织者特别重视美食文化和欢庆宴，专门组织了名为“荒废的厨房”大型活动。

此外，2013年6月19日，法国文化与宣传部、农林副食品部联合推出了美食城网点体系。这项由法国政府独创的美食城网点体系属于全国性和国际性综合文化设施，具有独创性和凝聚力，有助于公众

① 郑理、刘常津、陆焕：《法国非物质文化遗产保护的举措和经验》，曹德明：《国外非物质文化遗产保护的经验与启示 欧洲与美洲卷 上》，社会科学文献出版社，2018年，第80页—88页。

法国美食大餐——勃艮第葡萄酒烩牛肉（吴明/摄影）

了解法国美食大餐的历史、作用、价值及这项非遗的蓬勃生命力，能保证各美食城承担起共同的文化使命，即向社会各界推广美食大餐文化。美食城网点体系在2017～2020年建成，第戎、里昂、巴黎-兰吉斯和图尔是其核心城市，通过举办多场“模拟美食城”活动来推广美食大餐，向全体国民传播美食大餐文化。已开展的“模拟美食城”活动，如2013年秋在第戎和图尔举办的一系列欢庆宴活动，证明了国民对美食大餐的钟爱。

第二，大学与科研院所主动参与。

法国的高等教育发达，大学和科研机构在法国的饮食类非遗保护与传承中主动参与，发挥了重要作用。2009年6月，法国图尔大学与欧洲历史和饮食文化研究所、法国遗产与饮食文化代表团合作，设立了联合国教科文组织“饮食文化遗产保护和发扬”讲席。在法国美食大餐入选“人类非物质文化遗产代表作名录”后，图尔大学即被列为饮食及美食文化问题方面的研究中心。“饮食文化遗产保护和发扬”讲席的目标是通过鉴别、清点饮食文化遗产来发扬饮食文化，普及有关知识。为此，图尔大学打算采取一些具体行动，如组织召开国际学术研讨会和专家会议、派遣教师和学生出访学习、推动学术研究、扶植饮食文化清点计划等。近十年来，图尔大学一直想把饮食文化遗产打造成自己的龙头学科之一，而联合国教科文组织讲席的设立是其中的关键一步。图尔大学与欧洲历史和饮食文化研究所合作，2005年设立了“欧洲历史和饮食文化”硕士学位授予点；2008年开始实施膳食领域复合型人才培养计划，集中了30多名来自6个研究所和图尔大学职业技术学院的教研人员；2009年与雷恩大学出版社合作出版了《人类餐桌》。联合国教科文组织“饮食文化遗产保护和发扬”讲席的设立，使图尔大学在全球相关研究机构中占据了领头羊位置。图尔大学还设立了“饮食文化遗产研究吸纳小组”，其研究成果有助于人们更好地了解与美食大餐相关的社会习俗和文化背景。此外，图尔大学欧洲历史和饮食文化研究所举办“弗朗索瓦·拉伯雷论坛”，与“饮食与文化论坛”同期举行，每年一届，邀请大学教师和知名厨师参加。里昂第二大学和图尔大学组织“学习日”活动，该活动邀请众多专家赴国外（主要依托世界各地的法国文化中心）介绍法国美食大餐入选“人类非物质文化遗产代表作名录”的意义和前景。

法国各地的农学院也积极投入到法国美食大餐的保护与传承工作中。如前所述，法国开展了对法国美食大餐组成要素和就餐礼仪的统计与收集工作，在全国范围内清点地方特产和食谱，并将食谱汇编成宝典。在这项工作中，法国各地农学院学生助力良多。从2011学年开始，他们就积极投入到筛选所在地区特产的工作中，筛选出15种本地区最具代表性的特产，以充实法国烹饪艺术理事会制作的特产名录。农学院学生采集到的关于特产的第一手数据，从地理、社会、文化、历史和环境因素等角度为入选特产名录的特产提供了上榜依据；收集到的关于美食制作和社会习俗方面的信息也将更多地被整理和公开出版。此外，法国还准备创办一所传统手工烹饪技艺学院，使之成为美食制作方面的高等学府，以此推动传统烹饪技艺的传播和振兴。

第三，积极构建国际合作体系。

法国积极倡导构建饮食文化遗产国际合作体系，在法国遗产与饮食文化代表团和联合国教科文组织“饮食文化遗产保护和发扬”讲席的共同倡导下，2012年5月，一批希望通过国际合作来弘扬饮食遗产和文化的国家与地区的代表聚集在联合国教科文组织总部，包括墨西哥、克罗地亚、葡萄牙、摩洛哥、西班牙、韩国、日本、希腊、土耳其、法国和意大利的代表商定，在与饮食文化相关的非物质文化遗产要素的保护和传播战略方面，各国应实现互助，进行数据、经验的交流。法国积极促进做好以下事宜：建立和鼓励信息资源的交流；鼓励筹划旨在推进饮食文化遗产广泛认同的共同计划；促进大学教师及专家之间的合作，发挥国际合作体系的作用，支持申遗报告的起草；创建一个共同网站；组织召开题为“饮食与非物质文化遗产”的国际学术研讨会。随着新一批的饮食类非遗入选“人类非物质文化遗产代表作名录”，法国持续在这方面开展国际合作。如在2015年米兰世博会期间，法国遗产与饮食文化代表团就以“滋养地球，为生命加油”为主题组织了多场国际会议和交流活动。

（3）日本和食

日本和食在保护与传承方面的模式和经验，除了扩大财政支出用于该项文化遗产保护和继承之外，其宣传模式尤为值得关注和借鉴。[①]

第一，通过发放宣传册进行宣传。

在全国范围内广发日本和食的各种宣传册，以此提高国民对和食文化的关注。目前，已经制作并发布的有《和食：日本的传统文化》（总结归纳日本和食文化的特征、历史）、《面向未来的和食》（2014年和食的保护与传承研讨会报告，归纳了和食保护与继承的范围，并明确了其行动方向）、《和食文化的保护、维护与普及》（2015年和食的保护与传承研讨会报告，反映了与饮食生活相关的问卷调查结果，总结和食文化现状与和食文化保护与继承的方针、措施）。同时，政府将民间团体举行的食育活动、地域传统饮食文化的保护和传承等先进事例介绍、活动开展情况及相关经验编写成册，引导民间团体开展食育相关活动。

日本农林水产省一直致力于和食文化的推广与普及

① 孙健美：《日本非物质文化遗产保护的经验与启示》，曹德明：《国外非物质文化遗产保护的经验与启示》（“亚洲其他地区与大洋洲”卷），社会科学文献出版社，2018年，第947页—954页。

日本和食（吴明/摄影）

第二，通过网站和邮票进行宣传。

农林水产省在其官方主页上发布详细的和食申遗过程及正在开展的一系列保护和食的相关活动信息。与日本邮局合作，在农林水产省和食室与一般社团法人和食文化国民会议的通力合作下，日本邮局发行了以申遗成功的和食为题材的特殊邮票，该套邮票被命名为“日本和食文化系列第一集”。邮票设计新颖，分别印有具有代表性的和食料理,如板栗饭、味噌汤、天妇罗等，每张面值为82日元，共发行1200万套。

第三，通过校园进行宣传。

日本和食进校园，主要包括两个方面：一是和食供餐制的推广。青少年时期是领悟饮食重要性的关键时期。学校实施和食供餐制，有助于促进儿童对和食文化的理解和传承。从2013年开始，日本向青少年推行和食供餐制。受农林水产省委托，和食供餐后援团积极响应、通力协助。全国41名和食厨师走访全国中小学校，提出和食供餐制度的建议并进行和食制作表演，以推进学校和食供餐制的普及，使学生充分了解和食的魅力。2013年，他们访问了6所学校；2014年将访问数量提高到26所。二是开展“味噌汤品尝和食日”活动。11月24日被定为日本“和食日”。当天，一般社团法人和食文化国民会议在全国约2000所小、中、高学校开展以传播和食文化为目的的“味噌汤品尝和食日”活动，使以和食为基本饮食的日本人通过品尝鲜汁汤去体验日本引以为豪的第五味“原味”。在学校的协助下，选择能体现食品原味及和食特征的汤汁让学生品尝，同时请教师向学生介绍作为和食基础的鲜汤汁，使其感受和食文化的魅力，再让学生把制作鲜汤汁的配料带回家，并以此为契机，加深学生父母、亲戚对和食文化的了解。

第四，通过研讨会进行宣传。

一方面，日本每年定期召开和食专题研讨会，并与媒体合作进行宣传，向普通民众传播和食文化的魅力，使人们认识到传承、保护的重要性。2015年以“和食文化的魅力”为主题的研讨会在福井和东京的三所高校召开，研讨会的实况通过网络电视进行放送。另一方面，召开全国性的家乡料理峰会，增加全国人民对乡土料理的关注和了解。2015年11月在面向全国小学生的家乡料理峰会上，小学生们在对当地乡土料理调查的基础上发表演讲并同与会者沟通、交流。

（二）中国饮食文化遗产保护和传承的方式与策略

1.饮食类国家级非遗的基本情况

截至2022年底，国务院先后于2006年、2008年、2011年、2014年和2021年公布了五批国家级项目名录（前三批名录名称为“国家级非物质文化遗产名录”，《中华人民共和国非物质文化遗产法》实施后，第四批名录更名为“国家级非物质文化遗产代表性项目名录”）。为了对传承于不同区域或不同社区、群体持有的同一项非物质文化遗产项目进行确认和保护，从第二批国家级非物质文化遗产项目名录开始，设立了扩展项目名录。扩展项目与此前已列入国家级非物质文化遗产名录的同名项目虽然共用一个项目编号，但项目特征、传承状况存在差异，保护单位也不同。而在五批次的国家级非物质文化遗产项目名录中，都有饮食类非遗项目。通过收集、整理和归纳，饮食类国家级非遗项目的具体情况分别见2006年《第一批饮食类国家级非物质文化遗产项目名录一览表》和2008年（第二批）、2011年（第三批）、2014年（第四批）、2021年（第五批）《饮食类国家级非遗项目名录及扩展名录一览表》（表3–3~表3–7）。

表3-3　2006年第一批饮食类国家级非遗项目名录一览表[1]

类别	序号	项目名称	保护（或申报）单位
特色食材生产加工技艺（3项）	1	清徐老陈醋酿制技艺	山西省清徐县
	2	镇江恒顺香醋酿制技艺	江苏省镇江市
	3	自贡井盐深钻汲制技艺	四川省自贡市、大英县
茶酒制作技艺（5项）	1	茅台酒酿制技艺	贵州省
	2	泸州老窖酒酿制技艺	四川省泸州市
	3	杏花村汾酒酿制技艺	山西省汾阳市
	4	绍兴黄酒酿制技艺	浙江省绍兴市
	5	武夷岩茶（大红袍）制作技艺	福建省武夷山市

① 此表根据中国非物质文化遗产网·中国非物质文化遗产数字博物馆http://www.ihchina.cn/公布的名录相关信息整理。

续表

类别	序号	项目名称	保护（或申报）单位
烹饪设备与餐饮器具制作技艺（16项）	1	宜兴紫砂陶制作技艺	江苏省宜兴市
	2	界首彩陶烧制技艺	安徽省界首市
	3	黎族原始制陶技艺	海南省昌江黎族自治县
	4	傣族慢轮制陶技艺	云南省西双版纳傣族自治州
	5	维吾尔族模制法土陶烧制技艺	新疆维吾尔自治区英吉沙县、喀什市、吐鲁番地区
	6	景德镇手工制瓷技艺	江西省景德镇市
	7	耀州窑陶瓷烧制技艺	陕西省铜川市
	8	龙泉青瓷烧制技艺	浙江省龙泉市
	9	磁州窑烧制技艺	河北省峰峰矿区
	10	德化瓷烧制技艺	福建省德化县
	11	澄城尧头陶瓷烧制技艺	陕西省澄城县
	12	雕漆技艺	北京市崇文区
	13	平遥推光漆器髹饰技艺	山西省平遥县
	14	扬州漆器髹饰技艺	江苏省扬州市
	15	福州脱胎漆器髹饰技艺	福建省福州市
	16	成都漆艺	四川省成都市

表3-4　2008年第二批饮食类国家级非遗项目名录及扩展名录一览表①

类别	序号	项目名称	保护（或申报）单位
特色食材生产加工技艺（9项）	1	晒盐技艺（海盐晒制技艺、井盐晒制技艺）	浙江省象山县
	2	酱油酿造技艺（钱万隆酱油酿造技艺）	上海市浦东新区
	3	豆瓣传统制作技艺（郫县豆瓣传统制作技艺）	四川省成都市郫县（今郫都区）
	4	豆豉酿制技艺（永川豆豉酿制技艺、潼川豆豉酿制技艺）	重庆市永川区、四川省三台县
	5	腐乳酿造技艺（王致和腐乳酿造技艺）	北京市海淀区
	6	酱菜制作技艺（六必居酱菜制作技艺）	北京六必居食品有限公司
	7	榨菜传统制作技艺（涪陵榨菜传统制作技艺）	重庆市涪陵区
	8	火腿制作技艺（金华火腿腌制技艺）	浙江省金华市
	9	老陈醋酿制技艺（美和居老陈醋酿制技艺）	山西省太原市

① 此表根据中国非物质文化遗产网·中国非物质文化遗产数字博物馆http://www.ihchina.cn/公布的名录相关信息整理。

续表

类别	序号	项目名称	保护（或申报）单位
菜点烹制技艺（16项）	1	面花（阳城焙面面塑、闻喜花馍、定襄面塑、新绛面塑、郎庄面塑、黄陵面花）	山西省阳城县、闻喜县、定襄县、新绛县，山东省冠县，陕西省黄陵县
	2	糖塑（丰县糖人贡、天门糖塑、成都糖画）	江苏省丰县，湖北省天门市，四川省成都市
	3	传统面食制作技艺（龙须拉面和刀削面制作技艺、抿尖面和猫耳朵制作技艺）	山西省全晋会馆、晋韵楼
	4	茶点制作技艺（富春茶点制作技艺）	江苏省扬州市
	5	周村烧饼制作技艺	山东省淄博市
	6	月饼传统制作技艺（郭杜林晋式月饼制作技艺、安琪广式月饼制作技艺）	山西省太原市
	7	素食制作技艺（功德林素食制作技艺）	上海功德林素食有限公司
	8	同盛祥牛羊肉泡馍制作技艺	陕西省西安市
	9	烤鸭技艺（全聚德挂炉烤鸭技艺、便宜坊焖炉烤鸭技艺）	北京市全聚德（集团）股份有限公司、北京便宜坊烤鸭集团有限公司
	10	牛羊肉烹制技艺（东来顺涮羊肉制作技艺、鸿宾楼全羊席制作技艺、月盛斋酱烧牛羊肉制作技艺、北京烤肉制作技艺、冠云平遥牛肉传统加工技艺、烤全羊技艺）	北京市东来顺集团有限责任公司、北京市鸿宾楼餐饮有限责任公司、北京月盛斋清真食品有限公司、北京市聚德华天控股有限公司、山西省冠云平遥牛肉集团有限公司、内蒙古自治区阿拉善盟
	11	天福号酱肘子制作技艺	北京天福号食品有限公司
	12	六味斋酱肉传统制作技艺	山西省太原六味斋实业有限公司
	13	都一处烧卖制作技艺	北京便宜坊烤鸭集团有限公司
	14	聚春园佛跳墙制作技艺	福建省福州市
	15	真不同洛阳水席制作技艺	河南省洛阳市
	16	中医养生（药膳八珍汤、灵源万应茶、永定万应茶）	山西省太原市，福建省晋江市，湖南省张家界市永定区

续表

类别	序号	项目名称	保护（或申报）单位
茶酒制作技艺（9项）	1	蒸馏酒传统酿造技艺（北京二锅头酒传统酿造技艺、衡水老白干传统酿造技艺、山庄老酒传统酿造技艺、板城烧锅酒传统五甑酿造技艺、梨花春白酒传统酿造技艺、老龙口白酒传统酿造技艺、大泉源酒传统酿造技艺、宝丰酒传统酿造技艺、五粮液酒传统酿造技艺、水井坊酒传统酿造技艺、剑南春酒传统酿造技艺、古蔺郎酒传统酿造技艺、沱牌曲酒传统酿造技艺）	北京红星股份有限公司，北京顺鑫农业股份有限公司，河北省衡水市、平泉市、承德县，山西省朔州市，辽宁省沈阳市，吉林省通化县，河南省宝丰县，四川省宜宾市、成都市、绵竹市、古蔺县、射洪市
	2	酿造酒传统酿造技艺（封缸酒传统酿造技艺、金华酒传统酿造技艺）	江苏省丹阳市、常州市金坛区，浙江省金华市
	3	配制酒传统酿造技艺（菊花白酒传统酿造技艺）	北京仁和酒业有限责任公司
	4	花茶制作技艺（张一元茉莉花茶制作技艺）	北京张一元茶叶有限责任公司
	5	绿茶制作技艺（西湖龙井、婺州举岩、黄山毛峰、太平猴魁、六安瓜片）	浙江省杭州市、金华市，安徽省黄山市徽州区、黄山区、六安市裕安区
	6	红茶制作技艺（祁门红茶制作技艺）	安徽省祁门县
	7	乌龙茶制作技艺（铁观音制作技艺）	福建省安溪县
	8	普洱茶制作技艺（贡茶制作技艺、大益茶制作技艺）	云南省宁洱县、勐海县
	9	黑茶制作技艺（千两茶制作技艺、茯砖茶制作技艺、南路边茶制作技艺）	湖南省安化县、益阳市，四川省雅安市
烹饪设备与餐饮器具制作技艺（7项）	1	钧瓷烧制技艺	河南省禹州市
	2	醴陵釉下五彩瓷烧制技艺	湖南省醴陵市
	3	枫溪瓷烧制技艺	广东省潮州市枫溪区
	4	陶器烧制技艺（钦州坭兴陶烧制技艺、藏族黑陶烧制技艺、牙舟陶器烧制技艺、建水紫陶烧制技艺、荥经砂器烧制技艺）	广西壮族自治区钦州市、四川省稻城县、云南省迪庆藏族自治州、青海省囊谦县、贵州省平塘县、云南省建水县、四川省荥经县
	5	漆器髹饰技艺（徽州漆器髹饰技艺、重庆漆器髹饰技艺）	安徽省黄山市屯溪区，重庆市
	6	彝族漆器髹饰技艺	四川省喜德县，贵州省大方县
	7	维吾尔族模制法土陶烧制技艺	新疆生产建设兵团

续表

类别	序号	项目名称	保护（或申报）单位
饮食民俗（7项）	1	元宵节（敛巧饭习俗）	北京市怀柔区、密云县
	2	渔民开洋、谢洋节	浙江省象山县、岱山县，山东省荣成市、日照市，青岛市即墨区
	3	长白山采参习俗	吉林省抚松县
	4	查干淖尔冬捕习俗	吉林省前郭尔罗斯蒙古族自治县
	5	茶艺（潮州工夫茶艺）	广东省潮州市
	6	中秋节（中秋博饼）	福建省厦门市
	7	彝族跳菜	云南省南涧彝族自治县

表3-5　2011年第三批饮食类国家级非遗项目名录及扩展名录一览表①

类别	序号	项目名称	保护（或申报）单位
特色食材生产加工（1项）	1	火腿制作技艺（宣威火腿制作技艺）	云南省宣威市
菜点烹制技艺（5项）	1	仿膳（清廷御膳）制作技艺	北京市西城区
	2	直隶官府菜烹饪技艺	河北省保定市
	3	孔府菜烹饪技艺	山东省曲阜市
	4	五芳斋粽子制作技艺	浙江省嘉兴市
	5	传统面食制作技艺（天津“狗不理”包子制作技艺、稷山传统面点制作技艺）	天津市和平区、山西省稷山县
茶酒制作技艺（5项）	1	花茶制作技艺（吴裕泰茉莉花茶制作技艺）	北京市东城区
	2	绿茶制作技艺（碧螺春制作技艺、紫笋茶制作技艺、安吉白茶制作技艺）	江苏省苏州市吴中区，浙江省长兴县、安吉县
	3	黑茶制作技艺（下关沱茶制作技艺）	云南省大理白族自治州
	4	武夷岩茶（大红袍）制作技艺	福建省武夷山市
	5	白茶制作技艺（福鼎白茶制作技艺）	福建省福鼎市

① 此表根据中国非物质文化遗产网·中国非物质文化遗产数字博物馆http://www.ihchina.cn/公布的名录相关信息整理。

续表

类别	序号	项目名称	保护（或申报）单位
烹饪设备与餐饮器具技艺（9项）	1	越窑青瓷烧制技艺	浙江省绍兴市上虞区、杭州市、慈溪市
	2	建窑建盏烧制技艺	福建省南平市
	3	汝瓷烧制技艺	河南省汝州市、宝丰县
	4	淄博陶瓷烧制技艺	山东省淄博市
	5	长沙窑铜官陶瓷烧制技艺	湖南省长沙市望城区
	6	乌铜走银制作技艺	云南省石屏县
	7	银铜器制作及鎏金技艺	青海省西宁市湟中区
	8	陶器烧制技艺（黎族泥片制陶技艺、荣昌陶器制作技艺）	海南省白沙黎族自治县、重庆市荣昌区
	9	漆器髹饰技艺（绛州剔犀技艺、鄱阳脱胎漆器髹饰技艺、潍坊嵌银髹漆技艺、楚式漆器髹饰技艺、阳江漆器髹饰技艺）	山西省新绛县、江西省鄱阳县、山东省潍坊市、湖北省荆州市、广东省阳江市
饮食民俗（3项）	1	径山茶宴	浙江省杭州市余杭区
	2	维吾尔医药（食物疗法）	新疆维吾尔自治区莎车县
	3	装泥鱼习俗	广东省珠海市斗门区

表3-6　2014年第四批饮食类国家级非遗代表性项目名录及扩展名录一览表[①]

类别	序号	项目名称	保护（或申报）单位
特色食材生产加工（6项）	1	酿醋技艺（小米醋酿造技艺）	山西省襄汾县
	2	老汤精配制	黑龙江省哈尔滨市阿城区
	3	传统制糖技艺（义乌红糖制作技艺）	浙江省义乌市
	4	龙口粉丝传统制作技艺	山东省招远市
	5	晒盐技艺（淮盐制作技艺、卤水制盐技艺）	江苏省连云港市，山东省寿光市
	6	酱油酿造技艺（先市酱油酿造技艺）	四川省合江县

① 此表根据中国非物质文化遗产网·中国非物质文化遗产数字博物馆http://www.ihchina.cn/公布的名录相关信息整理。

续表

类别	序号	项目名称	保护（或申报）单位
菜点烹制技艺（9项）	1	奶制品制作技艺（察干伊德）	内蒙古自治区正蓝旗
	2	辽菜传统烹饪技艺	辽宁省沈阳市
	3	泡菜制作技艺（朝鲜族泡菜制作技艺）	吉林省延吉市
	4	上海本帮菜肴传统烹饪技艺	上海市黄浦区
	5	豆腐传统制作技艺	安徽省淮南市、寿县
	6	德州扒鸡制作技艺	山东省德州市
	7	蒙自过桥米线制作技艺	云南省蒙自市
	8	传统面食制作技艺（桂发祥十八街麻花制作技艺、南翔小笼馒头制作技艺）	天津市河西区、上海市嘉定区
	9	酱肉制作技艺（亓氏酱香源肉食酱制技艺）	山东省济南市莱芜区
茶酒制作技艺（5项）	1	花茶制作技艺（福州茉莉花茶窨制工艺）	福建省福州市仓山区
	2	绿茶制作技艺（赣南客家擂茶制作技艺、婺源绿茶制作技艺、信阳毛尖茶制作技艺、恩施玉露制作技艺、都匀毛尖茶制作技艺）	江西省全南县、婺源县，河南省信阳市，湖北省恩施市，贵州省都匀市
	3	红茶制作技艺（滇红茶制作技艺）	云南省凤庆县
	4	黑茶制作技艺（赵李桥砖茶制作技艺、六堡茶制作技艺）	湖北省赤壁市、广西壮族自治区苍梧县
	5	中医传统制剂方法（鸿茅药酒配制技艺）	内蒙古自治区凉城县
烹饪设备与餐饮器具制作技艺（9项）	1	邢窑陶瓷烧制技艺	河北省邢台市
	2	婺州窑陶瓷烧制技艺	浙江省金华市婺城区
	3	吉州窑陶瓷烧制技艺	江西省吉安市
	4	登封窑陶瓷烧制技艺	河南省登封市
	5	当阳峪绞胎瓷烧制技艺	河南省焦作市
	6	潮州彩瓷烧制技艺	广东省潮州市
	7	铜器制作技艺（大同铜器制作技艺）	山西省大同市城区
	8	陶器烧制技艺（平定砂器制作技艺、平定黑釉刻花陶瓷制作技艺，宜兴均陶制作技艺，德州黑陶烧制技艺，枫溪手拉朱泥壶制作技艺）	山西省平定县、江苏省宜兴市 山东省德州市、广东省潮州市
	9	漆器髹饰技艺（稷山螺钿漆器髹饰技艺）	山西省稷山县

续表

类别	序号	项目名称	保护（或申报）单位
饮食民俗（4项）	1	望果节	西藏自治区
	2	稻作习俗	江西省万年县
	3	茶俗（白族三道茶）	云南省大理市
	4	仡佬族三幺台习俗	贵州省道真仡佬族苗族自治县

表3-7　2021年第五批饮食类国家级非遗代表性项目名录及扩展名录一览表①

类别	序号	项目名称	保护（或申报）单位
特色食材生产加工（3项）	1	晒盐技艺(运城河东制盐技艺)	山西省运城市
	2	酿醋技艺(独流老醋酿造技艺、保宁醋传统酿造工艺、赤水晒醋制作技艺、吴忠老醋酿制技艺）	天津市静海区、四川省南充市、贵州省遵义市赤水市、宁夏回族自治区吴忠市
	3	食用油传统制作技艺(大名小磨香油制作技艺)	河北省邯郸市大名县
菜点烹制技艺（17项）	1	中餐烹饪技艺与食俗	中国烹饪协会
	2	徽菜烹饪技艺	安徽省
	3	潮州菜烹饪技艺	广东省潮州市
	4	川菜烹饪技艺	四川省
	5	土生葡人美食烹饪技艺	澳门特别行政区
	6	小吃制作技艺(沙县小吃制技艺、逍遥胡辣汤制作技艺)小吃制作技艺(火宫殿臭豆腐制作技艺)	福建省三明市、河南省周口市西华县、湖南省长沙市
	7	米粉制作技艺(沙河粉传统制作技艺、柳州螺蛳粉制作技艺、桂林米粉制作技艺)	广东省广州市，广西壮族自治区柳州市、桂林市
	8	凯里酸汤鱼制作技艺	贵州省黔东南苗族侗族自治州凯里市
	9	传统面食制作技艺(太谷饼制作技艺、李连贵熏肉大饼制作技艺、邵永丰麻饼制作技艺、缙云烧饼制作技艺、老孙家羊肉泡馍制作技艺、西安贾三灌汤包子制作技艺、兰州牛肉面制作技艺、中宁蒿子面制作技艺、馕制作技艺、塔塔尔族传统糕点制作技艺)	山西省晋中市太谷区，吉林省四平市，浙江省衢州市柯城区，丽水市缙云县，陕西省，甘肃省兰州市，宁夏回族自治区中卫市中宁县，新疆维吾尔自治区，新疆维吾尔自治区塔城地区，塔城市

① 此表根据中国非物质文化遗产网・中国非物质文化遗产数字博物馆http://www.ihchina.cn/公布的名录相关信息整理。

续表

类别	序号	项目名称	保护（或申报）单位
菜点烹制技艺（17项）	10	素食制作技艺(绿柳居素食烹制技艺)	江苏省南京市
	11	牛羊肉烹制技艺(宁夏手抓羊肉制作技艺)	宁夏回族自治区吴忠市
	12	豆腐传统制作技艺	山东省泰安市泰山区
	13	德都蒙古全席	青海省海西蒙古族藏族自治州德令哈市
	14	尖扎达顿宴	青海省黄南藏族自治州尖扎县
	15	龟苓膏配制技艺	广西壮族自治区梧州市
	16	果脯蜜饯制作技艺(北京果脯传统制作技艺、雕花蜜饯制作技艺)	北京市怀柔区、湖南省怀化市靖州苗族侗族自治县
	17	梨膏糖制作技艺(上海梨膏糖制作技艺)	上海市黄浦区
茶酒制作技艺（10项）	1	蒸馏酒传统酿造技艺(洋河酒酿造技艺、古井贡酒酿造技艺、景芝酒传统酿造技艺、董酒酿制技艺、西凤酒酿造技艺、青海青稞酒传统酿造技艺)	江苏省宿迁市、安徽省亳州市、山东省潍坊市安丘市、贵州省遵义市汇川区、陕西省宝鸡市凤翔区、青海省海东市互助土族自治县
	2	酿造酒传统酿造技艺(刘伶醉酒酿造技艺、红曲黄酒酿造技艺)	河北省保定市徐水区、福建省宁德市屏南县
	3	严东关五加皮酿酒技艺	浙江省杭州市建德市
	4	绿茶制作技艺(雨花茶制作技艺、蒙山茶传统制作技艺）	江苏省南京市、四川省雅安市
	5	黄茶制作技艺(君山银针茶制作技艺)	湖南省岳阳市君山区
	6	红茶制作技艺(坦洋工夫茶制作技艺、宁红茶制作技艺	福建省宁德市福安市、江西省九江市修水县
	7	乌龙茶制作技艺(漳平水仙茶制作技艺)	福建省龙岩市
	8	黑茶制作技艺(长盛川青砖茶制作技艺、咸阳茯茶制作技艺)	湖北省宜昌市伍家岗区、陕西省咸阳市
	9	维吾尔医药(和田药茶制作技艺）	新疆维吾尔自治区和田地区策勒县
	10	德昂族酸茶制作技艺	云南省德宏傣族景颇族自治州芒市

续表

类别	序号	项目名称	保护（或申报）单位
烹饪设备与餐饮器具制作技艺（8项）	1	陶器烧制技艺(痘姆陶器烧制技艺)	安徽省安庆市潜山市
	2	八义窑红绿彩瓷烧制技艺	山西省长治市上党区
	3	鲁山窑烧制技艺(鲁山花瓷烧制技艺)	河南省平顶山市鲁山县
	4	银胎掐丝珐琅器制作技艺 (永胜珐琅银器制作技艺)	云南省丽江市永胜县
	5	金镶玉制作技艺(郏县金镶玉制作技艺)	河南省平顶山市郏县
	6	银铜器制作及鎏金技艺 (乌拉特铜银器制作技艺)	内蒙古自治区巴彦淖尔市乌拉特中旗
	7	婺州窑陶瓷烧制技艺(婺州窑衢州白瓷烧制技艺)	浙江省衢州市柯城区
	8	铜器制作技艺(喀什维吾尔族铜器制作技艺)	新疆维吾尔自治区喀什地区喀什市
饮食民俗（3项）	1	阴历二十四节气(梅源芒种开犁节、内乡打春牛习俗)	浙江省丽水市云和县、河南省南阳市内乡县
	2	茶俗(瑶族油茶习俗)	广西壮族自治区桂林市恭城瑶族自治县
	3	徐州伏羊食俗	江苏省徐州市

根据中国非物质文化遗产网·中国非物质文化遗产数字博物馆整理的国家级非遗名录进行统计可知，截至2022年底，列入国家级非遗代表性项目名录的共有1 557项。从以上五批饮食类国家级非物质文化遗产项目名录的统计情况来看，饮食类国家级非遗代表性项目有168项，在整个国家级非遗代表性项目中约占10.8%，其占比不高。国家级饮食类非遗项目按照主要内容来划分，包括特色食材生产加工、菜点烹制技艺、茶酒制作技艺、烹饪设备与餐饮器具制作技艺、饮食习俗五个子类。其中，数量最多的是烹饪设备与餐饮器具制作技艺项目，共49项，在国家级饮食类非遗项目中占比29.2%；第二是菜点烹制技艺项目46项，占比27.4%；第三是茶酒制作技艺项目34项，占比20.2%；第四是特色食材生产加工类项目22项，占比13.1%；第五是饮食民俗类项目17项，占比10.1%，具体情况见表3-3饮食类国家级非遗代表性项目数量统计表和饮食类国家级非遗代表性项目类别及数量分布图。将其与饮食类世界级非遗项目的分布情况相比，饮食类国家级项目中的饮食民俗项目数量偏少、占比最低；烹饪设备和餐饮器具制作技艺类相关项目则相反，其数量和占比最高；菜点烹制技艺类相关项目的占比仅相差1.2%，从第一批的0项到第五批的16项，逐步上升，可见国家对其重视程度的不断加强。再从各省的国家级饮食类非遗项目来看，北京市、四川省、山西省、浙江省的饮食类国家级非遗项目数量较多，皆属于第一梯队，在一定程度上反映出这些省市对饮食类非遗项目的重视程度。

表3-8　饮食类国家级非遗代表性项目数量统计表

时间/批次	类别					小计／项
	特色食材生产加工类／项	菜点烹制技艺类／项	茶酒制作技艺类／项	烹饪设备与餐饮器具制作技艺类／项	饮食民俗类／项	
2006年/第一批	3	0	5	16	0	24
2008年/第二批	9	16	9	7	7	48
2011年/第三批	1	5	5	9	3	23
2014年/第四批	6	9	5	9	4	33
2021年/第五批	3	16	10	8	3	40
合计	22	46	34	49	17	168

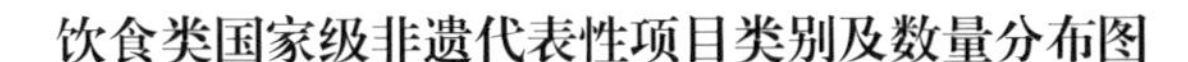

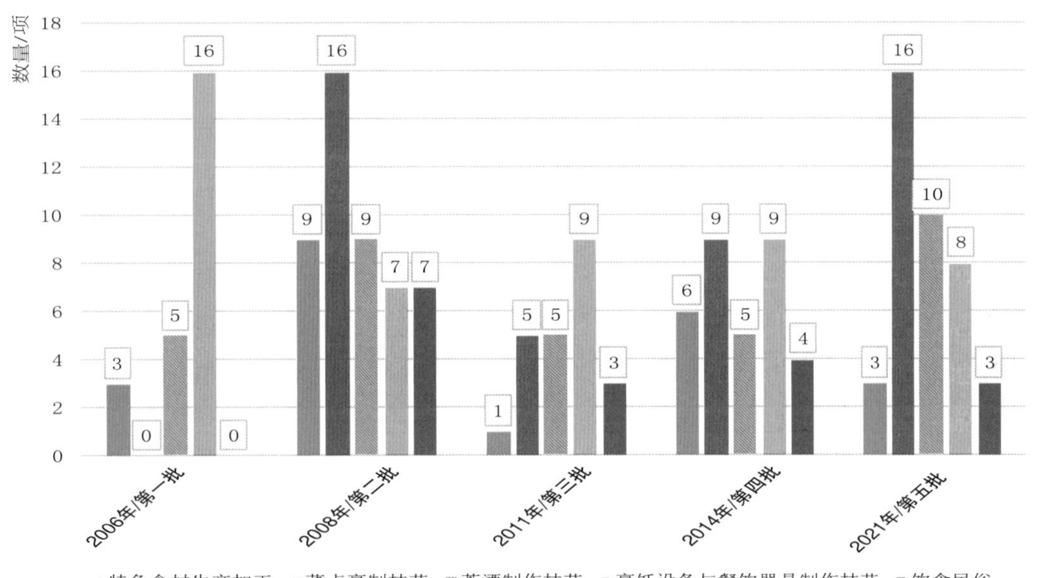

2.饮食类国家级非遗项目的保护与传承典型案例分析

国家级非遗项目已达千项，其中有许多良好的保护与传承案例。这里仅从特色食材生产加工、菜点烹制技艺、茶酒制作技艺三个饮食类非遗类型出发，选择保护成效显著的国家级非遗项目“安徽豆腐传统制作技艺”“辽菜传统烹饪技艺”“茅台酒酿制技艺”为例，结合课题组的田野考察，以分析、阐述其保护与传承的方式和策略。

（1）安徽豆腐传统制作技艺

2014年，在国务院公布的第四批国家级非物质文化遗产代表性项目名录中，淮南市申报的“豆腐

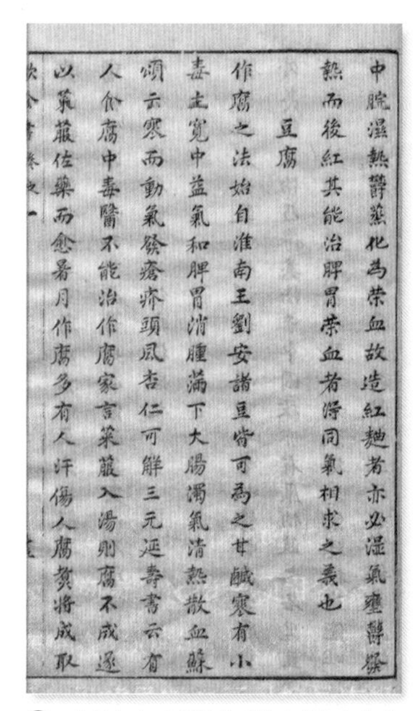

中脘濕熱鬱蒸化為榮血故造紅麯者亦必濕氣壅鬱發
熱而後紅其能治脾胃榮血者得同氣相求之義也
豆腐
作腐之法始自淮南王劉安諸豆皆可為之甘鹹寒有小
毒土寬中益氣和脾胃消腫滿下大腸濁氣清熱散血蘇
頌云寒而動氣發瘡疥頭風杏仁可解三元延壽書云有
人食腐中毒醫不能治作腐家言萊菔入湯則腐不成遂
以萊菔佐藥而愈暑月作腐多有人汗傷人腐貿將成取

明朝宋公玉所编的《饮食书》言淮南为豆腐的发源地及豆腐的食疗作用。

八公山豆腐（程蓉伟/摄影）

传统制作技艺”成功入选，淮南市成为全国唯一的豆腐传统制作技艺国家级保护地区。近年来，在全国推动文化和旅游融合发展的大背景下，寿县将深挖文化内涵作为推动旅游产业提档升级的关键，通过多种方式和策略大力开展豆腐传统制作技艺的保护、传承与发展。

第一，八公山豆腐的产品创新。

淮南八公山是中国豆腐的发源地，经过世代相传，至今已有二千多年历史。八公山豆腐主要是水豆腐、豆腐干、千张，此外还有豆腐皮、腐竹、素鸡、内酯豆腐等。如今，随着人们饮食需求的提高，八公山豆腐已创新衍生出菜汁豆腐、冻豆腐、干燥豆腐、无渣豆腐、鸡蛋豆腐、咖啡豆腐，以及油炸、熏制、卤制、炸卤等“素食豆腐制品”。目前，八公山豆腐制品已有数十种，烹饪方法有30余种，可做成400多种菜肴[1]。而用八公山豆腐烹制的豆腐宴，风味独特、营养丰富，是寿县别具一格的上等宴席。淮南市八公山镇、祁集乡已成为豆腐镇、豆腐乡。

第二，积极开展旅游节庆活动展示豆腐传统制作技艺。

“八公山旅游嘉年华”是淮南市精心打造的旅游品牌，是一项市民参与度高、游客喜闻乐见的群众性旅游文化活动，已成功举办多届主题活动，辐射皖北、皖中地区，并向江苏、上海方向辐射，有效提升了淮南市的旅游知名度和影响力。在每年举行的“八公山旅游嘉年华”活动中，除了游览八公山胜景、寻源楚汉文化，还要重温淮南豆腐文化历史，体验豆腐文化带来的欢乐。如2015年八公山景区汉淮南王宫举行的纪念豆腐始祖诞辰活动，来自全国各地的豆腐技艺传承人向豆腐始祖刘安进香，表达感

① 凤凰网：文化非遗：淮南豆腐传统制作技艺，http://ah.ifeng.com/human/detail_2016_01/04/4717189_0.shtml，检索日期：2019年4月25日。

念之情，把本次嘉年华的豆腐文化主题推向高潮。此外，中国豆腐大世界吉尼斯纪录缔造暨颁证典礼在刘香（淝水）豆腐小镇隆重举行，在现场近千人的见证下，一块长、宽各3.5米，厚0.5米的巨型豆腐由现场嘉宾揭开盖头，权威部门对豆腐的规格进行现场测量、鉴定、公证，随后上海大世界吉尼斯的工作人员宣布新的大世界吉尼斯纪录的诞生并颁发证书。之后进行的喝豆浆大赛、千人品尝豆腐及豆腐美颜欢等一系列活动，让现场游客感受到豆腐文化的乐趣①。2016年的“八公山旅游嘉年华”，在刘香（淝水）豆腐小镇分会场举办了“观豆腐工艺、品豆腐美宴”活动，市民和游客现场参观豆腐生产工艺，亲手制作豆浆、磨豆腐，还有百道特色豆腐菜肴任意品尝，让游客品尝原汁原味的八公山豆腐美味；在祁集镇分会场，举办了“豆腐勇士”欢乐体验比赛，勇士搬豆子、勇士喝豆浆，上演豆腐文化运动会；豆腐美食一条街及豆制品展销，汇集近百家当地特色小吃，让市民、游客零距离体验淮南豆腐文化②。

第三，“产业+旅游”模式的豆腐小镇探索文旅融合。

2017年9月，安徽寿县八公山豆腐小镇获批安徽省第一批省级特色小镇，近年来更依托中国豆腐发源地的文化资源优势，从豆腐生产加工向豆腐文化旅游融合发展逐渐转变，全力打造中国最具特色的豆腐文化特色小镇。豆腐小镇位于寿县古城北侧城乡接合部，省级风景名胜区八公山风景区内，介于淮南市区、寿县古城、凤台县城之间，是打造八公山—寿县古城5A级景区的中间衔接地带。小镇内有规模豆制品加工企业八公山豆制品厂1家，为全国豆制品行业50强企业、全国工业旅游示范点、国家级非遗保护单位；另有小规模企业刘安豆腐有限公司1家、民间豆腐传统加工作坊60多家。小镇共分5大区域。其中，小镇客厅为综合服务区，大泉豆腐村为核心产业区，淝水湿地公园为主题游乐园区，寿州文创谷为文化体验区，温泉养生度假村为休闲度假区，分别布局了小镇综合服务中心、景区入口广场、房车营地、休闲商业水街、生态停车场、豆腐文化产业园、大泉汉风文化街、大泉村宿、农家豆腐坊、休闲绿道、湿地运动公园、夜泊船官湖、四季花海、水上儿童乐园、窑石文创公社、道法自然农场、八公讲堂、生态客房、四星级酒店、会议中心、淮王国医馆、泊心堂等22个重点项目。豆腐小镇将进一步深入挖掘中国豆腐历史文化，快速发展豆腐产品生产加工及新产品研究与开发，实现豆制品加工与文化、旅游的深度融合，以豆腐系列食品生产加工向豆腐文化旅游融合发展为导向，以“豆腐+”为产业拓展渠道，成为国内外瞩目的文旅融合的国际豆腐文化小镇③。

（2）辽菜传统烹饪技艺

辽宁地理位置优越，省内山水相连，食材遍布江河湖海，盛产辽参、对虾、鲍鱼、扇贝、河蟹、海蟹、鳜鱼、鲤鱼、虹鳟鱼、银鱼、比目鱼、细鳞鱼、甲鱼、山鸡、野兔、猴头蘑、蕨菜、大叶芹、山楂、板栗等特色烹饪原料，让辽菜显示出独有的特色。辽菜以扒、炖、烧、熘见长，口味以咸鲜为主，

① 新浪网：八公山豆腐文化节创新大世界吉尼斯纪录，http://travel.sina.com.cn/china/2015-09-16/0933314676.shtml，检索日期：2019年4月26日。

② 凤凰网：淮南第四届八公山旅游嘉年华上演中秋欢乐汇，http://ah.ifeng.com/a/20160918/4981810_0.shtml，检索日期：2019年4月26日。

③ 中商情报网：安徽省淮南市寿县八公山豆腐小镇项目案例，https://baijiahao.baidu.com/s?id=1636201784811355879&wfr=spider&for=pc，2019年4月26日。

甜为配、酸为辅，海鲜菜品讲究原汁原味、清鲜脆嫩。辽菜主要包括清朝宫廷菜、王（官）府菜、市井菜、民俗菜、民族菜等。2014年，由沈阳“鹿鸣春”申报的“辽菜传统烹饪技艺”入选国家第四批非物质文化遗产代表性名录，成为全国知名地方菜系中鲜有的获得国家级非遗保护的菜系。此后，辽菜传统烹饪技艺主要通过以下方式和策略进一步促进其保护、传承与发展。

第一，保护单位、传习基地携手积极开展传习活动。

为弘扬传统文化，保护、传承和推广辽菜传统烹饪技艺，辽宁省建立了以“鹿鸣春”为龙头，组织辽菜传统烹饪技艺代表传承人传习与推广辽菜的师资队伍，将辽菜传统烹饪技艺辐射至辽宁各市，建立了30余个辽菜传习基地和传习店，由辽菜代表性传承人定期开展辅导、示范、规范辽菜等活动。如位于沈阳棋盘山国际旅游风景区的沈阳华夏饮食文化博物馆，在获批“国家级非物质文化遗产传习基地”后，积极开展辽菜传统烹饪技艺的传习活动，创新打造辽菜文化的新体验，先后推出代表满族宫廷宴的“玉盘宴”、代表官府宴的“葫芦宴”、代表民间高档婚宴的“喜喜字宴”及“百姓家常宴”等，让人们充分体验到辽菜传统烹饪技艺的内涵。该博物馆还联合沈阳旅游服务学校开设辽菜培训班，要求学员们在学会菜肴制作精髓的同时，更要从历史文化和传承意义上真正了解辽菜饮食的真谛，培养厨师对辽菜发自内心的兴趣[①]。此外，辽菜传统烹饪技艺的保护单位——沈阳鹿鸣春饭店有限公司（简称“鹿鸣春”），每年还邀请国家级非遗代表性传承人刘敬贤大师开班授课，培养人才。刘敬贤将传承辽菜文化精华、搞好辽菜课题研究、提升辽菜文化品质作为自己不懈努力的使命。依托传统技艺，刘敬贤带着弟子还研发了低碳、健康的“鹿鸣宴”，提倡健康饮食理念，让百姓在家也能做出满汉全席之类的菜肴。“鹿鸣春”在多年研究辽菜传统烹饪技艺的基础上，收集资料、整理素材、记录经验，对原始菜谱和老旧照片进行研究，同时与学校联办辽菜传习基地，大力开展传习活动[②]。

第二，举办辽菜烹饪比赛，促进人才发展。

辽宁省通过举办“匠心杯”辽菜烹饪职业技能大赛、“辽服杯”辽宁（沈阳）厨师节等烹饪比赛来促进人才发展。2019年，辽宁省总工会举办了首届“匠心杯”辽菜烹饪职业技能大赛，为广大餐饮从业人员营造了职业出彩的机会，在引领广大餐饮从业者提高技能的同时，积极出谋划策，通过不同方式方法带动广大餐饮从业者与餐饮、食材等企业进行资源对接，逐步形成完整的产供销链条，促进了辽宁餐饮经济持续健康发展[③]。由中国烹饪协会、中国饭店协会、辽宁省商务厅主办的首届“辽服杯”辽宁（沈阳）厨师节，由最具匠心辽菜美食展、特色食材展、千家餐饮名店美食惠民、百家餐饮名店、百年风味辽菜、百姓幸福品鉴等内容组成。此外，作为厨师节的主题活动，第一届辽菜烹饪技艺大奖赛总决

① 中国日报中文网：华夏饮食文化博物馆打造辽菜文化体验，http://cnews.chinadaily.com.cn/2016-04/29/content_24965628.htm，检索日期：2019年5月16日。

② 和讯网：中华老字号鹿鸣春捧上“鹿鸣宴”：辽菜故事飘散家乡味道，https://m.hexun.com/news/2019-03-22/196582150.html，检索日期：2019年5月16日。

③ 搜狐网：辽宁省职工技能大赛暨全省“匠心杯”首届辽菜烹饪技能大赛正式开幕，https://www.sohu.com/a/316992361_107885，检索日期：2019年5月16日。

赛也同时举行，由6大分赛区选出的80多位选手精心制作的200多道参赛菜品竞逐桂冠[①]。这些有关辽菜烹饪技艺传承与发展的比赛，不仅拓宽了辽菜厨师的视野，提升了辽菜的知名度，还满足了辽宁餐饮市场时尚化、多样化需求，为推动行业高质量发展和乡村振兴贡献了应有的力量。

第三，积极通过各种展会开展宣传，促进文旅融合。

辽菜积极参与在辽宁举行的各种展会，扩大宣传，提升影响力。如参与“一带一路”国家新闻官员与媒体人员研修班活动。该研修班人员在辽宁省博物馆参观“又见大唐”书画文物展和“又见红山”精品文物展后，专门来到辽菜非遗传承基地，亲手制作、品尝辽宁特色菜肴。多位人员换上厨师服，在中国烹饪大师李春祥的指导下试制辽菜经典菜品熗烧大虾[②]。此外，辽菜还积极参与在沈阳植物园举行的“锦绣辽宁、多彩非遗”——辽宁省非物质文化遗产进景区展示展演活动。此次活动由辽宁省文化和旅游厅主办、沈阳旅游集团有限公司承办，项目包括“巧夺天工”“指尖艺术”和“舌尖非遗”，而“舌尖非遗”区域的展示内容则以辽菜传统烹饪技艺项目为代表。此次活动把辽宁多彩的非物质文化遗产带入景区，增加了地域特色文化，打造了辽宁文化旅游品牌，积极探索了非遗进景区常态化展示和生产性保护模式[③]。

（3）茅台酒酿制技艺

茅台酒是我国酱香型曲酒的代表，生产工艺分制曲、制酒、贮存、勾兑、检验、包装六个环节。茅台酒的酿制有两次投料、固态发酵、高温制曲、高温堆积、高温摘酒等特点，由此形成独特的酿造风格。在明末清初，茅台镇以大曲参与糖化、发酵、蒸馏取酒的工艺日趋成熟。数百年来，茅台酒酿造工艺在继承和发展中不断完善，至今仍完整沿用。作为中华民族的珍贵文化遗产，茅台酒酿制技艺得到了很好的保护、继承和发扬， 2006年被列入首批国家级非物质文化遗产名录。此后，茅台酒酿制技艺主要通过以下措施进行了更好的保护和传承。

第一，匠人匠心传承茅台酒酿造技艺。

茅台酒的品质魅力源于得天独厚的酿造环境和悠久的历史、深厚的文化，更源自独具一格的酿造工艺。地道的酱香型茅台酒，严格遵循“端午踩曲”“重阳下沙”等传统的“12789”工艺，从原料投入到产品出厂，至少需要经过五年的时间。而在传承古法的酿造技艺中，起关键作用的是非遗传承人和工匠。如茅台集团首席酿造师任金素仅用肉眼观察和用手触摸，就能精确判断制曲质量。而在茅台集团，这样身怀绝技的非遗传承人和匠人深入于各个生产环节之中。当越来越多的机器人成为车间里的“主角”，在这个全球最大的蒸馏酒酿制厂房里，仍有众多工匠在兢兢业业地忙碌着，使得茅台酒酿造技艺一直传承至今，并且历久弥新，焕发出蓬勃的生命力[④]。茅台集团一直致力于全面、真实、系统地记录

① 腾讯网：“辽服杯”首届辽宁（沈阳）厨师节圆满落幕！https://ln.qq.com/a/20170630/042466.htm，检索日期：2019年5月16日。

② 新华网：“逛辽博 品辽菜”——“一带一路”国家新闻官员与媒体人员感受辽宁文化魅力，http://www.ln.xinhuanet.com/2019-11/24/c_1125268049.htm，检索日期：2019年12月22日。

③ 搜狐网：辽宁省非物质文化遗产项目展示展演活动举办，https://www.sohu.com/a/345387294_100191062，检索日期：2019年12月22日。

④ 新京报：茅台 匠人匠心传承优质酿造技艺，https://www.sohu.com/a/201059968_114988，检索日期：2019年12月22日。

代表性传承人掌握的茅台酒酿制技艺，为后人传承、研究、宣传、利用好非物质文化遗产留下珍贵资料，对于保护和传承中华优秀传统文化具有十分积极而重要的意义。2019年度，经国家文化和旅游部委托国家图书馆组织北京专家评审，在全国共评出优秀成果22部，其中，“季克良——茅台酒酿制技艺”荣获“优秀记录成果”。[①]

第二，以全球视野宣传茅台酒酿造技艺。

茅台集团通过举办和参与各种节庆活动，尤其是主办全球“茅粉节”，走出国门、走向世界，以全球视野布局文化传播，推动中华优秀传统文化与现代文明相融合，逐渐打造出具有中国特色和全球影响力的国家品牌。如茅台集团参加在武汉举办的第二届长江非物质文化遗产大展，在茅台酒酿制技艺百余平米的展区，市民除能详细了解茅台酒的酿造过程，还能品尝和购买醇正茅台酒。[②]受邀参加第九届海峡两岸（厦门）文化产业博览交易会的“长征路上的非遗主题展”，讲述了红军长征路上与茅台酒的不解之缘，展现了茅台集团当代非物质文化遗产的传承与保护非遗的新长征之路。[③]

除了参加各种节庆活动，茅台集团还主办了“茅粉节”。自2017年开始，茅台集团将每年的9月30日定为“茅粉节”，使“茅粉节”成为以酒为媒、以酒会友的粉丝狂欢嘉年华。其间，全球“茅粉”齐聚茅台镇共度狂欢，在全球引发极大关注。除了在茅台本部举办之外，还在广西、上海、贵州等18个省、市、自治区相继上演，将茅台酱香酒文化与当地特色文化相融合，提振了广大“茅粉”参与活动的热情。[④]如在广西，1.37万人打卡“文化茅台·壮美广西”活动。他们品鉴飞天茅台、了解茅台酿造工艺、欣赏广西非遗文化展览。在宁夏，以非物质文化遗产为活动主线，作为国家级非遗的茅台酒酿制工艺，与剪纸、泥塑等宁夏非遗项目同台展示，来自贵州赤水河谷的传统酿造技艺与塞上江南的精湛手工技艺跨界碰撞，带给当地市民新鲜的文化体验。在贵州，来自28个国家和地区的66名国际留学生品尝茅台美酒、参观湄潭茶园、体验丹寨苗族蜡染，对他们来说，这是一段既了解了茅台深厚的酱香酒文化底蕴，也感知了贵州“醉”美风情的游学之旅。来自罗马尼亚的Robert Mitrofan从喜欢喝茅台酒爱上了中国文化。他认为“茅粉节”非常神奇，“来自不同行业、不同国度的人同时到来，发出了同一个声音，对茅台酒这么热爱，茅台酒已经把大家连接在一起，文化交流已经超出了商品本身，我希望‘茅粉节’也能走进我的国家，让更多人知道茅台和茅台文化”。来自牛津大学的林丹碧印象最深的就是听到茅台30道工序、165个工艺环节零差错，对于茅台工匠对传统工艺的敬畏，让她对中国传统文化油然起敬。[⑤]通过全球“茅粉节”等活动的宣传，“让世界爱上茅台，让茅台香飘世界”已逐步成为现实。据

① 搜狐网：贵州省国家级非物质文化遗产代表性传承人记录工作成果喜获丰收，https://www.sohu.com/a/326068617_650694，检索日期：2019年12月22日。

② 网易新闻：第二届长江非物质文化遗产大展昨日在汉正式拉开帷幕，http://hebei.news.163.com/17/1013/17/D0L551OP04159831.html，检索日期：2019年12月22日。

③ 中国非物质文化遗产网 · 中国非物质文化遗产数字博物馆：“长征路上的非遗”亮相第九届海峡两岸文博会，http://hebei.news.163.com/17/1013/17/D0L551OP04159831.html，检索日期：2019年12月24日。

④ 中国新闻网：2018第二届全球茅粉节启动 各地“茅粉”齐聚茅台品味酒文化，https://baijiahao.baidu.com/s?id=1613014498830703253&wfr=spider&for=pc，检索日期：2019年12月24日。

⑤ “文化茅台”推动茅台高质量发展，《北京晚报》，2019年12月17日第48版。

统计，茅台已拥有海外经销商104家，遍及五大洲66个国家和地区及全球重要免税口岸。[①]

第三，以非遗保护基金助力精准扶贫。

非物质文化遗产是一种“活态文化”，只有依靠不断传承才能实现永久延续。然而，由于种种原因，一些非遗项目在传承过程中因缺乏有力的保护和扶持而面临困境。根据中国扶贫开发协会的调研，我国很多贫困地区都有非遗项目，但由于贫困而没能对这些非遗项目给予很好的保护与传承。针对这种现状，茅台旗下的华茅酒设立了“华茅非遗保护基金”，通过实际行动支持非物质文化遗产的保护与传承，通过着眼于扶志、扶业、改善基础条件、募集公益基金等扶持方式，力图从根本上解决文化扶贫问题，呼吁全社会构建一个有品牌、有内容、有队伍的文化扶贫模式，以真正实现文化扶贫事业的发展。[②]

第四，推动非遗项目与旅游产业深度融合。

茅台酒所在的贵州省仁怀市被誉为“中国酒都”。在仁怀，以茅台酱香白酒生产为核心，以酒旅融合为目标，通过将高粱种植、酒业生产、旅游发展三产统筹，正推动仁怀酒业和旅游业“两翼齐飞”。仁怀市以饮食物质文化遗产——茅台工业文化遗产保护为基础，打造茅台酒厂工业旅游区、茅台酒镇4A级景区、酱酒文化纪念园、“天酿”剧场等酒旅融合景区与景点。此外，仁怀还引导白酒生产企业发展酒庄，打造了金酱酒庄、黔台老酒坊、衡昌烧坊中心酒庄、红粱魂酒庄等20余个酒文化体验地，不断推动酒旅产业融合。其中，“天酿”景区与茅台古镇隔河相望，在景区的观景台可以最直观地感受茅台酒酿酒的地理环境。而“天酿”剧场则用《天赐》《天问》《天遇》《天路》《天宴》等剧目搭配现代科技声、光、电、全息影像，展现出茅台酒酱香古法的酿造全过程，将独特的酿酒工艺与品鉴茅台文化内涵体验相融合，使游客能够360度沉浸式流动观演、获得独特的文化旅游融合体验。可以说，仁怀结合酱香白酒产业实际，探索出一条“镇园合一，厂镇一体”的旅游小镇（茅台镇）新模式，实现镇区、厂区、园区和景区四区一体。数据显示，2019年仁怀市以酱香白酒生产为主题的特色旅游共接待游客1246万人次，同比增长26%，实现旅游综合收入149.56亿元，同比增长16%。[③]

仁怀市以酒为媒、以游为道、借酒兴旅、借旅促酒的全域旅游发展之路，翻开了仁怀发展的新篇章。仁怀还将建设茅台国际旅游目的地，以茅台酒厂工业旅游创新示范区为核心，依托白酒生产集群，积极推动升级一批展示酱酒生产工艺和酱酒文化的酒庄，推动仁怀白酒产业转型发展。

（三）中外饮食文化遗产保护、传承方式与策略借鉴

“他山之石，可以攻玉”。通过对中外饮食文化遗产典型案例的保护、传承模式与策略的大致分析，结合四川饮食文化遗产保护与传承的现状和实际，主要有以下四个方面的经验值得参考和借鉴。

① 新浪网：文化茅台走进澳洲品牌推介开启 助推茅台国际化之路，http://finance.sina.com.cn/roll/2018-05-30/doc-ihcffhsv7258996.shtml，检索日期：2019年12月24日。

② 北青网：华茅设立“非遗保护基金”，传承贵州非遗助力精准扶贫，https://www.sohu.com/a/354790094_255783，检索日期：2019年12月26日。

③ 新华网：贵州仁怀：酱酒与旅游产业融合“两翼齐飞”，http://www.gz.xinhuanet.com/2020-01/15/c_1125465324.htm，检索日期：2019年12月26日。

1.建立专门机构和完善的保护体系

专门机构和保护体系的建立，为饮食类非遗的保护与传承奠定了重要的推广机制和工作基础。在地中海饮食保护与传承工作中，葡萄牙成立的地中海饮食保护和推广工作组就发挥了积极效能和重要的统筹作用。工作组由葡萄牙农业海洋部负责进行总体协调，成员来自葡萄牙政府跨部门人员，其工作任务包括宣传推广和保护地中海饮食，监督地中海饮食保护计划在全国范围内的实施，在国际上代表葡萄牙协调与其他国家合作的地中海饮食保护和开发工作。在职能清晰的保护机构指导下，葡萄牙建立了完备的保护体系，不仅制订了详尽的地中海饮食清单，还制订了地中海饮食保护战略，并且协助、讨论、推进国内地中海饮食相关议题的研究。

2.充分发挥高校的研究智库作用

高校研究智库为饮食类非遗项目的保护与传承提供了重要的知识和人才支撑。如前所述，四川饮食文化遗产保护、传承中的一大问题是人才建设体系有待深化，高校的作用没有得到有效发挥。而法国高校则充分发挥了重要研究智库的作用，让研究智库主动参与法国美食大餐的保护与传承。早在法国美食大餐入选世界级非遗之前，法国图尔大学便与欧洲历史和饮食文化研究所、法国遗产与饮食文化代表团合作，设立了联合国教科文组织“饮食文化遗产保护和发扬”讲席，旨在发扬饮食文化，普及有关知识；在法国美食大餐入选后，图尔大学即被列为饮食及美食文化问题方面的研究中心，并力图把饮食文化遗产打造成龙头学科之一，其已在此方面取得突出成绩。除图尔大学外，法国各地的农学院等一些高校也积极发挥研究智库的职能。学院学生积极投入对法国美食大餐组成要素和就餐礼仪的统计和收集工作，清点全国的地方特产和食谱，并将食谱汇编成宝典，参与这些工作有助于使这些学生将来成为法国饮食文化遗产保护与传承工作的专业人才。

3.高度重视立体宣传与国际合作

立体宣传与国际合作为饮食类非遗项目的保护与传承搭建了提升知名度和影响力的重要平台。葡萄牙充分利用线上、线下结合的方式，针对不同人群进行全方位立体传播与宣传，如开设“地中海饮食”官方网站，并以葡萄牙语、西班牙语、英语和法语四种语言介绍和展示有关地中海饮食的各种资料信息；同时，在线下举办各种特色鲜明的展览，包括“地中海饮食—千年文化遗产”特别文化展、地中海饮食巡回展、地中海饮食展等，开展互动性强、免费的相关教学与体验活动，吸引大众积极参与。此外，由于地中海饮食是由葡萄牙与塞浦路斯、克罗地亚、希腊、西班牙、意大利和摩洛哥等国联合申报，因此，在其保护、传承时，葡萄牙地中海饮食保护和推广工作组十分重视与其他国家在地中海饮食保护和开发方面的合作。法国十分注重通过教育与国际合作进行法国美食大餐的宣传，如在学校开设美食班，让学生和家长零距离接触法国美食大餐文化，分享社交乐趣和土特产风味；鼓励全国性大型文化活动增加美食专题板块；通过倡导、构建饮食文化遗产国际合作体系，积极促进建立和鼓励信息资源的交流、筹划旨在推进饮食文化遗产广泛认同的共同计划、创建一个共同网站、召开国际学术研讨会等。而日本对于和食的宣传更是多渠道、全人群覆盖，有专门针对社会大众的宣传册、网站、邮票等宣传渠道，还有针对青少年的校园宣传，更有针对高校群体的专业研讨会。

近年来，饮食类国家级非遗项目——茅台酒酿制技艺也十分注重立体宣传与国际合作。茅台酒以全球视野加强宣传，打造全球“茅粉节”，使“茅粉节”成为以酒为媒、以酒会友的粉丝狂欢嘉年华。“茅粉节”期间，不仅在茅台本部举办，还吸引了众多全球“茅粉”齐聚茅台、共度狂欢，而且在18个省、市、自治区举办，将茅台酒文化与当地特色文化融合，“让世界爱上茅台，让茅台香飘世界”的局面正逐步呈现。[①]

4.大力探索文旅融合的新模式

文旅融合为饮食类非遗项目的保护与传承提供了创新发展的重要路径。饮食类非遗项目往往是当地的闪亮名片和重要的旅游资源，是吸引游客的重要元素。安徽通过豆腐传统制作技艺建立了“产业+旅游”模式的豆腐小镇，依托中国豆腐发源地的文化资源优势，深入挖掘中国豆腐历史文化，从豆腐系列食品的生产加工向豆腐文化旅游融合发展转变，取得了显著成果。辽菜传统烹饪技艺积极探索非遗进景区模式，有效促进了文旅融合，如积极参与在沈阳植物园举行的“锦绣辽宁，多彩非遗”——辽宁省非物质文化遗产进景区展示展演活动，在“舌尖非遗”专门设立展示区域，积极探索非遗进景区常态化展示和生产性保护模式。茅台集团积极探索茅台酒酿制技艺积极探索与旅游产业的深度融合。仁怀市以茅台工业文化遗产保护为基础，打造茅台酒厂工业旅游区、茅台酒镇4A级景区、酱酒文化纪念园、“天酿”剧场等酒旅融合景区与景点，围绕茅台酒酿制工艺，整合开放生产车间、酒库车间、包装车间等生产参观点，让游客了解茅台酒生产工艺及流程，感受非遗魅力。

二、四川饮食文化遗产的保护传承与可持续发展的原则、路径和对策

以问题和目标为导向，借鉴中外饮食文化遗产保护、传承和发展的模式及策略等方面的经验，这里就今后四川饮食文化遗产如何更好地保护、传承与可持续发展提出以下原则、路径和对策。

（一）更好地保护传承与可持续发展的原则与路径

2017年，中共中央办公厅、国务院办公厅印发了《关于实施中华优秀传统文化传承发展工程的意见》，提出文化遗产要坚持以保护为主，同时也要合理利用、加强传播。这为四川饮食文化遗产的保护、传承与可持续发展之路指明了方向。这里结合四川省出台的相关政策、措施及四川饮食文化遗产的特点，提出四川饮食文化遗产保护、传承与可持续发展的原则与路径，即“以加强保护为基本原则，以活化利用为主要方法，以提高公众参与为重要抓手”。

① 腾讯网：IP赋能 “茅粉节”塑造强劲茅台魅力，https://xw.qq.com/cmsid/20191227A00XHI00，检索日期：2019年12月26日。

金沙遗址博物馆文物布展现场（程蓉伟/摄影）

1.加强保护

四川饮食文化遗产的三大重要组成部分，即四川饮食类非物质文化遗产、四川饮食类物质文化遗产、四川饮食文化空间等，都应该 以加强保护为基本原则。习近平总书记高度重视人类历史文化遗产，对保护文化遗产、延续历史文脉做出了一系列重要指示。2019年8月，他在甘肃敦煌莫高窟考察时强调指出："要十分珍惜祖先留给我们的这份珍贵文化遗产，坚持保护优先的理念，加强石窟建筑、彩绘、壁画的保护，运用先进科学技术提高保护水平，将这一世界文化遗产代代相传。"[①]2020年5月11日，习近平总书记在山西考察时专程来到云冈石窟，他强调："历史文化遗产是不可再生、不可替代的宝贵资源，要始终把保护放在第一位。"[②]四川饮食文化遗产，无论是饮食文献、饮食器具，还是饮食遗址及其他文物，首先应该遵循加强保护的基本原则。四川饮食类非遗具有中国非遗的共同性，也有饮食类非遗的特性，仍要将加强保护作为基本原则，"应当注重其真实性、整体性和传承性，有利于增强中华民族的文化认同，有利于维护国家统一和民族团结，有利于促进社会和谐和可持续发展"。[③]中国政府非常重视非物质文化遗产的保护，从2003年开始，不仅评选出了众多的代表性项目和传承人，还设立了传统文化保护区，这些政策和措施都有助于中国非遗的保护。此外，由国家商务部等16个部门联合发布的《关于促进老字号改革创新发展的指导意见》指出，坚持创新、协调、绿色、开放、共享的发展理念，深入推进供给侧结构性改革，以促进老字号改革创新发展为核心，以保护传承老字号为根本，进一步优化老字号发展环境，促进老字号创造更多社会、经济和文化价值。[④]消费模式的创新变革对四川老字号的传承、发展提出了新要求，而四川饮食类老字号的可持续发展，也必须要建立在保护的基础之上。

2.活态利用

习近平总书记指出："让收藏在博物馆里的文物、陈列在广阔大地上的遗产、书写在古籍里的文字都活起来。"[⑤]为了让文化遗产活起来，首先要保护好、管理好、解读好文化遗产；其次要深入挖掘凝

① 光明日报网：文化遗产中，有万千气象、有民族自信，https://baijiahao.baidu.com/s?id=1666988003258916368&wfr=spider&for=pc，检索日期：2020年5月15日。

② 新华网：习近平在山西考察时强调 全面建成小康社会 乘势而上书写新时代中国特色社会主义新篇章，http://www.xinhuanet.com/politics/2020-05/12/c_1125976041.htm，检索日期：2020年6月15日。

③ 全国人大常委会法制工作委员会行政法室：《中华人民共和国非物质文化遗产法释义及实用指南》，中国民主法制出版社，2011年，第2页。

④ 中华人民共和国中央人民政府网：商务部等16部门关于促进老字号改革创新发展的指导意见，http://www.gov.cn/xinwen/2017-02/04/content_5165335.htm，检索日期：2019年12月18日。

⑤《习近平谈世界遗产》，《人民日报海外版》，2019-06-06（09）。

结在文化遗产中的文明底蕴，激活其内在生命力，融入当代生活；再次要讲好遗产故事，传承中华文明。目前，世界上一些国家对文化遗产实行“活化”保护，即让文化遗产融入当代人的生活，使人们能够在与文化遗产的互动中增长知识、丰富生活。纵观这些国家加强文化遗产“活化”保护的实践，从中可以看出，保持历史的活态，文化就有无尽的生命力；而“活化”保护的渠道拓展得越宽阔，文化遗产保护就越有效，人们的情感寄托、认同归属和心灵感受度也就越强。[①]四川饮食文化遗产应该形成具有自我“造血”功能的良性循环，同时在四川饮食文化遗产保护与利用过程中要把握好程度，既不能过分保护，也不能无序开发，而是要在保护与开发的双向进程中寻找合理的平衡，让四川饮食文化遗产具有“活”的灵魂，在与现代社会文化融合的基础上，寻求更加多维度的传承和利用方式。

3.提高公众参与度

文化遗产保护仅靠政府的努力是不够的，要想做好保护与传承和可持续发展工作，最终还必须依靠公众广泛而积极的参与，需要提高民众的相关意识和素养。四川饮食文化遗产的保护、传承应该以公众的广泛参与为重要抓手，赋彩民众的日常生活。其实，四川饮食文化遗产本身与公众的日常生活就息息相关，尤其是非物质文化遗产中的特色食材生产加工技艺、菜点制作技艺、茶酒制作技艺，采用这些技艺制作的郫县豆瓣、麻婆豆腐、泡菜等著名调味品与菜点，都是四川人家家户户日常生活不可缺少的饮食之需，泸州老窖、五粮液等川酒名品也是四川人餐桌上的喜饮之物。如果通过加强多方位立体宣传、文旅融合等方式，让四川各个阶层、社会机构、组织和个人都有极强参与感，将进一步激发四川民众保护与传承饮食文化遗产的热情，提升四川饮食文化遗产的保护与传承意识，更好地普及四川饮食文化遗产的保护与传承知识，有利于让四川饮食文化遗产融入民众的现实生活，让四川饮食文化遗产可持续发展的成果惠及更多民众。

（二）更好地保护传承与可持续发展的对策

针对目前四川饮食文化遗产保护与传承存在的一些问题，在上述有关论述的基础上，这里提出以下七项对策和建议。

1.强化制度、政策和名录体系建设，夯实工作基础

从2005年《国务院办公厅关于加强我国非物质文化遗产保护工作的意见》颁布以来，我国相继构建了四级非遗代表性项目名录和代表性传承人名录制度、国家级文化生态保护实验区建设制度、国家级非物质文化遗产项目代表性传承人抢救性记录制度。2011年，我国正式颁布并实施了《中华人民共和国非物质文化遗产法》，使非遗保护拥有了强大的法律依据。自2017开始，国家级文化生态保护实验区建设、国家级非遗代表性项目、国家级非遗项目代表性传承人抢救性记录工程都进行了试点评估工作，也制订了一系列评估标准或办法。[②]在四川，2017年6月3日，四川省十二届人大常委会第三十三次

① 郑晋鸣：《从保护“城市遗产”走向保护“遗产城市”》，《光明日报》，2016-10-26（09）。

② 宋俊华、何研《新时代中国非物质文化遗产保护发展的新趋势》，宋俊华：《中国非物质文化遗产保护发展报告（2018）》，社会科学文献出版社，2018年，第26页。

郫县豆瓣制作（程蓉伟/摄影）

会议通过了《四川省非物质文化遗产条例》，包括总则、非物质文化遗产的调查、代表性项目名录、传承与传播、保障与利用、法律责任、附则等，自2017年9月1日起施行。此外，四川省还相继出台了《四川省委办公厅、省政府办公厅关于传承发展中华优秀传统文化的实施意见》《四川省非物质文化遗产传承发展工程实施方案》等法规和文件。这些都为四川饮食文化遗产的保护、传承工作发挥了保驾护航作用。但是，随着新时代的不断发展，对标国家层面的相关制度，四川还应根据自身实际情况，加强相关制度、政策和名录体系建设，在饮食类文化遗产项目保护方面做好以下两项工作：

第一，应建立健全四川饮食类文化遗产项目保护工作的评估制度，设立“优秀实践名册”。针对四川饮食文化遗产三大类型的保护情况，建立更具针对性、系统性的评估制度，促进其更好、更有效地保护和传承。此外，在已有的四川饮食类非遗代表性项目名录、饮食类老字号等名录体系的基础上，借鉴联合国教科文组织《保护非物质文化遗产公约》的相关内容，设立“四川饮食类非物质文化遗产优秀实践名册”，让已入选“四级名录体系”的饮食类项目保护工作找到具有共同点的保护方式、模式和范式，不仅可以促进“优秀实践”的饮食类项目总结经验、推广示范和扩大影响，而且能够促进四川饮食文化遗产保护与传承工作更加科学化、规范化和可持续性发展。

第二，针对一些具有重大价值和特色的单项饮食文化遗产项目，应探索和建立相应的保护制度。如英国的苏格兰威士忌传统生产工艺是英国重要的非物质文化遗产之一，其生产工艺传统而严苛，根据要求，苏格兰威士忌的生产必须使用蒸馏工艺，并且在苏格兰完成，必须装在不超过700升的橡木桶里酿造且酿造期不短于三年；其颜色、气味及口味必须源自原始材料，酒精浓度不能低于40度等。为了有效保护这项非物质文化遗产，英国政府实施了针对性极强的立法措施，专门出台了《2009年苏格兰威士忌条例》。[①]在四川，郫县豆瓣传统制作技艺是国家级非物质文化遗产之一，为更好地保护与传承其技艺、稳定郫县豆瓣的品质，四川省或成都市可以专门制定和颁布针对郫县豆瓣的保护条例。

除了加强相关制度、政策和名录体系建设外，四川饮食文化遗产的保护还应建立各级政府主导、社会各界广泛参与、多方协作的长效机制，推动各级政府与各种专业协会、非营利性机构、饮食文化遗产保护和传承单位与传承人积极协作，以不同方式参与多方协同。

① 李阳：《英国的非物质文化遗产保护及其启示》，曹德明：《国外非物质文化遗产保护的经验与启示 欧洲与美洲卷上》，社会科学文献出版社，2018年，第7页。

四川旅游学院组织川菜非遗传承人及相关专家、教授走进小金县，积极传播推广川菜非遗（程蓉伟/摄影）

2.加强饮食文化遗产保护的研究，夯实理论基础

四川饮食文化遗产的保护与传承是一项长期的系统化工程，需要长期坚持不懈，而四川饮食文化遗产的学术研究及推广工作，是保护与传承工作走向科学化、专业化和可持续发展的必由之路。

进入21世纪以来，随着我国文化遗产保护工作的全面开展，来自不同高校、研究机构和不同学科的学者积极参与到文化遗产保护的研究中，出现了以中山大学中国非物质文化遗产研究中心、中央美术学院非物质文化遗产研究中心、中国艺术研究院中国非物质文化遗产保护中心等为代表的文化遗产保护专门研究机构，并创办了文化遗产研究的专业期刊。[①]但是，饮食文化遗产还没有成为其主要研究对象。就饮食类文化遗产和其他类型文化遗产的保护相比而言，有共同性，更有其专业性和特殊性，但国内尚无专业的饮食类文化遗产保护研究机构，这在一定程度上制约了包括四川在内的中国饮食文化遗产的研究工作。反观法国、日本等国家在饮食文化遗产的保护和管理中，都十分注重充分发挥高校科研机构的作用。如法国在图尔大学设立了联合国教科文组织“饮食文化遗产保护和发扬”讲席，将该大学列为饮食及美食文化问题方面的研究中心，力图把饮食文化遗产打造成龙头学科之一，在相关的学术研究中取得了丰富成果，进一步促进了法国美食大餐的保护、传承与推广。[②]

四川也应借鉴其成功经验，利用相关高校建立专门的四川饮食文化遗产研究机构，整合各方研究

① 宋俊华、何研：《新时代中国非物质文化遗产保护发展的新趋势》，宋俊华：《中国非物质文化遗产保护发展报告（2018）》，社会科学文献出版社，2018年，第27页。

② 郑理：《法国非物质文化遗产保护的举措和经验》，曹德明：《国外非物质文化遗产保护的经验与启示 欧洲与美洲卷上》，社会科学文献出版社，2018年，第85页。

队伍和力量，对丰富、独特的四川饮食文化遗产保护进行系统、深入研究。以研究内容而言，课题组认为，新时代的四川饮食文化遗产保护，要适应四川及国家发展需要进行创造性改变和创新性发展，因此，四川饮食文化遗产保护与传承的创新问题是当前研究的重要议题之一，尤其是饮食文化遗产保护管理和传承等方面的创新研究。其中，四川饮食文化遗产的保护管理研究，主要解决如何提升饮食文化遗产保护的管理能力、管理水平和管理效率；而四川饮食文化遗产的传承创新研究，则主要解决如何提升其传承能力、传承水平和传承效率等问题。此外，还应当以问题和目标为导向进行深入探讨，如研究饮食文化遗产项目的分类实践和创新，四川饮食文化遗产管理者与非遗传承人的创新能力提升，饮食文化遗产特色与发展创新的关系协调，以及保护、传承与现代科技的融合，实现“文化遗产+”的发展模式等。以研究形式而言，应召开专题学术研讨会，邀请省内外相关专家对四川饮食文化遗产保护与传承的议题进行研究，发表意见，交流经验，还应引导四川省的权威学术期刊推出“四川饮食文化遗产研究专栏”、刊登最新研究成果，支持和鼓励相关学者编撰四川饮食文化遗产研究方面的田野调查报告、专著等。由此，进一步促进四川饮食文化遗产的保护与传承，同时在更高层面上进行宣传和推广，扩大其在全社会的影响力。

3. 加强饮食文化遗产资源挖掘、记录和人才队伍建设，夯实资源与人才基础

挖掘、整理和记录工作是四川饮食文化遗产保护和传承工作的基础之一，对全面深入了解和运用饮食文化遗产资源具有十分重要的作用，必须分类别、分步骤有序推进。在四川饮食类非遗项目方面，要重点做好非遗项目及代表性传承人记录工作。2015年，文化部印发了《关于开展国家级非物质文化遗产代表性传承人抢救性记录工作的通知》，标志着我国“国家级非物质文化遗产项目代表性传承人抢救性记录工程”正式启动。[①]2017年，我国启动实施了非遗项目记录工程，对非遗代表性项目的内容与表现形式、流变过程、核心技艺和传承实践情况进行全面、真实、系统地记录。[②]四川应深入推进饮食类非遗项目及代表性传承人的记录工作，做好四川饮食类非遗记录工程的总体框架设计，主要包括记录内容、实施步骤、成果形式、绩效评估、可持续机制等内容，提高记录方法的科学性及记录的质量和效率。在四川饮食类物质文化遗产方面，应当大力推行数字化挖掘、整理。文化遗产的数字化手段包括AR、VR、MR、高精度复

川菜文献资料（程蓉伟/摄影）

① 宋俊华、何研：《新时代中国非物质文化遗产保护发展的新趋势》，宋俊华：《中国非物质文化遗产保护发展报告（2018）》，社会科学文献出版社，2018年，第10页。

② 搜狐网：项兆伦同志在全国非物质文化遗产保护工作会议上的讲话，https://www.sohu.com/a/146288367_289194，检索日期：2019年6月21日。

制等，在数字化过程中需要明确饮食文化遗产特点，针对不同的饮食文化遗产特质，灵活运用不同类型的数字化技术手段；同时还应组织专业人员，加强四川饮食类物质文化遗产的挖掘和整理工作，并将整理成果及时公开，以此促进相关研究和宣传工作。在四川饮食类老字号等文化空间方面，有部分饮食类老字号的传统技艺被列入国家级和省级非遗保护名录，也有部分饮食类老字号的从业者成为非遗项目代表性传承人，对此进行整理和记录也应纳入饮食类非遗项目的整理和记录工作之中。此外，还应加快饮食类老字号经营历史和发展经历、关键人物生平、重点经营品种的制作、经营管理经验等方面的整理和记录工作。

人才队伍建设是四川饮食文化遗产保护与传承的关键。这里所说的人才主要包括三个方面：一是四川饮食文化遗产保护的实践者，主要是非遗项目传承人，尤其是代表性传承人；二是四川饮食文化遗产保护的研究人员；三是从事四川饮食文化遗产保护的相关管理工作人员。在饮食文化遗产保护与传承过程中，其实践者是关键因素。非遗传承人包括代表性传承人更是有着不可或缺的重要地位。除了加强饮食文化遗产传承人队伍建设，四川饮食文化遗产的研究人员、从事保护工作的相关管理人员的人才队伍建设也必须重视和加强。这些研究人员和相关管理人员，大多拥有相关的科学方法和理论知识，他们是四川饮食文化遗产保护与传承工作的中坚力量。因此，应该采取对内集中培养和对外引进并行的模式，尤其要重视青年一代的学习和发展，为其提供持续锻炼和实践的机会，可采用导师制，以保证四川饮食文化遗产研究和保护工作的连续性；还可以不拘一格引入其他领域的相关人才，为饮食类遗产保护事业带来新视野和新思路，加快促进其蓬勃发展。

4.加强资源整合与跨界融合，发挥四川饮食文化遗产的经济价值和社会价值

（1）加强四川饮食文化遗产与电商平台的融合，促进文化脱贫和乡村振兴

2017年3月，由文化部牵头制定的《中国传统工艺振兴计划》（简称《计划》）正式出台，明确了振兴传统工艺的总体要求，《计划》提出要遵循“尊重优秀传统文化、坚守工匠精神、激发创造活力、促进就业增收、坚持绿色发展”原则，“使传统工艺在当代生活中得到新的广泛应用，更好满足人民群众消费升级的需要；到2020年，传统工艺的传承和再创造能力、行业管理水平和市场竞争力、从业者收入以及对城乡就业的促进作用得到明显提升”。此后，文化部与工业和信息化部、财政部又联合发布了《中国传统工艺振兴计划分工方案》（简称《分工方案》），明确了21个部（委、办、局）和4个全国性协会、联合会的职能分工和任务要求。在《计划》和《分工方案》指导下，全国各地有序展开传统工艺振兴工作。[①]2018年7月，四川省文化厅、四川省经济和信息化委、四川省财政厅联合出台《四川省传统工艺振兴实施计划》，力争到2020年，在全省范围内实施一批传统工艺振兴重点项目，建设一批传统工艺产品孵化基地，培育一批传统工艺优秀工匠，打造一批具有鲜明四川特色的传统工艺精品，让四川传统工艺的传承和再创造能力、行业管理水平和市场竞争能力、从业者收入以及对城乡就业的促

① 国务院办公厅：国务院办公厅关于转发文化部等部门中国传统工艺振兴计划的通知，国办发（〔2017〕25号），2017年。

无论是脱贫攻坚还是乡村振兴，饮食文化遗产都在其中起到了重要的推动作用（程蓉伟/摄影）

进作用得到明显提升，基本形成独具四川特色的传统工艺振兴体系。[①]为贯彻落实《中国传统工艺振兴计划》《四川省传统工艺振兴实施计划》关于建立国家、省级“传统工艺振兴目录”的任务要求，四川省拟定了第一批四川省传统工艺振兴目录，共88项，包括已列入第一批国家传统工艺振兴目录的23个项目。[②]其中，涉及四川饮食文化遗产的类别有陶瓷烧造、漆器髹饰、食品制作、茶叶加工、酒类酿造，如食品制作类中就包括了川菜传统烹饪技艺、郫县豆瓣传统制作技艺、潼川豆豉制作技艺、先市酱油传统酿制技艺、南溪豆腐干制作工艺、保宁醋传统酿造工艺、赖汤圆传统制作技艺、钟水饺传统制作技艺、东坡肘子制作技艺、东坡泡菜制作技艺等，它们都属于国家级或省级非遗项目。值得注意的是，这些项目都具备一定传承基础和发展前景，传承人群较多，有助于发挥其示范带动作用，形成国家或四川品牌的传统工艺项目。同时，这些项目还能够带动地方经济发展，有利于扩大就业和精准扶贫。

党的十八大以后，脱贫攻坚工作被列入党中央“五位一体”总体布局和“四个全面”战略布局的规划中，文化遗产承担着文化扶贫、经济扶贫的重任。[③]到2021年，我国脱贫攻坚战取得了全面胜利，进入巩固脱贫攻坚成果、全面推进乡村振兴的新阶段。无论脱贫攻坚还是乡村振兴，饮食文化遗产都起到了重要的作用。在山西和顺，山河醋业有限公司投资1.2亿元，建设年产值1亿元的手工老陈醋园区，既传承了有400年历史的“德盛昌”老陈醋古法酿制技艺，又扶持了农户种植，仅此一项，就带动周边农

① 四川省人民政府办公厅：四川省人民政府办公厅关于转发文化厅等部门四川省传统工艺振兴实施计划的通知（川办发〔2018〕47号），2018年。

② 四川省人民政府网：第一批四川省传统工艺振兴目录公布，http://www.sc.gov.cn/10462/10464/10797/2019/7/10/299ce8088cc747499884da6d7baef3a1.shtml，检索日期：2019年7月25日。

③ 何研：《非物质文化遗产保护与精准扶贫》，宋俊华：《中国非物质文化遗产保护发展报告（2018）》，社会科学文献出版社，2018年，第178页。

民种植高粱133.4公顷，提供就业岗位200个，人均月收入2 400元，直接带动了周边10个乡镇的经济发展，使600户贫困户户均增收300元。[①]如今，四川省的脱贫地区大都拥有特色突出、数量众多的饮食文化遗产资源，具有增加收入、促进就业的明显潜力和优势。有关部门应进一步促进饮食文化遗产在巩固脱贫攻坚成果、推进乡村振兴方面发挥作用，通过挖掘、宣传、引导当地民众发挥一技之长，使当地的饮食文化遗产尤其是饮食类非遗资源转化为特色产品乃至形成特色产业，为当地民众增收致富谋出路。而在当今社会，特别需要关注和利用电商、新零售等平台和途径来促进传统工艺振兴，持续推进以饮食文化遗产促进乡村振兴的工作。

盒马鲜生是知名电商阿里巴巴对线下超市进行重构产生的新零售业态，在都市年轻人中很受欢迎。近年来，盒马鲜生牵手各地饮食类非遗产品，不仅使传统技艺焕发出新的生机，而且促进了各地精准扶贫和乡村振兴。如陕西富平柿饼的传统技法已入选陕西省非遗名录，其制作工艺从尖柿采摘到削皮，再到架挂、捏心、出水、潮霜等12道工序历时一个多月而成。富平县与盒马鲜生的合作不只是销售渠道，它们还共同开发产品和制定加工、运输、包装、营销等一系列标准，将传统手工技法与新零售模式相结合，共同做大富平柿饼品牌，有力地促进了当地的精准扶贫和乡村振兴。此外，西安饮食集团旗下的中华老字号“德发长”，其饺子传统技法也入选了陕西省非遗名录，2020春节前与盒马工坊联名定制的三款饺子馅也上架盒马，为更多消费者选购春节年货增加了新的品种。此外，盒马鲜生还与上海市非遗技艺乔家栅糕点合作推出联名款糕点，与北京月盛斋合作的羊蝎子火锅等也深受消费者欢迎。[②]非遗食品入驻新零售，是非遗传播过程中的形式创新。非遗美食合作新零售，不仅会增加美食产品本身的销量，也会促进与美食技艺相关的上下游产业的发展，如农业、畜牧业、包装业等，从而促进当地人民增收致富。2020年6月13日“文化和自然遗产日”期间，国家文化和旅游部举办的首届“非遗购物节”，形成了文化遗产与电商平台融合、促进乡村振兴的一个高潮。据统计，阿里巴巴、京东、苏宁、拼多多、美团、快手等国内电商平台都“上新”和“搭建”了非遗产品，一定程度上解决了非遗产品的销售问题，打通了文化扶贫、乡村振兴的“最后一米”。为了办好“非遗购物节”，很多地方都加强对传承人的电商知识培训，以便他们更好地利用网络平台。同时，在“非遗购物节”统一标识下，各大电商平台也迅速行动，分别从时间段、定位、优惠政策等方面予以助力。对于广大消费者来说，可以在购物体验中共享非遗保护成果、共同参与非遗保护，并以实际行动支持“非遗+扶贫”，为脱贫攻坚贡献自己的一份力量。[③]

近年来，四川也逐渐开始推动饮食文化遗产与电商平台的融合，以促进文化脱贫和乡村振兴。唯品会是知名电商之一，四川改变赠钱赠物的传统扶贫方式，将非遗的文化内涵融入电商产品中，增加了产品的文化向心力和独特性，在全国首开电商文化扶贫之风。唯品会驻四川凉山传统工艺工作站是文化和旅游部在全国设立的第15个传统工艺工作站，是文化和旅游部、国务院扶贫办在全国深度贫困地区

① 澎湃新闻：晋中：积极探索文旅融合扶贫新路径，https://www.thepaper.cn/newsDetail_forward_4916776，检索日期：2020年2月16日。

② 西安日报：让古老技艺焕发生机　一批非遗美食牵手盒马新零售送年货啦，https://baijiahao.baidu.com/s?id=1656162164649799784&wfr=spider&for=pc，检索日期：2020年2月16日。

③ 付彪：“非遗购物节”助力脱贫攻坚，甘肃日报，2020-06-05（08）。

保宁醋在某电商平台上的产品销售网页截屏

鹃城郫县豆瓣酱在某电商平台上的产品销售网页截屏

潼川豆豉在某电商平台上的产品销售网页截屏

开展的第一批“非遗+扶贫”重点支持地区的国家实践、凉山实践。自建站以来，工作站充分发挥唯品会在电子商务领域的专业优势和行业领先的设计、创新、管理、营销、推广能力，聚合社会各方力量，以凉山彝族自治州非遗扶贫就业工坊为基础，以彝族服饰、彝绣技艺等国家级非遗项目为重点，挖掘彝族文化内涵，多次组织设计师团队进入凉山进行非遗采风，并开展多场非遗对话交流和培训活动。截至2019年10月中旬，工作站已完成20款彝绣非遗时尚产品的开发和线上销售，带动300名彝绣绣娘就业增收，有效地助力了脱贫攻坚和乡村振兴。[①]其实凉山地区除了有纺织类的非遗项目之外，饮食类非遗项目的资源也很丰富。凉山彝族自治州及四川饮食文化遗产尤其是四川饮食类非遗产品也应当通过创造性转化、创新性打造之后与电商结合，探索传统工艺与电商结合的新经济模式，将四川饮食文化遗产再次融入现代生活，使其成为时尚产品，满足消费者的饮食需求，同时改善传承人的生活状况、提升其经济收入。在2020年的“文化和自然遗产日”期间，四川饮食类非遗产品也进入了“非遗购物节”的线上平台，获得了一定的经济和社会效益。

今后，四川饮食类文化遗产项目还必须进一步顺应时代潮流，加强与新零售平台合作，培育富有民族与地域特色的饮食产品和品牌，通过市场化渠道让更多公众了解非遗技艺，品尝非遗美食，让美食背后的饮食文化、礼俗文化、农业智慧得以传承，同时帮助当地民众就业增收，使其成为巩固脱贫攻坚成

① 搜狐网：唯品会非遗时尚产品亮相第七届成都国际非遗节，https://www.sohu.com/a/347875212_119038，检索日期:2020年2月16日。

果、推进乡村振兴的重要抓手。特别是四川一些脱贫不久的地区饮食类非遗产品，应当积极借助电商平台，参与“非遗购物节”等类似活动，还可采用“抱团取暖”的方式，如开辟专场饮食类非遗产品购物促销活动，进入现代消费“主战场”，更好地促进乡村振兴。

（2）加强四川饮食文化遗产资源与旅游资源融合，促进文旅深度融合发展

国家文化和旅游部成立之后，尤其是2019年四川省文化和旅游发展大会召开以来，加强资源整合、推进文旅融合已成为自觉行动。2023年2月，文化和旅游部发布《关于推动非物质文化遗产与旅游深度融合发展的通知》，提出加强项目梳理、突出门类特点、融入旅游空间、丰富旅游产品、设立体验基地、保护文化生态、培养特色线路、开展双向培训等8项重点任务，而在“突出门类特点”中指出“挖掘饮食类非物质文化遗产的丰厚内涵，让游客体验当地民众的生活方式，体会中国人顺应时节、尊重自然、利用自然的思想理念和独特智慧”。[①]面对新形势，应以四川省委、省政府建设文化强省和旅游强省的战略部署为导向，认真落实有关会议和通知精神，坚持以文促旅、以旅彰文、宜融则融、能融尽融的原则，积极探索创新，以旅游的方式促进四川饮食文化遗产传播，以四川饮食文化遗产的阐释促进旅游发展，合力谱写四川省饮食文化遗产保护、传承工作的新篇章。具体而言，四川饮食文化遗产资源与旅游的深度融合至少可从以下四种模式开展：

第一，四川饮食文化遗产资源与旅游景区、景点的融合。

应梳理知名旅游景区、景点资源，加强对旅游从业单位的指导，有计划、按步骤地将相关四川饮食文化遗产项目打造成为旅游产品，并提供专业旅游服务规范指导。对此，国内外均有成功案例可以借鉴。如阿拉伯咖啡是由沙特阿拉伯、阿拉伯联合酋长国、阿曼苏丹国、卡塔尔国共同申请为世界级非物质文化遗产，是阿拉伯人好客和慷慨的象征。在阿拉伯国家，通常由男女主人为客人准备咖啡，也可以由族长和部落首领为尊贵的客人提供咖啡。除了在家庭中，阿拉伯咖啡也广泛供应于旅游景点，由商家将它推介给广大游客。沙特阿拉伯政府还在公园中划出部分区域专门供应阿拉伯咖啡。沙特阿拉伯地方社区积极参与保护这一遗产，通过露天、公共场所举办聚会及在沙漠露营地推广咖啡，并在一些官方及宗教节日的活动上举办此类推广活动。在政府资助

景德镇手工制瓷代表性传承人进行现场制瓷演示（程蓉伟/摄影）

① 中华人民共和国文化和旅游部网：文化和旅游部关于推动非物质文化遗产与旅游深度融合发展的通知，https://zwgk.mct.gov.cn/zfxxgkml/fwzwhyc/202302/t20230222_939255.html，检索日期:2023年3月1日。

的遗产村、文化节及其他相关活动上有阿拉伯咖啡制作技艺的展示与介绍，政府支持设置待客帐篷，为游客提供咖啡。[①]在国内，辽菜传统烹饪技艺探索非遗进景区常态化展示和生产性保护模式，参与在沈阳植物园举行的“锦绣辽宁、多彩非遗”——辽宁省非物质文化遗产进景区展示展演活动，在“舌尖非遗”的专门区域展示。仁怀市以茅台工业文化遗产保护为基础，打造酒旅融合景区与景点，围绕茅台酒酿制工艺，整合与开放生产参观点，让游客了解其生产工艺及流程，感受非遗魅力。江西省把饮食文化遗产的制作、生产、表演、销售搬进景区，让游客参与其中；景德镇古窑民俗博览区设立制瓷作坊，进行现场制瓷，展示悠久的景德镇陶瓷手工制瓷工艺，游客可亲身体验；龙南市客家酒堡设立酿酒作坊，向游客展示客家米酒的制作过程，让游客体验酿酒的乐趣。通过在景区举办民俗及节日类非遗活动，积聚人气，拉动消费。南昌市新建区西山万寿宫庙会，因其独特的文化内涵，每年吸引30余万游客前来观览。[②]此外，还在景区、景点设立舞台和剧场等形式进行某些饮食文化遗产的展示表演，如在深度发掘、整合开发的过程中，从多元化角度融入现代科技要素，以《滕王夜宴》等为代表的实景演出，开辟了将饮食习俗、饮食文献等饮食类非物质文化遗产及物质文化遗产进行整体保护式开发的有效途径。四川应该借鉴这些国内外的成功经验，通过“四川饮食文化遗产+景区、景点”的模式，将饮食文化遗产资源引入旅游业，以进一步提升景区和景点的文化内涵，提升文化品位，扩大旅游的影响力，并且促进饮食文化遗产的保护、传承、创新和发展。在采用这一模式时，还应注意两个方面：一是遵循市场导向原则、坚持原真性原则、坚持双向互动原则等，针对景区和景点的市场需求有目的、有选择地取舍遗产资源，形成助力旅游发展的新动力；二是保持四川饮食文化遗产资源的地方性特色，根植于本土文化，提升地方旅游的文化品位和影响力。

第二，四川饮食文化遗产资源与特色村镇、街区的融合。

突出特色村镇、街区在饮食文化遗产保护方面的“实体化”作用，尤其是结合乡村振兴战略，设计和规划四川饮食文化遗产特色街道、四川饮食文化遗产特色村镇、四川饮食文化特色旅游区等，如“川菜小镇”“泡菜小镇”的打造，通过重点挖掘、持续推出饮食民俗节庆等主题活动吸引游客，以饮食文化遗产街道上的活态展示、体验互动、产品销售等协同配合，形成创新协调发力的文旅融合格局。对此，可以借鉴前述安徽寿县八公山豆腐小镇的经验，以及浙江东沙古渔镇的成功经验。浙江东沙古渔镇丰盛的海产和繁荣的商贸，积淀了独特的海洋特色文化，镇内拥有县级以上非遗项目30余项。东沙古渔镇通过将展演活动常态化、非遗店铺一体化、主题活动特色化、非遗联展品牌化，使渔绳结、布袋木偶戏、渔民画等非物质文化遗产重获生存与发展的土壤，使古老小镇焕发出新的活力。[③]此外，塞尔维亚西部的兹拉库萨村的经验也值得参考。该村是国际上著名的陶器文化旅游村，村民以前以园艺、

① 陆怡玮：《沙特阿拉伯王国非物质文化遗产保护的经验与启示》，曹德明：《国外非物质文化遗产保护的经验与启示》（西亚与北非卷），社会科学文献出版社，2018年，第773页。

② 新华网：非遗进景区 景上更添花 江西“非遗+旅游”加出新活力，http://m.xinhuanet.com/jx/2019-03/28/c_1124292857.htm，检索日期：2019年7月27日。

③ 央广网：2019非遗与旅游融合十大优秀案例发布，https://baijiahao.baidu.com/s?id=1635918005544555010&wfr=spider&for=pc，检索日期：2019年7月28日。

郫都区川菜小镇（程蓉伟/摄影）

打鱼和售卖奶制品为生，1960年，当地只有6户人家从事陶器制作，到2008年，已有30户家庭制作陶器、20户家庭开办农家乐。他们不仅利用传统制陶工艺制作了一批批精美陶器，还为这些陶器注册了商标、形成了品牌效应。该村不仅是一个陶器制造之乡，还是一个天然的展览馆，经常开办展览、举行各式各样的旅游活动，并邀请民间表演团体进行表演，游客们不仅可以了解制陶历史、欣赏制陶工艺、亲手制作陶器，还可以参观各种展览，体验旅游活动，观赏民间表演。兹拉库萨村以非遗制陶工艺为基础，融合其他类型的文化遗产，以点带面，从而实现了饮食文化遗产的可持续发展。[①]

第三，四川饮食文化遗产资源与旅游线路的融合。

将文化遗产融入旅游线路，不仅可以保护文化遗产，发展相关文化、休闲产业与旅游业，以文化遗产的鲜明文化特征为宣传点吸引游人，同时还可以为文化遗产保护吸引资金，带动相关产业的发展。从本质上而言，文化遗产对于旅游者具有很大的吸引力，联合国教科文组织《人类非物质文化遗产代表作名录》可作为周游世界的指南，正如联合国教科文组织白俄罗斯国家委员会秘书处官员指出，为了使休息能够成为精神教育及认知的旅游，最简单的就是了解这个国家的非物质财富，一个国家的非物质文化遗产将提供给喜欢深度挖掘所到国家文化的旅游者很多的思路及想法。[②]在文化遗产融入旅游线路方面，德国走在世界的前列。早在21世纪初，“德国世界文化遗产协会”就根据各遗产地不同的文化内

① 白屹、陈东：《塞尔维亚非物质文化遗产保护与战略研究》，曹德明：《国外非物质文化遗产保护的经验与启示 欧洲与美洲卷 下》，社会科学文献出版社，2018年，第477页。

② 李利群、张晶：《白俄罗斯非物质文化遗产保护的经验与启示》，曹德明：《国外非物质文化遗产保护的经验与启示 欧洲与美洲卷 下》，社会科学文献出版社，2018年，第557页。

涵，将德国的32个世界自然遗产、文化遗产整合起来，连接成富有吸引力的旅游线路。2003年4月，该协会还出版了题为《生动的历史——德国的世界文化遗产》的宣传册，中心主题是保护和利用世界文化遗产的创意和设想。除了介绍世界遗产地本身外，还推荐了若干条具有丰富文化内涵的世界遗产旅游线路，包括葡萄酒之路、啤酒与宝石之路等。①在饮食文化遗产资源与旅游线路的融合方面，目前成都市已经有所作为。2019年10月18日，由文化和旅游部非遗司、资源开发司发起的全国非遗主题旅游线路征集活动在“第七届中国成都国际非物质文化遗产节”现场启动，面向全国征集非遗主题旅游线路并进行重点宣传、推介，成都市10条“非遗之旅”线路和40个非遗项目体验基地在此时正式发布。这10条成都“非遗之旅”线路分别是锦绣之旅、竹藤之旅、茶香之旅、陶艺之旅、醇酿之旅、蜀味之旅、百戏之旅、丝竹之旅、康养之旅、匠心之旅。它们是经过15家知名旅行社、旅游行业资深代表和非遗传承人代表实地考察和反复研究讨论后确定，具有可代表性、可操作性、舒适休闲性和互动参与性等特点。②

在这10条线路中，其中有4条线路，即茶香之旅、陶艺之旅、醇酿之旅、蜀味之旅都直接融入了饮食文化遗产资源，取得良好效果。今后，四川省应以成都市的“非遗之旅”良好实践为基础，从四川各市、州饮食文化遗产保护与传承的创新实践出发，以社会文化意义重大的饮食文化遗产项目为核心，以旅游线路为依托，推进四川饮食文化遗产资源与旅游线路的融合，设计开发出更多、更有吸引力的四川饮食文化遗产旅游线路，全面提升旅游的文化价值，丰富游客的文化获得感，同时扩大四川饮食文化遗产的辐射影响范围。

第四，四川饮食文化遗产资源与博物馆的融合。

饮食文化遗产资源与博物馆融合的模式是相对成熟的发展模式。博物馆是传统文化的展示地，在博物馆中展出四川饮食文化遗产，可共享博物馆现有的资源优势。尤其是“饮食类非遗+博物馆”模式的探索，改变了传统博物馆的静态展示模式，以非遗的活态特征为标志，融合非遗的动态形式，形成动静互补的新的博物馆模式。如今，全国各地涌现出许多大小不一的非遗博物馆和民俗博物馆，不仅承载着饮食类非遗产品展示、文化教育、学术研究、综合服务等功能，还成为保护饮食文化遗产和弘扬中华优秀传统文化的重要平台。而专业化饮食博物馆的建立，更成为专门化的饮食文化遗产保护和传承的平台和机构。目前，国内外已有较多的饮食博物馆，如国内有以川菜、杭帮菜、中国酱文化、贵州酒文化、周村烧饼、保宁醋为主题的博物馆等；国外有以日本乌冬面、韩国泡菜、英国胡萝卜、法国葡萄酒、美国巧克力为主题的博物馆等。据统计，欧美发达国家的饮食文化主题博物馆数量远超亚非国家，如法国、意大利等美食文化遗产丰富的国家，都注重把代表性食物或传统烹饪技艺以博物馆的方式保护与传

① 张翼：《德国非物质文化遗产保护机制研究》，曹德明：《国外非物质文化遗产保护的经验与启示》（“欧洲与美洲卷”上），社会科学文献出版社，2018年，第51页。

② 红星新闻：10条成都“非遗之旅”线路正式发布，https://baijiahao.baidu.com/s?id=1647723228754813175&wfr=spider&for=pc，检索日期2019年10月25日。

中国川菜博览馆（中国川菜博览馆提供）

承下来；美国等现代工业化国家，注重把现代工业食品及其文化以博物馆的方式传承并利用起来。[①]在四川，目前已有成都川菜博物馆、水井坊博物馆、世界茶文化博物馆、五粮液酒史博物馆、郫县豆瓣博物馆、中国泡菜博物馆、饮食文化博物馆、中国川菜博物馆等专业化博物馆和博览馆，已成为四川饮食文化遗产资源与博物馆融合的良好基础。今后，应当广泛借鉴国内外其他饮食文化博物馆的建设经验，除通过图片、视频、文字等多种形式传播四川饮食文化遗产外，还应加强传承人与游客、观众的现场互动，让游客、观众现场体验饮食文化遗产项目的活化展现和传播，甚至开办相应的培训班。同时，在条件成熟的博物馆，将四川饮食文化遗产元素融入文创产品，将传统文化符号与时尚元素相结合，打造既有实用功能又不失特色和时尚元素的四川饮食文化遗产文创产品，促进四川饮食文化遗产的传承、保护和利用。

特别需要高度重视的是，第31届世界大学生夏季运动会在四川成都召开，迎来世界上113个国家和地区的6 500名运动员及数以万计的观众、游客等，更应抓住此重要契机，整合各方资源，促进四川饮食文化遗产与旅游的高度融合，通过将四川饮食文化遗产资源融入景点、景区，融入特色村镇、街区，融入旅游线路，融入博物馆，结合旅游、文化和创意产业，吸引中外游客，产生经济联动效应，推动四

① 周鸿承：《国内饮食文化博物馆建设现状与发展趋势》，邢颖：《中国餐饮产业发展报告（2017）》，社会科学文献出版社，2017年，第284页。

川饮食文化遗产和相关产业、相关地区的发展，在相关产业发展过程中加强保护四川饮食文化遗产，同时促进经济的良性增长，提升四川饮食文化的国际知名度、影响力。

（3）加强四川饮食文化遗产与文创项目的融合，促进文化遗产的创造性转化和创新性发展

当前，推动中华优秀传统文化创造性转化和创新性发展的“两创”方针，已成为新时代文化领域的重要指引。四川饮食文化遗产是中国传统文化的重要组成部分，“两创”方针也对四川饮食文化遗产的保护与传承提出了新要求，即在坚守中华文化基础上，对饮食文化遗产的陈旧表现形式和仍有借鉴价值的内涵加以改造，在新时代背景下对饮食文化遗产的内涵实现新发展。因此，应以客观、科学的态度诠释四川饮食文化遗产，在此基础上加强与文创项目的融合，不断赋予四川饮食文化遗产新的时代内涵和现代表达形式，从而推动四川饮食文化遗产融入当代生活，满足民众对于美好生活的需求。其中，除了基于传统题材的新作品和借鉴传统元素而成的文创衍生品外，现代表达形式还有饮食文化遗产体验课、饮食文化遗产旅游、饮食文化遗产动漫、饮食文化遗产电影、饮食文化遗产游戏、饮食文化遗产音乐剧等文创新形式和项目。此外，四川饮食文化遗产的保护与传承需要适应现代社会的文化传递方式，了解四川省各地区及各个饮食文化遗产项目的社会形势和存续现状，在此基础上，必须因地制宜改进保护策略，从而达到科学保护的目的。四川饮食文化遗产既记录了四川人过去某个特定历史时期的饮食文化，又不断叠加新的文化遗迹，是被四川人不断传递的活态饮食传承，可打造“实体化”展示中心，将其“有形化”与“多元化”。因此，应建立四川饮食文化遗产展览中心，使其成为传授四川饮食文化遗产的生动课堂，向社会大众展示四川饮食文化遗产不同项目的主要内容和价值，这将有助于人们从中汲取新的创造力，重新进行思考，实现文化遗产的可持续发展。同时，通过娱乐休闲的互动功能和项目设计，让四川饮食文化遗产展览中心成为国内外游客了解四川文化和中国饮食文化的最佳去处。

5.加强四川饮食文化遗产精神内涵的提炼，坚定文化自信

四川饮食文化遗产的文化内涵包括其所蕴含的审美取向、价值观、民族思维、文化理念、心理结构、道德规范等。要深入挖掘四川饮食文化遗产的精神内涵，并进行科学分析，取其精华、去其糟粕，将四川饮食文化遗产的文化内涵与时代要求相结合，高度凝练出体现新时代要求的精神内涵，从而坚定当代人的文化自信。这些精神内涵包括精益求精、诚信经营等。如四川盛产制作漆器的主要原料——漆和朱砂，成都是中国早期的漆艺中心，在汉代即迎来了漆器爆发式发展，因此被誉为“中国漆艺之都”。扬雄《蜀都赋》“雕鐫扣器，百伎千工”就描绘了汉代蜀地工匠制作漆器的盛况。金沙遗址出土的漆器残片是迄今为止所发现的最早的成都漆器，至今仍然纹饰斑斓、色泽艳丽，[①]从其工艺可看出三千多年前蜀人精益求精的工匠精神。在成都商业街大型战国船棺合葬墓中出土的最有特色的器物也是漆器，其种类包括与饮食生活相关的耳杯、几案等，这些漆器均为木胎漆器，底子是黑色的，上面加绘鲜亮的红彩，每一件漆器都是色彩亮丽、纹饰斑斓的绝世珍品。其纹饰变化多端，内容活泼丰富，体现了蜀地漆器匠人精益求精的精神。又如成都的耗子洞老张鸭子店，张国良一直遵守父训“不怕无人买，

① 蒋光耘：《“南丝路”的历史角色》，《决策探索（上）》，2018年5期，第60-62页。

只怕货不真；不怕无人请，只怕艺不精”，严格坚守制售准则：在采购环节上严格把关，进货所选原料不取老、小、瘦、死，只取大、肥、嫩、活，现杀现用；生产环节的腌、熏、蒸、炸、切盘、装盘，无不精心对待；销售环节要求“只卖好，不求多，剩买主不剩货，要求卖完早收摊，晚间不经营”；如遇生意不好，则将剩余的食品在关门前收回，由其他地方推销，绝不在店卖陈货。[①]久而久之，该店因诚信经营而赢得了顾客的信赖和很好的口碑。这些四川饮食文化遗产的精神内涵传承至今，依然适合新时代要求，有助于培育和践行社会主义核心价值观，坚定文化自信。

6.创新宣传推广方式，提高四川饮食文化遗产的影响力和民众的参与度

（1）多渠道、全媒体、数字化宣传推广

四川饮食文化遗产资源丰富，但是“酒香也怕巷子深”，需要重视宣传推广，应在已有的传统宣传手段上，进一步提升重点节庆展会上饮食文化遗产的关注度，同时通过用新媒体讲好饮食文化遗产故事。此外，还可以运用名人效应等方式，多渠道、全媒体传播四川饮食文化遗产。

目前，成都已成功举办了多届中国成都国际非物质文化遗产节、成都国际美食节、成都国际熊猫旅游美食节等重要活动，在这些节庆展会上，都有四川饮食文化遗产的展示及相应活动。这种节庆展会模式主要采取“政府主导、社会参与、市场运作”的方式，包括文化遗产的高峰论坛、重要文化遗产的展览和展演、部分适合生产性保护的非遗产品的销售、部分产品制作技艺的比赛等。此外，四川还举行了多届世界川菜大会、饮食类非物质文化遗产保护和传承大会等，在这些会议中，也有一些四川饮食类非遗产品的展示和展销，促进了四川饮食类非遗的生产性保护。这类节庆展会为四川饮食文化遗产融入市场提供了很好的平台，既能进行饮食文化遗产项目展示、展演、展销、体验，又能充分利用市场和社会参与扩大饮食文化遗产的影响力，使之在回归生活中有序传承。因此，今后应继续采用多种方式，尤其是大众喜闻乐见的方式，进一步提升重点节庆展会上饮食文化遗产的关注度，从而使四川饮食文化遗产更好地融入当代社会的发展、融入大众的日常生活。

四川饮食文化遗产的保护、传承与发展，必须有互联网的大力传播与助力，尤其是在青年人中宣传、推广饮食文化遗产，更需要借助互联网的广泛传播效应。根据中国互联网协会发布的《中国互联网发展报告（2019）》显示，至2018年底，我国网民规模达到8.29亿，全年新增网民5 663万，互联网普及率达59.6%，较2017年底提升3.8个百分点，超过全球平均水平2.6个百分点。我国手机网民数量持续增长，截至2018年底，我国手机网民规模达8.17亿。中国网络视频用户规模为6.09亿，手机视频用户达5.78亿，短视频的用户增长迅速，网络直播用户规模达3.97亿，网络视频和网络直播已成为网络内容生产和传播的重要载体。[②]2017年，四川巴中皮影戏、苏绣、口技等国家级非遗项目纷纷出现在腾讯手游

① 四川省社科院历史所课题组：《四川老字号保护发展报告》，向宝云：《四川文化产业发展报告（2019）》，社会科学文献出版社，2019年，第252页。

② 中国互联网协会：《中国互联网发展报告（2019）》，2019年。

《寻仙》中，借助手游在年轻人中的广泛基础，促进了非遗的传承。[①]2017年5月，光明网及斗鱼直播团队走入湖北、安徽、浙江等14个省份，走访国家级和省级非遗传承人，进行了30多场移动直播，让网民与非遗“面对面”，向网友们展示了龙泉青瓷、古琴艺术等多个非遗项目，直播总覆盖观看人数近3 000万。[②]2018年，中国网络短视频创作者李子柒的原创短视频在海外运营3个月后获得YouTube银牌奖，她拍摄的视频中许多都与四川及中国传统饮食有关，如《用黄豆酿一壶传统手工酱油，中国味才养中国胃》《稻米飘香，正逢农家收谷忙》《水稻的一生》《尝一尝烤红薯的香甜和酸辣粉的鲜辣》《川菜之魂——豆瓣酱》等。白岩松说：“一个女子李子柒，在带有诗意的田园背景中制作各种美食，并且以让人很羡慕的方式生活着。她不仅吸引中国网友的关注，还走向了世界……在面向世界的传播当中，她没有什么口号，却有让人印象深刻的口味，更赢得了一个个具体网民的口碑，值得借鉴。”[③]

李子柒《用黄豆酿一壶传统手工酱油，中国味才养中国胃》视频截屏

基于她在展现中国人传统而本真的生活方式上的突出成绩，2019年，她担任了成都非遗推广大使。在移动互联网高速发展的时代，四川饮食文化遗产也要拓宽其宣传途径，改变传统的宣传模式和经营理念，植入年轻化的基因，借助新媒体讲好四川饮食文化遗产故事。用新的想法抓住消费者，用新的传媒方式渗入消费者生活，主动拥抱移动互联网时代，吸引年轻一代，可以四川饮食文化遗产为主题进行短视频和直播带货，包括特色食材生产加工、饮食品制作技艺、烹饪设备及餐饮器具制作技艺、饮食习俗、饮食老字号、饮食遗址、饮食器具文物等方面的内容，生动地展现四川饮食文化遗产背后的故事、底蕴及精神。

2020年，非遗项目“川菜传统烹饪技艺”的保护单位四川旅游学院，积极与国家文化和旅游部相关部门和省、市、区各级部门合作，多层级开展川菜非遗的数字化传播，不仅以学院微信公众号为平台，策划并推出“川菜非遗讲堂·跟着大师学川菜”专题，每期图文并茂加上视频，而且还与国家文化和旅游部“文旅中国”微信公众号、新浪微博、四川广播经济频率财富广播等平台合作，通过网络平台进行川菜传统烹饪技艺的数

① 中国新闻网：中国非物质文化遗产“现身”手游 搭互联网“快车”，https://www.chinanews.com/cul/2017/08-04/8296282.shtml，检索日期2019年7月2日。

② 彭扬：《直播让古老非遗活起来》，《光明日报》，2017-09-03（04）。

③ 腾讯网：白岩松为李子柒鼓掌：电影大多也是假的，她这样的网红太少了，https://new.qq.com/omn/20191215/20191215A01DS900.html，检索日期：2019年7月2日。

字化传播，点击量几十万次，效果明显。可以说，与数字化、网络化技术相结合，将是饮食文化遗产传播的一个重要发展趋势。今后，还需要进一步加强饮食文化遗产的数字化建设，如通过数字化虚拟现实技术、增强现实技术等对饮食类非遗的生产、传播与传承方式等进行真实再现，在此基础上建立基于数字媒介平台的四川饮食文化遗产数字博物馆，整合相关数据信息，实现数字内容的展示、传播、共享与利用，进而实现全方位、立体化、跨时空的传承与弘扬。[①]

川菜非遗讲堂 跟着大师学川菜（四川旅游学院提供）

2020年以后，随着互联网科技的日新月异，中国互联网也有了创新发展。中国互联网协会《中国互联网发展报告（2023）》指出，目前，我国互联网行业呈现新发展特征，网络基础设施建设全球领先，数字技术创新能力持续提升，网络法治建设逐步完善，网络文明建设稳步推进，网络空间国际合作有所进展，数字中国建设取得显著成效；在互联网应用与服务方面，我国电子政务国际排名达到新高，电子商务交易额保持小幅增长，网络音视频市场竞争加剧，网络教育数字化转型全面启动，热点领域加快发展。[②]四川饮食文化遗产的保护、传承与发展，需要顺应时代的发展趋势，更好地利用互联网进行传播。

此外，还可以利用名人效应进行传播推广。如成都的"带江草堂"初创时，原名"三江茶园"，一位文人在优美环境中享受美味后便借杜甫诗句"每日江头尽醉归"，改"尽"字为"带"字，将"带江"二字赠予老板，于是"三江茶园"改名为"带江草堂"，文雅气息应运而生。郭沫若品尝到"带江草堂"的鱼肴后，赋诗称赞"三洞桥边春水深，带江草堂万花明。烹鱼斟满延龄酒，共视东风万里程"，更是极大地提升了该店的名气。后来，巴金、沙汀、李劼人等文化名人也经常在此聚会，海内外名流也接踵而至，他们的传颂、褒奖起到了巨大的广告效应。[③]当代社会，国外政要、名流到成都访问，其行程中一般都会安排与四川饮食文化相关的内容，如2014年德国总理默克尔在成都学做宫保鸡丁，2017年英国著名足球运动员贝克汉姆来成都看熊猫、吃火锅等，都引起了社会大众极高的关注度，成为当时的热点新闻。今后，这些用名效应人进行宣传推广的方法仍有借鉴意义，可以合理运用名人效应，在恰当的时机，如趁新闻事件社会热度极高之时向社会大众推广四川饮食文化遗产，从而进一步提升其美誉度和影响力。

---

① 杜莉、王胜鹏：《新冠肺炎疫情影响下对餐饮业发展与饮食类非遗传承的思考》，《四川旅游学院学报》，2020年第3期，第5-9页。

② 中国互联网协会：《中国互联网发展报告（2023）》，2023年。

③ 四川省社科院历史所课题组：《四川老字号保护发展报告》，向宝云：《四川文化产业发展报告（2019）》，社会科学文献出版社，2019年，第253页。

在爱尔兰都柏林大学孔子学院开展川菜非遗推广活动（四川旅游学院提供）

（2）国际合作交流与推广

我国在文化遗产保护上一直致力于与国际接轨，与世界各国合作。如茅台酒的“茅粉节”就是一个较为成功的国际推广案例。自2007年起，“中国成都国际非物质文化遗产节”每两年在四川省成都市举办一次，由联合国教科文组织参与主办，时间定在国家“文化遗产日”期间。每次活动都吸引了来自世界多国的权威专家、学者分享经验、交流成果，与会各方都收获良多。随着四川及我国对外开放的步伐进一步加快，四川饮食文化遗产具有一定的地域性，与世界各国文化的距离越来越近。今后更应该借鉴部分发达国家在文化遗产国际合作与交流方面的成功经验，在原有国际合作的基础之上，还要重视数字化国际合作与交流，以促进四川饮食文化遗产保护和传承工作的进步。

首先，通过四川省各类对外活动宣传、推广四川饮食文化遗产。积极参与四川省委、省政府相关部门及行业协会举办各种活动、美食节等，如四川省和成都市曾成功举办的“文化中国·锦绣四川”美洲行、“美国旧金山·成都美食节”等，组织和引导四川饮食文化遗产的海外推广和营销展示。今后，还应加大四川饮食文化遗产在这些对外美食节中的线下、线上展示和推广，使其成为宣传四川饮食文化遗产的窗口，让四川饮食文化遗产成为海外人士到四川旅游的驱动力。

其次，通过四川省内的国际友好城市、友好合作关系扩大对外宣传。目前四川国际友城遍及世界五大洲，截至2019年9月，已建立了288对国际友城和友好合作关系，数量居全国前列、中西部第一。[①]因此，应当进一步加强国际友城的国际合作与交流，以四川饮食文化遗产作为对外交流与合作的重要内容，通过在国外友好城市当地知名网站、APP上的展示和推广，全方位提升四川饮食文化在这些国际友城民众中的影响力。

此外，成都市作为联合国教科文组织创意城市网络“世界美食之都”，具有认真履行文化交流与合作等责任和义务，也可以在成员城市之间、候选城市之间，乃至其他城市大力开展以“成都饮食文化遗产”为重点的四川饮食文化遗产的海外交流与推广活动、线上或线下的饮食文化遗产研究高峰论坛等，让四川饮食文化遗产随着成都美味更好地走向国际。目前，四川一些城市已在海外建立了多个川菜海外推广中心，其中美国所建最多。如成都市在旧金山、洛杉矶建立了两个“成都川菜海外推广中心”，作为在北美的川菜体验中心，此外，还在爱尔兰共和国都柏林市建立了首个“郫县豆瓣·川菜原辅料海外推广中心”。[②]因此，应充分发挥这些平台的媒介作用，通过国际知名网站及线上的各种活动，大力传播和推广四川各类饮食文化遗产，加强对外交流，进一步提升其国际影响力和美誉度。

---

① 川观新闻：今年上半年，我省新增各级友城7对、友好合作关系5对，https://cbgc.scol.com.cn/news/177388，检索日期2019年12月21日。

② 杜莉：《地方菜的多重价值与川菜海外发展》，邢颖：《中国餐饮产业发展报告（2017）》，社会科学文献出版社，2017年，第143-144页。

梅柳渡江春
里閭饋歲

下篇

川菜非遗传承人体系构成、队伍建设与传承实践

第一章 川菜烹饪技艺类非遗传承人队伍建设

制作中的军屯锅盔（程蓉伟/摄影）

川菜烹饪技艺类非遗是四川饮食文化遗产的重要组成部分，既是四川饮食类非遗的核心内容之一，也是人们在川菜生产与消费过程中创造、积累并遗留下来的以非物质形态存在的各种财富，有狭义和广义之分。从狭义而言，川菜烹饪技艺类非遗是专指“川菜烹饪技艺”这一项目。它是川菜烹饪加工全过程中整个基本工艺的统称（即川菜烹饪基本工艺），主要包括选料、初加工、刀工成形、配菜、调味、烹制等环节的基本工艺。从广义而言，川菜烹饪技艺类非遗泛指川菜烹饪过程整个基本工艺类非遗项目，以及川菜菜品制作技艺类非遗项目，不仅包括专门的“川菜烹饪技艺”非遗项目，还包括川式菜肴制作技艺、川式面点小吃制作技艺等类别的非遗项目。这里阐述时采用的是广义的概念及内涵。

川菜烹饪技艺类非遗传承人队伍建设，是四川饮食文化遗产，特别是四川饮食类非遗保护的重要内容和任务，更是川菜烹饪技艺类非遗保护与传承的核心内容和任务之一。界定川菜烹饪技艺类非遗传承人概念，夯实其理论研究基础，分析川菜烹饪技艺类非遗传承人队伍建设的现状与不足，提出其队伍建设的路径与对策，对提高川菜非遗传承人研究的学术价值，推动川菜非遗传承人队伍可持续发展，进一步做好四川饮食文化遗产创造性转化和创新性发展具有重要意义。

第一节 川菜烹饪技艺类非遗传承人的概念、体系与作用

一、非物质文化遗产传承人及代表性传承人的概念与分类

（一）非遗传承人及代表性传承人的概念

1.非遗传承人的概念

关于非物质文化遗产传承人（简称“非遗传承人”）的概念，许多专家、学者都进行了研究，有多种说法。安德明认为，“非物质文化遗产的传承人，应该是把相关非遗项目视为其文化遗产组成部分的所有人，其中既包括‘文化专家’，又包括并不一定熟悉项目具体知识却能理解其意义的大量普通人”①。苑利认为，非物质文化遗产传承人“是指在文化遗产传承过程中直接参与制作、表演等文化活动，并愿意将自己的高超技艺或技能传授给政府指定人群的自然人或相关群体”。②黄光龙等则将非物质文化遗产传承人分为两个梯次，第一梯次为杰出传承人（团体），第二梯次为一般传承人（团体）。③王智认为，非物质文化遗产传承人包括4个层面，一是上面要有“传人”，就是师傅；二是下面要有“承人”，就是徒弟；三是要有观众，即“欣赏者传承人”；四是要有“潜在的传承人”，也叫“未来传承人”，就是孩子。④从国外来看，联合国教科文组织没有设立传承人这一专有名词，《保护非物质文化遗产公约》（2003年）、《保护和促进文化表现形式多样性公约》（2005年），都只是用“社区、群体，有时是个人”来表示实践非遗的主体，没有使用“非遗传承人”这个概念。

综合国内相关学者及联合国教科文组织非遗相关文件分析，非遗传承人是一个广义的概念，强调的是其整体性特征，不仅有非遗传承个人，还包括非遗传承团体或群体。2013年“中国成都国际非物质文化遗产节”的主题就是“人人都是文化传承人”。结合不同专家、学者对非遗传承人概念的理解，笔者认为，非遗传承人是指掌握其传承的非物质文化遗产相关知识和技艺，并开展传承活动的个人或群体。

① 安德明：《非物质文化遗产传承人的多样性与非均质性》，冯骥才：《传承人“释义”学术研讨会论文集》，文化艺术出版社，2019年，第111页。

② 苑利：《非物质文化遗产传承人保护之忧》，《探索与争鸣》，2007年第7期。

③ 黄龙光、杨晖：《民族文化传承人的层级性与项目制语境下非遗传承人的等级化》，冯骥才：《传承人“释义”学术研讨会论文集》，文化艺术出版社，2019年第175页。

④ 王智：《传承人“释义”引发的思考与困惑》，冯骥才：《传承人“释义”学术研讨会论文集》，文化艺术出版社，2019年，第64页。

2.非遗代表性传承人的概念

2011年，我国颁布了《中华人民共和国非物质文化遗产法》，虽然没有明确界定“非遗代表性传承人”的概念，但明确规定“国务院文化主管部门和省、自治区、直辖市人民政府文化主管部门对本级人民政府批准公布的非物质文化遗产代表性项目，可以认定代表性传承人”，并且明确提出“非物质文化遗产代表性项目的非遗代表性传承人应当符合下列条件：（一）熟练掌握其传承的非物质文化遗产；（二）在特定领域内具有代表性，并在一定区域内具有较大影响；（三）积极开展传承活动。”[①]。2020年3月，《国家级非物质文化遗产代表性传承人认定与管理办法》（简称《认定与管理办法》）正式颁布。该文件将国家级非物质文化遗产代表性传承人定义为：“是指承担国家级非物质文化遗产代表性项目传承责任，在特定领域内具有代表性，并在一定区域内具有较大影响，经文化和旅游部认定的传承人。”国家级非遗代表性传承人认定条件有四条，该《认定与管理办法》指出：“符合下列条件的中国公民可以申请或者被推荐为国家级非物质文化遗产代表性传承人：（一）长期从事该项非物质文化遗产传承实践，熟练掌握其传承的国家级非物质文化遗产代表性项目知识和核心技艺；（二）在特定领域内具有代表性，并在一定区域内具有较大影响；（三）在该项非物质文化遗产的传承中具有重要作用，积极开展传承活动，培养后继人才；（四）爱国敬业，遵纪守法，德艺双馨。”同时明确指出：“从事非物质文化遗产资料收集、整理和研究的人员不得认定为国家级非物质文化遗产代表性传承人。”[②]与《中华人民共和国非物质文化遗产法非遗法》及其中的“代表性传承人”认定条件相比较，《国家级非物质文化遗产代表性传承人认定与管理办法》的对国家级非遗代表性传承人的认定条件进一步细化，并且增加了对传承人道德品质的要求，也更加强调非遗传承人的培养。

结合《中华人民共和国非物质文化遗产法》和《国家级非物质文化遗产代表性传承人认定与管理办法》对非遗代表性传承人的认定条件，笔者认为，非遗代表性传承人，是指熟练掌握其传承的相应的非物质文化遗产项目，在本领域内具有代表性，并在一定区域内具有较大影响，积极开展传承活动、培养后继人才且具有良好道德，并且经过文化主管部门批准认定的传承个人或群体。此概念的内涵和要点有三：第一，非遗代表性传承人依托的基础是非物质文化遗产代表性项目，必须有非遗项目，才能认定相应的非遗项目的代表性传承人；第二，强调非遗代表性传承人的传承能力和水平、影响力、传承主动性和道德修养；第三，非遗代表性传承人必须由文化主管部门批准认定，否则就不能称为非遗代表性传承人。

（二）非遗代表性传承人的分类

非遗代表性传承人是非遗项目的承载者、传承者、传播者。我国非遗项目种类多样、数量繁多，分布广泛，由此，我国非遗代表性传承人也是一个规模相当庞大的群体，有必要对其进行分类整理，规范管理，以便做好非遗代表性传承人队伍建设。

① 中国人大网：中华人民共和国非物质文化遗产法，http://www.npc.gov.cn/npc/c12488/201102/ec8c85a83d9e45a18bcea0ea7d81f0ce.shtml，检索日期：2023年4月23日。

② 中华人民共和国中央人民政府网：国家级非物质文化遗产代表性传承人认定与管理办法，http://www.gov.cn/zhengce/zhengceku/2019-12/25/content_5463959.htm。

关于非遗代表性传承人的分类，主要有纵向和横向两个维度。纵向主要指非遗代表性传承人的等级。根据《中华人民共和国非物质文化遗产法》将非遗项目分为国家级、省级、市级、县级等四个等级，与此相应，非遗代表性传承人也分为国家级非遗代表性传承人、省级非遗代表性传承人、市级非遗代表性传承人、县级非遗代表性传承人四个等级。横向主要指非遗代表性传承人类别。《中华人民共和国非物质文化遗产法》规定，非遗项目包括“传统口头文学以及作为其载体的语言；传统美术、书法、音乐、舞蹈、戏剧、曲艺和杂技；传统技艺、医药和历法；传统礼仪、节庆等民俗；传统体育和游艺；其他非物质文化遗产。”[①]与此相应，非遗代表性传承人也分为10大类，即民间文学类、传统音乐类、传统舞蹈类、传统戏剧类、曲艺类、传统体育及游艺与杂技类、传统美术类、传统技艺类、传统医药类、民俗类等非遗代表性传承人。非遗代表性传承人的类别构成，见非遗代表性传承人分类图。

非遗代表性传承人分类图

非遗代表性传承人类别

等级

国家级非遗代表性传承人
省级非遗代表性传承人
市级非遗代表性传承人
县级非遗代表性传承人

项目

民间文学
传统音乐
传统舞蹈
传统戏剧
曲艺
传统体育、游艺与杂技
传统美术
传统技艺
传统医药
民俗

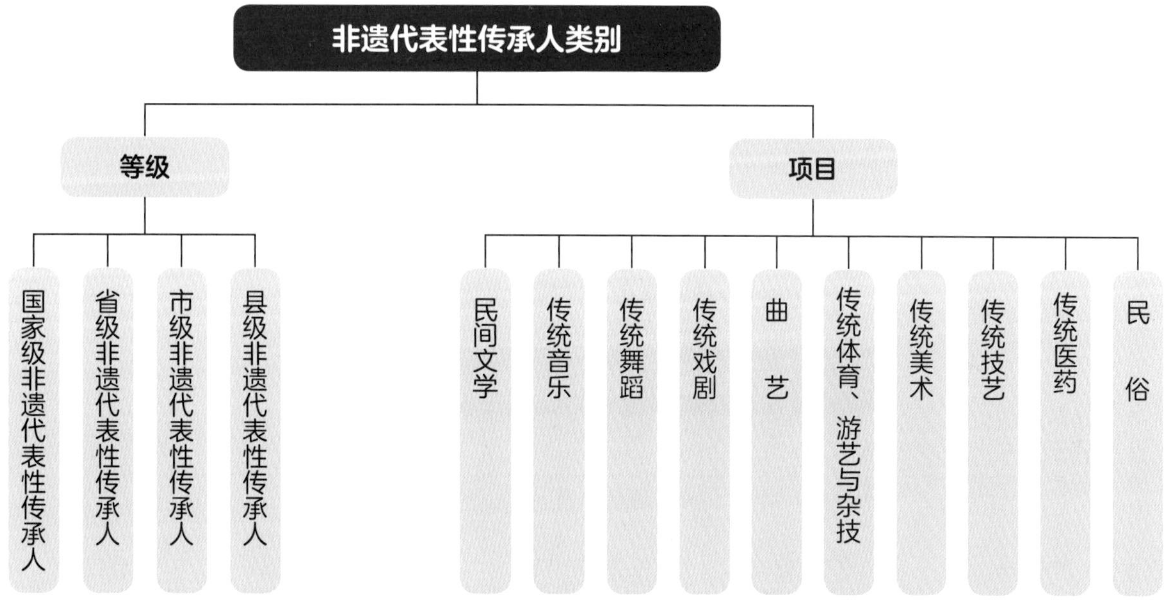

二、四川饮食类非遗代表性传承人的概念与体系构成

（一）四川饮食类非遗代表性传承人的概念

《四川省级非物质文化遗产代表性传承人认定与管理办法》（简称《认定与管理办法》）规定，四川省级非物质文化遗产代表性传承人：“是指承担四川省级非物质文化遗产代表性项目传承责任，在特定领域内具有代表性，并在一定区域内具有较大影响，经四川省人民政府文化和旅游行政部门认定的传

① 中国人大网：中华人民共和国非物质文化遗产法，http://www.npc.gov.cn/npc/c12488/201102/ec8c85a83d9e45a18bcea0ea7d81f0ce.shtml。

承人（个人或团体）。"[1]此《认定与管理办法》对四川省级非遗代表性传承人进行了界定，强调了四川和省级两个要素。同时，结合上述对非遗代表性传承人概念的界定，笔者认为，四川饮食类非遗代表性传承人是指熟练掌握其传承的相应的四川省饮食类非物质文化遗产项目，在饮食领域内具有代表性，并在一定区域内具有较大影响，积极开展传承活动、培养后继人才，并且经文化主管部门批准认定的传承个人或群体。此概念不仅具有上述非遗代表性传承人概念的三个内涵和要点，还具有地域性（四川省）和类别性（饮食类）两大特征。

（二）四川饮食类非遗代表性传承人的体系构成

四川饮食类非遗代表性传承人的体系构成与四川饮食类非遗项目的体系构成相对应，具体情况见四川饮食类非遗代表性传承人体系构成图。首先，从地域来分，按照四川省一干多支、五区协同的发展格局，可将四川省饮食类非遗代表性传承人分为五个区域，即成都平原经济区、川南经济区、川东北经济区、川西北生态示范区、攀西经济区五区饮食类非遗代表性传承人。其次，从饮食类非遗项目类别来看，由于四川饮食类非遗包括特色食材生产加工、菜点烹制技艺、茶酒制作技艺、烹饪设备与餐饮器具制作技艺、饮食民俗共五大类别，与此相应，四川饮食类非遗代表性传承人可分为特色食材生产加工类、菜点烹制技艺类、茶酒制作技艺类、烹饪设备与餐饮器具制作技艺类、饮食民俗类等各类别项目非遗代表性传承人。

四川饮食类非遗代表性传承人体系构成图

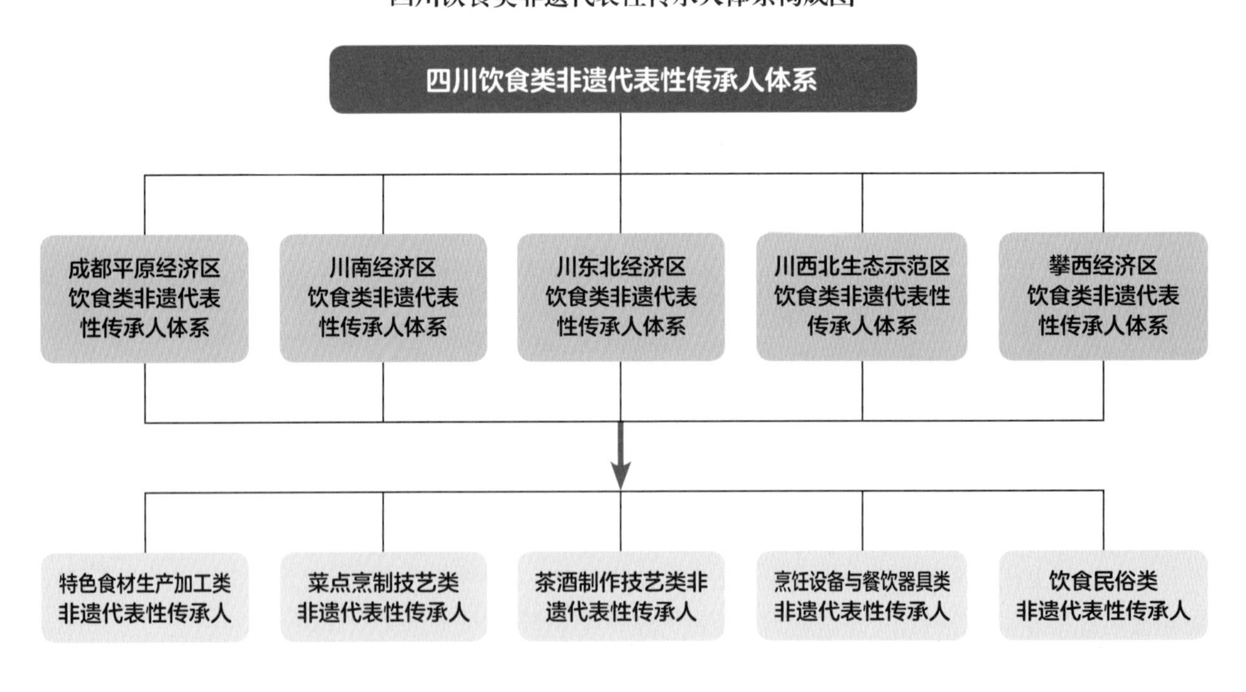

[1] 四川省文化与旅游厅网站：四川省级非物质文化遗产代表性传承人认定与管理办法，http://wlt.sc.gov.cn/scwlt/gsgg/2020/12/22/251c9698f93347208c14ee4476b6fb14.shtml。

三、川菜烹饪技艺类非遗及代表性传承人的概念与体系构成

（一）川菜烹饪技艺类非遗及代表性传承人的概念

川菜烹饪技艺类非遗，是人们在川菜生产与消费过程中创造、积累并遗留下来的以非物质形态存在的各种财富，有狭义和广义之分。从狭义而言，川菜烹饪技艺类非遗是专指“川菜烹饪技艺”这一项目。它是川菜烹饪加工全过程中整个基本工艺的统称（即“川菜烹饪基本工艺”），主要包括选料、初加工、刀工成形、配菜、调味、烹制等环节的基本工艺。从广义而言，川菜烹饪技艺类非遗，则泛指川菜烹饪过程整个基本工艺类非遗项目和川菜菜品制作技艺类非遗项目，既包括专门的“川菜烹饪技艺”非遗项目（又称“烹饪基本工艺”），还包括川式菜肴制作技艺、川式面点小吃制作技艺等类别的非遗项目。这里采用广义的“川菜烹饪技艺类非遗”概念及内涵。

川菜烹饪技艺类非遗是四川饮食类非遗的核心内容之一，川菜烹饪技艺类非遗代表性传承人是四川饮食类非遗代表性传承人的重要组成部分。根据四川饮食类非遗代表性传承人的概念，笔者认为，川菜烹饪技艺类非遗代表性传承人，是指熟练掌握其传承的相应的川菜烹饪技艺类非物质文化遗产项目，在川菜领域内具有代表性且在一定区域内具有较大影响，积极开展传承活动、培养后继人才，并经文化主管部门批准认定的传承个人或群体。

川菜烹饪技艺类非遗，是人们在川菜的生产与消费过程中创造、积累并遗留下来的以非物质形态存在的各种财富，有狭义和广义之分（程蓉伟/摄影）

传统糖画制作技艺（程蓉伟/摄影）

（二）川菜烹饪技艺类非遗项目及代表性传承人的基本构成

就广义的川菜烹饪技艺类非遗项目而言，其分布广泛、种类多样、数量庞大、等级不一。关于川菜烹饪技艺类非遗基本构成情况，可从三个维度进行解析和构建。第一，从技艺功能属性来看，川菜烹饪技艺类非遗项目主要包括川菜烹饪基本工艺及其他（主要是调味品制作技艺）、川式菜肴制作技艺、川式面点小吃制作技艺、川式火锅制作技艺。其中，川菜烹饪基本工艺是指狭义的“川菜烹饪技艺”，“其他”则主要是指川菜特色调味品、糖画等制作技艺。第二，从区域分布来看，川菜烹饪技艺类非遗项目可分为五个区域，即成都平原经济区川菜烹饪技艺类非遗、川南经济区川菜烹饪技艺类非遗、川东北经济区川菜烹饪技艺类非遗、川西北生态示范区川菜烹饪技艺类非遗、攀西经济区川菜烹饪技艺类非遗；第三，从非遗保护等级来看，川菜烹饪技艺类非遗项目可分为国家级、省级、市级、县级四级。

川菜烹饪技艺类非遗代表性传承人是川菜烹饪技艺类非遗项目的保护者、传播者，承担着川菜烹饪技艺类非遗活态传承的重要任务。川菜烹饪技艺类非遗代表性传承人队伍庞大、种类多样。因非遗代表性传承人是以相应的非遗项目为依托，其基本构成也与川菜烹饪技艺类非遗项目相对应，可从技艺功能属性、区域分布和非遗等级三个维度进行分类。川菜烹饪技艺类非遗项目及代表性传承人的基本构成情况见表4–1。

表4-1 川菜烹饪技艺类非遗项目及代表性传承人基本构成表

分类	川菜烹饪技艺类非遗项目	川菜烹饪技艺类非遗代表性传承人
技艺功能属性	川菜烹饪基本工艺及其他项目	烹饪基本工艺及其他非遗代表性传承人
	川式菜肴制作技艺项目	川式菜肴制作技艺非遗代表性传承人
	川式面点小吃制作技艺项目	川式面点小吃制作技艺非遗代表性传承人
	川式火锅制作技艺项目	川式火锅制作技艺非遗代表性传承人
区域分布	成都平原经济区川菜烹饪技艺类非遗项目	成都平原经济区川菜烹饪技艺类非遗代表性传承人
	川南经济区川菜烹饪技艺类非遗项目	川南经济区川菜烹饪技艺类非遗代表性传承人
	川东北经济区川菜烹饪技艺类非遗项目	川东北经济区川菜烹饪技艺类非遗代表性传承人
	川西北生态示范区川菜烹饪技艺类非遗项目	川西北生态示范区川菜烹饪技艺类非遗代表性传承人
	攀西经济区川菜烹饪技艺类非遗项目	攀西经济区川菜烹饪技艺类非遗代表性传承人
非遗等级	国家级川菜烹饪技艺类非遗项目	国家级川菜烹饪技艺类非遗代表性传承人
	省级川菜烹饪技艺类非遗项目	省级川菜烹饪技艺类非遗代表性传承人
	市级川菜烹饪技艺类非遗项目	市级川菜烹饪技艺类非遗代表性传承人
	县级川菜烹饪技艺类非遗项目	县级川菜烹饪技艺类非遗代表性传承人

备注：川菜烹饪基本工艺，是指狭义的“川菜烹饪技艺”；“其他”主要指川菜特色调味品、糖画等制作技艺。

四、川菜烹饪技艺类非遗代表性传承人的重要地位与作用

（一）代表性传承人是川菜烹饪技艺类非遗保护的核心之一

川菜烹饪技艺类非遗是人们在长期川菜烹饪实践过程中创造并积累的以非物质形态存在的经验和智慧，其非遗项目数量大，已列入国家级、省级、市级和县级各级名录之中，形成较完整的非遗保护体系。川菜烹饪技艺类非遗项目的保护与传承，内容和任务较多，不仅需要对该类的每一个非遗项目进行保护与传承，对代表性传承人的保护也是川菜烹饪技艺类非遗保护的核心之一。做好川菜烹饪技艺类非遗保护，需要对川菜烹饪技艺类非遗代表性传承人进行调查、记录，完善其代表性传承人的档案整理工作，认真做好代表性传承人口述史，妥善保存代表性传承人相关实物资料，只有这样才能避免“人亡技绝”，推动川菜烹饪技艺非遗保护见人、见物、见生活。

（二）川菜烹饪技艺类非遗传承的关键人物

川菜烹饪技艺类非遗传承的关键在传承人，尤其是代表性传承人。他们是经文化主管部门批准认定的传承个人或群体，熟练掌握乃至十分精通其相应的川菜烹饪技艺，了解其技艺的关键点及诀窍，在川菜领域内具有代表性和较大影响力，常通过口传心授、带徒授艺、教育培训等方式进行传承活动、培养后继人才。非遗项目如没有传承人，尤其是代表性传承人的传承，将面临濒危甚至消失。只有大力支持和鼓励川菜烹饪技艺类非遗传承人，尤其是代表性传承人积极收徒授艺，积极投身川菜烹饪技艺教育培训，参与川菜烹饪技艺类非遗研修、研习等活动，才能不断壮大川菜烹饪技艺类非遗传承人队伍，做到后继有人，推动川菜烹饪技艺类非遗更好地传承与发展。

（三）川菜烹饪技艺类非遗传播的主要力量

川菜烹饪技艺类非遗传播是非遗创造性转化和创新性发展的重要形式。代表性传承人熟练掌握着川菜烹饪技艺，是川菜烹饪技艺类非遗传播的主要力量。代表性传承人通过举办或参加非遗讲座、报告会、论坛及川菜烹饪技艺展演展示活动，让民众看到、品尝到并喜欢上许多活色生香的川菜非遗菜点品种，从而加快川菜烹饪技艺类非遗的传播速度，提高川菜烹饪技艺类非遗的普及度，推动川菜烹饪技艺类非遗积极融入当今民众生活，不断满足民众的生活追求。

川菜烹饪技艺类非遗代表性传承人队伍建设与可持续发展

近年来，随着各级政府的高度重视、川菜烹饪技艺类非遗项目列入各级保护名录的数量逐渐增多，尤其是“川菜烹饪技艺”列入国家级非遗保护名录后，川菜烹饪技艺类非遗代表性传承人队伍建设也不断加快，其代表性传承人的四级名录体系基本建立，代表性传承人数量不断增多，相关传承活动不断涌现。但与此同时，川菜烹饪技艺类非遗代表性传承人队伍建设还存在传承人积极性不高、宣传推广不足、传承人结构不尽合理等问题，需要对症下药、积极解决，才能不断壮大川菜烹饪技艺类非遗代表性传承人队伍，提升其传承水平和能力，从而进一步推动川菜烹饪技艺类非遗保护，不断传承和弘扬中华优秀传统文化。

一、川菜烹饪技艺类非遗代表性传承人队伍建设取得的成效

自2007年以来，国家文化主管部门先后在2007年、2008年、2009年、2012年、2018年批准发布了五批国家级非遗代表性项目的国家级非遗代表性传承人名录。四川省则从2007年至今批准发布了七

批非遗代表性传承人名录。此外，四川省各市、州及县（区）等也发布了多批市级、县级非遗代表性传承人名录。在各级名录中，基本上都有川菜烹饪技艺类非遗代表性传承人入选。他们构成了一支层级和类别较为齐备的川菜非遗代表性传承人队伍，并且积极开展了相应的保护与传承工作，努力提高传承能力和水平，在队伍建设上取得了明显成效，主要表现在以下三个方面。

（一）名录体系基本形成，类别较为齐备

近年来，四川非常重视非遗保护，努力健全并完善非遗代表性项目名录体系和非遗代表性传承人名录体系。目前，川菜烹饪技艺类非遗代表性传承人名录体系基本完备，共包括国家、省、市、县四级代表性传承人名录体系。在第1—5批国家级非遗代表性传承人名录中，川菜烹饪技艺类非遗代表性传承人有3人，主要分布在川菜特色调味品制作技艺上，分别是雷定成、陈思维和严昌武，但缺乏川菜烹饪基本工艺及其菜点品种制作技艺的国家级非遗代表性传承人，具体情况见表4-2。在第1—7批四川省级非遗代表性传承人名录中，川菜烹饪技艺类非遗代表性传承人达70人，具体情况见表4-3。此外，还有数量较多的市级、县级川菜烹饪技艺类非遗代表性传承人，川菜烹饪技艺类非遗代表性传承人队伍呈金字塔状排列，并不断发展壮大。

表4-2　川菜烹饪技艺类非遗第1—5批国家级代表性传承人一览表[①]

序号	姓名	性别	申报地区	项目名称
1	雷定成	男	成都市郫都区	郫县豆瓣传统制作技艺
2	陈思维	男	泸州市合江县	先市酱油酿造技艺
3	严昌武	男	遂宁市大英县	自贡井盐深钻汲制技艺

表4-3　川菜烹饪技艺类非遗第1—7批省级代表性传承人一览表[②]

<table>
<tr><th>地区</th><th>序号</th><th>姓名</th><th>性别</th><th>申报（保护）地区或单位</th><th>项目名称</th><th>类别</th></tr>
<tr><td rowspan="4">成都平原经济区</td><td>1</td><td>张盛跃</td><td>男</td><td>成都市</td><td>豆腐菜肴制作技艺（陈麻婆豆腐制作技艺）</td><td rowspan="4">川式菜肴制作技艺代表性传承人</td></tr>
<tr><td>2</td><td>王钦锐</td><td>男</td><td>成都市</td><td>夫妻肺片传统制作技艺</td></tr>
<tr><td>3</td><td>周仕英</td><td>女</td><td>雅安市荥经县</td><td>家禽菜肴传统烹制技艺（周记棒棒鸡制作技艺）</td></tr>
<tr><td>4</td><td>徐维映</td><td>女</td><td>雅安市天全县</td><td>家禽菜肴传统烹制技艺（桥头堡凉拌鸡传统制作技艺）</td></tr>
</table>

① 中国非物质文化遗产网·中国非物质文化遗产数字博物馆：http://www.ihchina.cn/，检索日期：2023年4月28日。

② 根据第1-7批《四川省省级非物质文化遗产代表性传承人名单》整理而成。

续表

地区	序号	姓名	性别	申报（保护）地区或单位	项目名称	类别
成都平原经济区	5	龚　芬	女	乐山市	豆腐菜肴制作技艺（龚氏西霸豆腐制作技艺）	川式菜肴制作技艺代表性传承人
	6	杜　强	男	乐山市五通桥区	豆腐菜肴制作技艺（五通桥西坝豆腐制作技艺）	
	7	代宣轩	男			
	8	彭文彬	男	雅安市荥经县	家禽菜肴传统烹制技艺（周记棒棒鸡制作技艺）	
	1	皮仁远	女	成都市崇州市	麻饼制作技艺（汤长发麻饼制作技艺）	川式面点小吃制作技艺代表性传承人
	2	马自生	男	眉山市	芝麻糕制作技艺（裕泰乾马氏芝麻糕制作技艺）	
	3	唐章流	男	成都市	赖汤圆传统制作技艺	
	4	唐君展	男	成都市崇州市	怀远三绝制作技艺	
	5	张小群	女	乐山市中区	米花糖制作技艺（苏稽香油米花糖制作技艺）	
	6	何长久	男	成都市青羊区	钟水饺传统制作技艺	
	7	祝元清	男			
	8	周乐全	男	成都市彭州市	四川小吃制作技艺（军屯锅魁制作技艺）	
	9	余斌厚	男	内江市市中区	蜜饯制作技艺（内江蜜饯制作技艺）	
	10	周维学	男	内江市东兴区	蜜饯制作技艺（内江蜜饯制作技艺）	
	1	张中尤	男	四川旅游学院	川菜传统烹饪技艺	烹饪基本工艺及其他代表性传承人
	2	钟志惠	女			
	3	卢朝华	男			
	4	陈祖明	男			
	5	徐孝洪	男			
	6	王开发	男			
	7	兰明路	男			
	8	杨国钦	男			
	9	陈天福	男			
	10	兰桂均	男			

续表

地区	序号	姓名	性别	申报（保护）地区或单位	项目名称	类别
成都平原经济区	11	张安秋	男	成都市郫都区	郫县豆瓣传统制作技艺	烹饪基本工艺及其他代表性传承人
	12	陈述承	男			
	13	潘福祥	男	眉山市	腐乳酿造技艺（长春号南味豆腐传统手工制作技艺）	
	14	彭立前	男	内江市资中县	酱菜制作技艺（“丰源”资中冬尖生产工艺）	
	15	管国如	男	眉山市东坡区	东坡泡菜制作技艺	
	16	何艳平	男			
	17	张　安	男	资阳市雁江区	临江寺豆瓣传统工艺	
	18	翁连刚	男			
	19	杨　静	女	绵阳市三台县	潼川豆豉制作技艺	
	20	廖吉荣	男	遂宁市大英县	大英井盐深钻汲制技艺	
	21	唐术贵	男			
	22	蔡树全	男	成都市锦江区	糖画技艺	
	23	樊德然	男			
	24	陈昌吉	男			
	25	吴逢全	男			
川南经济区	1	程思海	男	泸州市泸县	家禽菜肴传统烹制技艺（观音场月母鸡汤制作技艺）	川式菜肴制作技艺代表性传承人
	2	郑明新	男	自贡市文化馆	牛肉烹制技艺（自贡火边子牛肉制作）	
	1	曹祉清	男	宜宾市	宜宾燃面传统制作技艺	川式面点小吃制作技艺代表性传承人
	2	邓自高	男	泸州市	泸州邓氏桂圆干果传统制作技艺	
	3	李廷书	男	自贡市	富顺豆花制作工艺	
	4	江建中	男			

续表

地区	序号	姓名	性别	申报（保护）地区或单位	项目名称	类别
川南经济区	5	郭道福	男	宜宾市南溪区	南溪豆腐干制作工艺	川式面点小吃制作技艺代表性传承人
川南经济区	6	欧阳锡川	男	泸州市	婴儿米粉制作技艺（泸州肥儿粉传统制作技艺）	川式面点小吃制作技艺代表性传承人
川南经济区	1	刘汉朝	男	自贡市	自贡井盐深钻汲制技艺	烹饪基本工艺及其他代表性传承人
川南经济区	2	马　超	男	泸州市合江县	先市酱油传统酿制技艺	烹饪基本工艺及其他代表性传承人
川南经济区	3	蒲国辉	男	泸州市合江县	先市酱油传统酿制技艺	烹饪基本工艺及其他代表性传承人
川南经济区	4	李德平	男	泸州市合江县	酱油酿造技艺（“五比一”酱油酿造技艺）	烹饪基本工艺及其他代表性传承人
川南经济区	5	陈希国	男	泸州市合江县	酱油酿造技艺（“五比一”酱油酿造技艺）	烹饪基本工艺及其他代表性传承人
川南经济区	6	欧俊模	男	泸州市	护国陈醋传统酿制技艺	烹饪基本工艺及其他代表性传承人
川南经济区	7	江志聪	男	宜宾市翠屏区	醋传统酿造技艺（思坡醋传统酿造技艺）	烹饪基本工艺及其他代表性传承人
川南经济区	8	汪立昌	男	自贡市沿滩区	醋传统酿造技艺（太源井晒醋酿制技艺）	烹饪基本工艺及其他代表性传承人
川南经济区	9	周正洪	男	内江市	酱菜制作技艺（“周萝卜”酱菜制作技艺）	烹饪基本工艺及其他代表性传承人
川南经济区	10	罗西川	男	宜宾市兴文县	土法榨油技艺	烹饪基本工艺及其他代表性传承人
川东北经济区	1	徐代建	男	达州市宣汉县	家禽菜肴传统烹制技艺（徐鸭子传统制作技艺）	川式菜肴制作技艺代表性传承人
川东北经济区	2	何跃全	男	达州市	达县灯影牛肉传统加工技艺	川式菜肴制作技艺代表性传承人
川东北经济区	3	马利民	男	南充市阆中市	牛肉烹制技艺（阆中盐叶子牛肉制作）	川式菜肴制作技艺代表性传承人
川东北经济区	4	梁远刚	男	达州市开江县	豆笋制作技艺（开江豆笋）	川式菜肴制作技艺代表性传承人
川东北经济区	1	李　华	女	南充市顺庆区	川北凉粉传统制作技艺	川式面点小吃制作技艺代表性传承人
川东北经济区	1	孙正蓉	女	广元市旺苍县	醪糟酿造技艺（木门醪糟酿造工艺）	烹饪基本工艺及其他代表性传承人
川东北经济区	2	唐祥华	男	达州市	东柳醪糟酿造技艺	烹饪基本工艺及其他代表性传承人
川东北经济区	3	杨　勇	男	南充市阆中市	保宁醋传统酿造工艺	烹饪基本工艺及其他代表性传承人

续表

地区	序号	姓名	性别	申报（保护）地区或单位	项目名称	类别
川西北生态示范区	1	扎 呷	男	甘孜藏族自治州甘孜县	水淘糌粑	川式面点小吃制作技艺代表性传承人

从表4-3可以看出，川菜烹饪技艺类非遗省级代表性传承人类别较为齐备，共包括川式菜肴制作技艺类、川式面点小吃制作技艺类、烹饪基本工艺及其他共三类代表性传承人。其中，川式菜肴制作技艺代表性传承人有14人，在整个川菜烹饪技艺类非遗代表性传承人中占比20.0%；川式面点小吃制作技艺代表性传承人有18人，占比25.7%；烹饪基本工艺及其他代表性传承人有38人，占比54.3%。另外，烹饪基本工艺及其他代表性传承人特色比较突出，包括狭义的川菜传统烹饪技艺、川菜特色调味品类和糖画等制作技艺两大类。其中，川菜传统烹饪技艺非遗项目的代表性传承人达10人，川菜特色调味品及糖画等制作技艺非遗代表性传承人有18人。

（二）地域分布广泛，区域与民族特色鲜明

四川全省各市、州均有川菜烹饪技艺类非遗代表性传承人分布，并且代表性传承人区域特色比较鲜明，区域集中优势比较突出，具体情况见表4-4。从省级非遗代表性传承人统计数量来看，成都平原经济区有43人，川南经济区有18人，川东北经济区有8人，川西北生态示范区有1人。省级川式菜肴制作技艺、川式面点小吃制作技艺等两类代表性传承人主要集中于成都平原经济区，有18人，占省级川式菜肴及面点小吃类代表性传承人总数的56%。川南经济区川式特色调味品类非遗省级代表性传承人数量较多，共有10人，占川南经济区省级川菜烹饪技艺类非遗代表性传承人总数的55.6%。

表4-4　川菜烹饪技艺类省级非遗代表性传承人分布及数量统计表

地域	类别			小计／人
	川式菜肴制作技艺类代表性传承人／人	川式面点小吃制作技艺类代表性传承人／人	烹饪基本工艺及其他类代表性传承人／人	
成都平原经济区	8	10	25	43
川南经济区	2	6	10	18

续表

地域	类别			小计／人
	川式菜肴制作技艺类代表性传承人／人	川式面点小吃制作技艺类代表性传承人／人	烹饪基本工艺及其他类代表性传承人／人	
川东北经济区	4	1	3	8
川西北生态示范区	0	1	0	1
攀西经济区	0	0	0	0
合计	14	18	38	70

此外，川菜烹饪技艺类非遗代表性传承人构成具有较为明显的民族特色。除汉族代表性传承人外，还有许多少数民族代表性传承人。在川西北生态示范区，丹巴酸菜、酥烙糕、藏族干酸菜、青稞糌粑等藏族菜肴及面点小吃制作技艺类代表性传承人大多是藏族同胞。在攀西经济区，坨坨肉、彝族酸菜、灰水粑等彝族菜肴及面点小吃制作技艺类代表性传承人大多是彝族同胞。这也体现出川菜烹饪技艺类非遗是四川省多民族共同创造和积累的宝贵财富，是四川省多民族在饮食烹饪上交流、交往、交融的典型代表。

（三）传承活动较多，保护与传承作用突显

传承作为非遗保护的关键之一，也是川菜烹饪技艺类非遗代表性传承人的首要任务。近年来，川菜烹饪技艺类非遗代表性传承人在文旅部门及社会各界的大力指导和支持下，认真履行传承义务，开展传承活动，培养后继人才。经过不懈地努力，他们对川菜烹饪技艺类非遗传承的方式更加多样，传承效果不断凸显，传承人队伍不断发展壮大。

1.大力开展川菜烹饪技艺类非遗进校园、进景区、进社区等活动

川菜烹饪技艺类非遗代表性传承人积极走进校园，走上课堂，向学生讲授非遗知识，传授非遗技艺，学生亲自动手体验非遗，培养了他们对川菜烹饪技艺类非遗的浓厚兴趣。如2022年4月和2023年4月国家级非物质文化遗产项目——“郫县豆瓣传统制作技艺传承与推广活动”在四川旅游学院成功举办。该项目的代表性传承人张安秋、兰云贵等现场讲解演示郫县豆瓣传统制作技艺，川菜烹饪技艺项目的省级非遗代表性传承人陈祖明、钟志惠在现场展示了川菜烹饪技艺，学生积极参与了此次非遗传承活动。此外，川菜烹饪技艺类非遗代表性传承人还走进四川的烹饪类学校，如新东方烹饪学校和一些中小学开展传承传播活动，让学生们深入了解川菜非遗，亲身感受、体验川菜非遗。同时，他们还积极推进川菜烹饪技艺类非遗走进社区、走进景区。2023年4月16日，川菜烹饪技艺省级非遗代表性传承人陈祖明走进成都著名景点——宽窄巷子，向游客们展示了四川天全鲟鱼及鲟鱼子酱菜品的制作技艺，游客们争相品鉴、赞不绝口，有效地传播了川菜烹饪技艺类非遗的文化价值。

2.积极利用网络和现代传播手段推动川菜烹饪技艺类非遗走进大众生活

川菜烹饪技艺类非遗传承人认真秉持“见人、见物、见生活”的原则，积极利用网络和现代传播手段，采取线上、线下相结合的方式，加大川菜烹饪技艺类非遗的活态传承、走进大众生活和大众视野。2020年3月，四川旅游学院川菜发展研究中心作为“川菜烹饪技艺”非遗项目的保护单位，积极组织该项目的多名省级代表性传承人，通过线上制作并推出了“川菜非遗讲堂·跟着大师学川菜”专题片，该专题系列不仅在3月17日登上了国家文化和旅游部的“文旅中国”首页推荐位，而且在多个新媒体平台和官网上播出，对传播川菜烹饪技艺类非遗起到了积极的推广作用。2020年6月“文化和自然遗产日”期间，川菜发展研究中心又组织川菜烹饪技艺类非遗传承人等制作“云上川菜”7集，作为“非一般的味道”篇章的重要组成部分，通过四川电信IPTV、四川广电网络播出终端两大TV端和腾讯视频、爱奇艺、优酷、哔哩哔哩、智游天府、新浪微博六大网络平台同步集中展播，讲解并示范川菜工艺和代表性菜点制法，做到了有理论知识、可实践操作，既传承了川菜文化，又促进了川菜非遗融入百姓生活。2022年7月，省级非遗代表性传承人徐孝洪、钟志惠参加了四川省非物质文化遗产精品展暨四川省黄河流域非遗展“天府旅游美食荟”的美食直播。2023年6月“文化和自然遗产日”期间，徐孝洪在中央电视台大型文化节目《非遗里的中国》（四川篇）制作和展示川菜烹饪技艺，该节目在央视多个频道和央视频播放，得到海内外观众的广泛赞扬，促进了川菜烹饪技艺的国内外传播。

3.努力实施川菜烹饪技艺类非遗代表性传承人研培计划

积极推进川菜烹饪技艺类非遗传统传承方式与现代教育体系相结合，拓宽人才培养渠道，开展非遗传承人研培计划，不断提升代表性传承人的技能，增强其传承的责任感和使命感。2022年11月，由四川省文化和旅游厅、四川省人力资源和社会保障厅主办，四川旅游学院、四川省非遗保护协会等单位承办的“首届川菜烹饪技艺研修班”在成都开班，来自全省10余个市、州的川菜烹饪技艺类非遗代表性传承人及相关从业人员参加了研修，10名川菜烹饪技艺省级代表性传承人不仅给学员们讲授技艺，也讲述从艺经历与心得，言传身教中体现着工匠精神，有力推动了川菜烹饪技艺类非遗的保护与传承。

4.积极挖掘、保护、传播地方美食非遗并进行创造性转化和创新性发展

近年来，川菜烹饪技艺类非遗代表性传承人更加自觉地重视四川地方美食非遗的保护与传承，与饮食文化等方面的专家团队一起，调查、整理各地川菜非遗资源，开展各地川菜非遗传播传承活动，推动四川各地区川菜非遗的创造性转化和创新性发展。如饮食文化专家杜莉、省级非遗代表性传承人陈祖明联合主编了《资阳美食文化》《中华二十四节气菜（川菜卷）》《知味·郫都饮食文化》等书籍和《小金味道》画册；深入挖掘眉山、资阳、小金，以及成都郫都区、仁寿黑龙滩等市、县、区的饮食文化资源及当地川菜烹饪技艺，在整理、传承的基础上通过改良提升，创制出眉山东坡宴、资阳二十四节气菜、小金味道、郫县豆瓣风情宴、黑龙滩养生全鱼宴等，有效传承了川菜烹饪技艺类非遗，并推动了川菜非遗的创造性转化和创新性发展。

川菜烹饪技艺省级非遗代表性传承人张中尤工作回忆录《回望炊烟——我的川菜岁月》首发式现场，图中从左至右依次为刘长明、杜莉、张中尤、党科、杨畅（程蓉伟/摄影）

5.不断加强川菜非遗保护与传承的研究，拓展川菜非遗保护与传承的广度及深度

川菜烹饪技艺类代表性传承人积极参加川菜烹饪技艺类非遗研讨会、读书会，以及讲座、论坛等，加强川菜烹饪技艺类非遗保护与传承的学术研究，提出川菜烹饪技艺类非遗传承的新方法、新形式。2022年7月，国家级非遗项目“川菜烹饪技艺”保护与传承研究座谈会在成都隆重召开，张中尤、卢朝华、王开发等10位省级非遗代表性传承人参加了此次研讨会，各位代表性传承人通过深入交流，探讨了川菜烹饪技艺类非遗保护和传承的现状与对策，加强了非遗代表性传承群体的示范建设。2022年11月，四川历史学会川菜口述历史专业委员会在成都挂牌成立，川菜烹饪技艺省级代表性传承人王开发、张中尤、卢朝华等成为该委员会的重要成员。2023年4月，在四川旅游学院举办了国家级非遗项目郫县豆瓣制作技艺与川菜烹饪技艺联动发展研讨会，省级非遗代表性传承人陈祖明、钟志惠及陈天富等参加了此次研讨会，促进了川菜烹饪技艺类非遗项目整体协同保护与传承。同月，在四川省文化和旅游厅指导下，四川省非物质文化遗产保护中心、川菜口述历史专业委员会联合主办了2023年世界读书日“阅读川菜·品味非遗”系列活动，以读书会形式，以“一本川菜流行书籍+一本川菜珍稀文献”的分享方式，向人们介绍川菜非遗传承人，川菜烹饪技艺省级非遗代表性传承人张中尤分享了其工作回忆录《回望炊烟——我的川菜岁月》的创作初衷及他的从艺经历等。2023年5月，四川省非物质文化遗产保护协会川菜专业委员会成立，该专委会凝聚了一批川菜烹饪技艺类非遗传承人和川菜非遗保护单位、生产单

位、研究单位及专家学者、产业精英、非遗管理人员等各方力量，为川菜烹饪技艺类传承人进一步搭建了沟通协调、交流合作平台，更有利于不断加强川菜非遗的相关研究，拓展川菜非遗保护与传承的广度、深度，统筹、谋划和引领川菜非遗的保护与传承。

二、川菜烹饪技艺类非遗代表性传承人队伍建设存在的问题

近年来，虽然川菜烹饪技艺类非遗代表性传承人队伍建设取得了较为显著的成效，但仍然存在一些问题和不足，主要有以下三个方面。

（一）对非遗传承的重要性认识不足

经过多年的努力，川菜烹饪技艺类非遗代表性传承人队伍在规模上有一定数量，大部分代表性传承人也在认真履职尽责，致力于相关项目的保护与传承工作，但是，也有一些代表性传承人对川菜烹饪技艺类非遗保护与传承的重要性认识不到位，对非遗相关法律、法规的学习领悟不深刻，对代表性传承人应该履行的传承义务了解不深入，由此导致其对川菜烹饪技艺类非遗传承的责任感、使命感不强，非遗传承的能力和水平不足。同时，个别代表性传承人还存在“重申报认定、轻保护传承”的弊病，常认为代表性传承人申报成功就万事大吉，不太重视非遗技艺、技能的培训及提升，对川菜烹饪技艺类非遗传承活动不够积极、主动。

（二）队伍结构及传承带动作用参差不齐

当前，川菜烹饪技艺类非遗代表性传承人整体队伍结构不够完善。从区域结构来看，分布不够平衡，以四川省五区而言，川菜烹饪技艺类非遗省级及国家级代表性传承人主要分布在成都平原经济区、川南经济区、川东北经济区，而川西北生态示范区仅有1人，攀西经济区则空缺。从年龄结构看，在川菜烹饪技艺类非遗代表性传承人中，省级与国家级代表性传承人普遍年龄偏大，老年人较多，传承方式比较单一，难以很好地利用现代科技和教育方式方法进行传承、传播，传承难度大，传承带动作用不够。尤其是个别川菜烹饪技艺类非遗项目的技艺过于复杂、烦琐，经济效益不高，传播影响力不强，难以有效地引起年轻人的学习兴趣，存在着年轻人才传续困难，个别非遗技艺面临失传的风险。同时，一些非遗保护单位对川菜烹饪技艺类非遗代表性传承人队伍建设重视程度不够，缺乏非遗代表性传承人的培养、培训计划，缺少组织代表性传承人开展相关研修活动、提升其利用现代科技和现代教育手段进行传承、传播的能力，在代表性传承人梯队建设及传承带动作用上还需要进一步加强。

（三）管理保障机制与宣传推广力度不够

川菜烹饪技艺类非遗代表性传承人管理保障机制需要进一步完善。截至2023年，川菜烹饪技艺类非遗代表性传承人虽已构建了四级名录体系，但还不太完善和健全，尤其是国家级代表性传承人数量仅3人，而且集中在川菜调味品类，而川菜烹饪基本工艺等类别的国家级代表性传承人尚空缺。川菜烹饪

技艺类非遗代表性传承人的评估与动态管理等还需要进一步加强，奖励与退出机制还需要进一步有效实施。此外，对川菜烹饪技艺类非遗代表性传承人的宣传力度还不够，宣传方式、方法还不多，在四川非遗的相关网站和媒体平台上，对代表性传承人的宣传信息较为缺乏，民众对其了解较少，其知名度和影响力受到一定程度的制约。

三、川菜烹饪技艺类非遗代表性传承人队伍建设的路径和对策

川菜烹饪技艺类非遗代表性传承人队伍建设是一项长期的系统工程，涉及政府多个部门、保护单位、代表性传承人，以及行业协会、社会各界等方面，建设内容极多。这里仅以问题为导向，在建设路径和对策上重点提出六个方面的思考。

（一）加强代表性传承人扶持措施和评估制度建设，高效管理其队伍

应进一步加强川菜烹饪技艺类非遗代表性传承人相关政策和绩效评估制度的建设与贯彻实施。2020年3月1日起，国家文化和旅游部颁发的《国家级非物质文化遗产代表性传承人认定与管理办法》正式施行，这是为传承、弘扬中华优秀传统文化，有效保护和传承非物质文化遗产，鼓励和支持国家级非物质文化遗产代表性传承人开展传承活动而制定的法规。[①]四川省文化和旅游厅结合四川实际，于2020年12月制定并印发了《四川省级非物质文化遗产代表性传承人认定与管理办法》，自2021年1月1日起施行。[②]这些政策为川菜烹饪技艺类非遗代表性传承人队伍建设提供了有力的政策保障。各级文旅主管部门和保护单位应当进一步严格贯彻、落实这些政策和措施，在尊重和发挥川菜烹饪技艺类非遗代表性传承人的主体作用、扶持和保护代表性传承人的基础上，加强对其进行绩效评估，奖励扶持与惩罚退出并举，进一步激发川菜烹饪技艺类非遗代表性传承人的责任感、紧迫感和使命感。

（二）加强川菜烹饪技术类非遗代表性传承人的记录及研究，传承其技艺和职业精神

记录是联合国教科文组织《保护非物质文化遗产公约》所述非遗保护的重要措施之一。2015年，文化部印发了《关于开展国家级非物质文化遗产代表性传承人抢救性记录工作的通知》，我国“国家级非物质文化遗产项目代表性传承人抢救性记录工程”（简称“抢救性记录工程”）正式启动。[③]2017年，我国抢救性记录工程有了新的发展，进一步加大了工作力度，着力进行人员培训和规范工作，同时修订完善了《国家级非物质文化遗产代表性传承人抢救性记录工作规范》，编撰出版了《国家级非物质

① 新华网：国家级非物质文化遗产代表性传承人认定与管理办法，http://www.xinhuanet.com/culture/2019-12/11/c_1125329757.htm。

② 四川省文化和旅游厅网：四川省文化和旅游厅关于印发《四川省级非物质文化遗产代表性传承人认定与管理办法》的通知，http://wlt.sc.gov.cn/scwlt/gsgg/2020/12/22/251c9698f93347208c14ee4476b6fb14.shtml。

③ 宋俊华、何研：《新时代中国非物质文化遗产保护发展的新趋势》，宋俊华：《中国非物质文化遗产保护发展报告（2018）》，社会科学文献出版社，2018年，第10页。

文化遗产代表性传承人抢救性记录十讲》。[1]四川也开展了非遗代表性传承人抢救性记录工作，但还应高度关注和深入推进饮食类非遗代表性传承人的记录工作，尤其需要做好川菜烹饪技艺类非遗代表性传承人的抢救性记录工程。

深入研究和挖掘、凝练、传承川菜烹饪技艺类非遗代表性传承人的技艺与职业精神，也是加强代表性传承人队伍建设的重要内容之一。在其精神内涵方面，除了精益求精的工匠精神外，还包括艰苦奋斗、爱国友善等，值得人们了解、学习、传承和弘扬。对于很多传承人来说，精益求精的工匠精神，被转化为“一生做好一件事”的执着。根据田野调查所知，国家级非遗项目“郫县豆瓣传统制作技艺”代表性传承人张安秋，1978年开始专职从事郫县豆瓣制作，如今已40余年，数十年如一日，精益求精，并收徒传艺，坚守非遗传承。四川许多饮食类老字号和非遗项目传承人的背后，都有着一个不同寻常的创业故事与技艺精神。中国传统文化中吃苦耐劳、自强不息、积极进取的精神品格，与当今的创业精神一脉相传。中华老字号“赖汤圆”的创始人赖元鑫当年挑着担子在烈日风雨中走街串巷，辛苦利微，他精心制作的汤圆受到食客喜爱和好评，他也因此将生意逐渐壮大起来。赖元鑫利用积攒的收益在当时成都的繁华地带春熙路北街口开了一家汤圆店，店名为“赖汤圆”。[2]赖汤圆的制作技艺传承至今，而该技艺的创始人所拥有的吃苦耐劳、艰苦奋斗的精神一直在代代相传。四川旅游学院作为“川菜传统烹饪技艺”保护单位，组织该项目代表性传承人和川菜大师、名师，用微信公众号和网站视频推出“跟大师学川菜”，向大众传授诸如宫保鸡丁、麻婆豆腐、鱼香茄饼等经典川菜的制作技艺。可以说，川菜烹饪技艺类非遗代表性传承人所体现的精神内涵，十分契合新时代的要求，有助于培育和践行社会主义核心价值观，应当进一步研究、凝练、传承和弘扬。

（三）加强川菜烹饪技艺类非遗代表性传承人的研修培训，提升其使命感和专业素质

应进一步贯彻落实国家文化和旅游部《中国非物质文化遗产传承人研修培训计划实施方案（2021—2025）》，以及四川省文化和旅游厅《四川省非物质文化遗产传承发展工程实施方案》等文件精神，不断加强川菜烹饪技艺类非遗代表性传承人的研修培训。四川省文化和旅游厅已在2022年—2023年期间批准建立了两批、共9个四川省非遗传承人研修培训基地，但是，以川菜烹饪技艺类非遗代表性传承人研修培训为主要内容的省级研修培训基地仅有1个，即四川旅游学院。因此，还应持续开展川菜烹饪技艺类非遗代表性传承人研修培训基地建设，认定一批包括普通高校、职业院校、非遗传习所在内的川菜烹饪技艺类非遗代表性传承人研修培训基地，大力开展规范化研修培训川菜烹饪技艺类非遗，提高川菜烹饪技艺类非遗代表性传承人的使命感和专业素质。

四川旅游学院作为首批川菜烹饪技艺类非遗省级代表性传承人研修培训基地，也是目前唯一的省级川菜烹饪技艺类非遗代表性传承人研修培训基地，应充分发挥其引领示范作用，在总结首届川菜烹

---

① 国家图书馆中国记忆项目中心：《国家级非物质文化遗产代表性传承人抢救性记录十讲》，国家图书馆出版社，2017年。

② 四川省社科院历史所课题组：《四川老字号保护发展报告》，向宝云：《四川文化产业发展报告（2019）》，社会科学文献出版社，2019年，第250页。

饪技艺研修班经验的基础上，持续开设更多期次的川菜烹饪技艺类非遗代表性传承人研修班，不断完善川菜烹饪技艺类非遗代表性传承人研修培训方案。研修班面向具有较高水平、掌握核心技艺的各级非遗代表性传承人及其弟子，学员应以中青年为主，具有较好沟通水平、学习动力和行业影响力。[1]研修方式注重多样化，应采取“集中授课”加“情景教学”加“实地调研”相结合的方式。研修内容应更加系统、完整，可采取模块化教学，包括理论学习与素质提升、技艺传承与制作实践、品牌策划与文化传承、实地调研与经验分享等，不断增强研修学员对非遗传承的责任感、使命感，提高其综合素质和专业技能水平。同时，还应认真做好研修培训教学组织管理，注重教学材料备案，加强拓展成果应用和宣传，提高川菜烹饪技艺类非遗代表性传承人研修培训的科学化、规范化水平。此外，还应认真做好研修培训学员的跟踪回访，建立学员回访档案，指导和支持他们运用研修培训所学，积极主动做好川菜烹饪技艺类非遗的保护与传承工作，培养后继人才。2023年3月，“2022川菜烹饪技艺研修班回访活动”在彭州成功举办，由此了解到研修班学习效果明显，学员积极开展川菜烹饪技艺类非遗传承活动。阳氏田鸭肠火锅技艺代表性传承人欧阳永强将在研修班学习的技艺，特别是省级川菜烹饪技艺类非遗代表性传承人张中尤、卢朝华、王开发这些老一辈川菜烹饪大师传授的川菜烹饪技艺运用于经营实践中，创新转化出新的火锅底料和调味品，并在线上和线下销售，实现了川菜非遗融入当今生活、助力乡村振兴和当地经济社会发展。

（四）加强川菜烹饪技艺类非遗代表性传承人立体宣传推广与协同，提升其知名度和影响力

应不断加大川菜烹饪技艺类非遗代表性传承人的宣传推广力度，拓宽宣传渠道，创新宣传方式，努力提升川菜烹饪技艺类非遗代表性传承人的知名度和影响力。积极利用全媒体对川菜烹饪技艺类非遗代表性传承人进行宣传推广。一方面通过报纸、期刊、书籍、广播、电视等传统媒体加强宣传，制作宣传川菜烹饪技艺类非遗代表性传承人精美文化产品；另一方面，借助互联网+，利用微博、微信公众号、抖音等网络媒体平台进行宣传，鼓励川菜烹饪技艺类非遗代表性传承人制作非遗传承短视频并进行线上直播，创作川菜烹饪技艺类非遗代表性传承人相关题材纪录片。同时在四川非物质文化遗产网等相关网站上增设四级代表性传承人名录，建设川菜烹饪技艺类非遗代表性传承人宣传推广的专题与专栏。

加快川菜烹饪技艺类非遗代表性传承人宣传推广载体建设。可利用相关文化馆、图书馆、美术馆及四川省各地的饮食类博物馆，如成都饮食文化博物馆、中国川菜博览馆、成都川菜博物馆、中国泡菜博物馆、中国藤椒文化博物馆等场馆，开展川菜烹饪技艺类非遗代表性传承人相关培训、展览、讲座、论坛和学术交流等活动。同时，积极利用传统节日、文化和自然遗产日、中国成都国际非物质文化遗产节、中国非物质文化遗产博览会、中国成都国际美食节等重大节会开展川菜烹饪技艺类非遗代表性传承人宣传推广活动。如2022年7月9日，“天府根脉：四川省非物质文化遗产精品展暨四川省黄河流域非遗展”开幕，省级川菜烹饪技艺类非遗代表性传承人徐孝洪、钟志惠参加了“天府旅游美食荟”的

① 文化和旅游部官网：《中国非物质文化遗产传承人研修培训计划实施方案（2021-2025）》，https://zwgk.mct.gov.cn/zfxxgkml/zcfg/zcjd/202110/t20211021_928453.html。

非遗美食直播，直播间的观众人数有十余万人，有力推动了川菜烹饪技艺类非遗代表性传承人的宣传推广。[①]2023年4月23日，世界读书日“阅读川菜·品味非遗”系列活动在四川省非物质文化遗产馆举行，省级川菜烹饪技艺类非遗代表性传承人张中尤、陈祖明、徐孝洪等参加了此次活动，张中尤分享了其工作传记《回望炊烟——我的川菜岁月》，使民众对川菜烹饪技艺类非遗代表性传承人有了更深入的了解、认识。[②]

（五）加强川菜烹饪技艺类非遗代表性传承人平台搭建与院校育人功能，充分发挥其带动作用

应努力搭建川菜烹饪技艺类非遗代表性传承人的传承平台，进一步加强和拓展相关院校的川菜非遗育人功能，积极开展丰富多样的川菜烹饪技艺类非遗传承活动。在普通高校、职业院校和中小学等开设川菜烹饪技艺类非遗相关专业和课程，大力推动和支持川菜烹饪技艺类非遗代表性传承人走进校园，开展川菜烹饪技艺类非遗展演、展示及体验活动，参与学校授课和教学科研。如2022年6月，川菜烹饪技艺类非遗走进成都嘉祥国际学校，川菜烹饪技艺类非遗代表性传承人为学生讲解、演示了成都面塑制作技艺，学生亲自动手制作面塑冰墩墩，体验到了川菜非遗的魅力。2023年4月，四川省东坡中等职业技术学校举办了“天府名菜进校园”活动，川菜烹饪技艺类非遗代表性传承人展示了东坡肉的制作技艺，让师生通过品鉴非遗菜品——东坡肉，更深入地了解其中的内涵。

同时，还应积极鼓励和支持川菜烹饪技艺类非遗代表性传承人进社区、进景区、进企业等，充分发挥其传承带动作用。应积极推进川菜烹饪技艺类非遗代表性传承人进社区，利用节假日举办川菜烹饪技艺类非遗传承体验活动，丰富活动内容，创新活动形式，增强活动趣味，加强与社区民众互动，鼓励民众积极参与体验川菜烹饪技艺，培养更多非遗后继人才。应积极推进川菜烹饪技艺类非遗代表性传承人进景区。将川菜烹饪技艺类非遗代表性传承人传承活动纳入景区旅游特色项目，鼓励和支持川菜烹饪技艺类非遗代表性传承人创作更多非遗文创产品，挖掘和开发川菜烹饪技艺类非遗旅游价值，设计开发更多川菜烹饪技艺类非遗体验旅游特色线路。如2022年，四川发布了10条“非遗之旅”路线，其中，古蜀名镇非遗之旅重点推荐了川菜烹饪技艺、郫县豆瓣制作技艺、钟水饺制作技艺等川菜非遗旅游项目。今后，还应进一步推动川菜烹饪技艺类非遗与旅游深度融合，在四川各地开发出更多川菜非遗类旅游项目。应积极推进川菜烹饪技艺类非遗代表性传承人进企业，大力支持和推动川菜烹饪技艺类非遗代表性传承人与企业合作，在对川菜烹饪技艺类非遗项目进行保护与传承的同时进行合理开发、利用，加快川菜烹饪技艺的成果转化，制作出更多川菜烹饪技艺类非遗产品，促进川菜烹饪技艺类非遗创造性转化和创新性发展，更好地满足广大民众的生活需求。

① 四川微游网：食在中国，味在四川，2022“天府旅游美食荟”盛大开幕，https://baijiahao.baidu.com/s?id=1738074042228798329&wfr=spider&for=pc。

② 中国新闻网：“阅读川菜·品味非遗”系列活动在蓉启动，https://baijiahao.baidu.com/s?id=1764023594252814401。

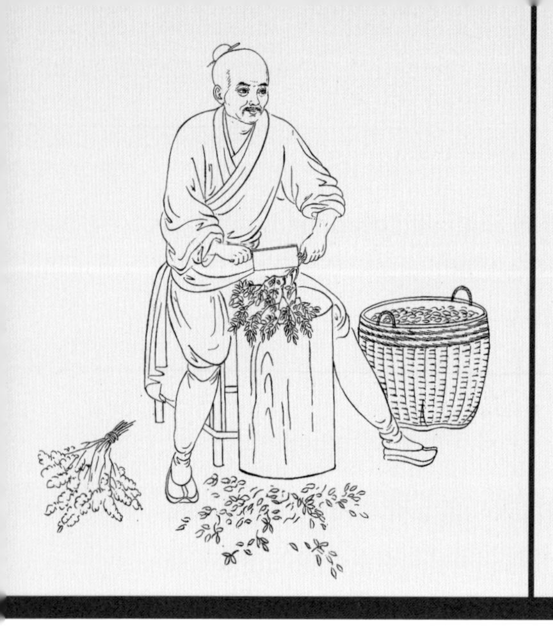

第二章 川菜烹饪技艺类非遗代表性传承人的传承实践

川菜以“清鲜醇浓并重，善用麻辣”以及“一菜一格，百菜百味”著称，它取材广泛、调味多变、烹法多样、普适性强，不仅是传统意义上的四大菜系之一，而且深受国内外食客的喜爱。川菜烹饪技艺是在巴蜀地区良好的气候，丰富的地形、地貌，以及农耕文化、移民文化、道家养生文化共同作用下形成和发展的，充分体现了巴蜀民众的饮食智慧和烹饪实践。作为中国饮食文化的重要代表，川菜烹饪技艺对西南地区的烹饪方式和饮食文化产生了极大的辐射作用，是重要的非物质文化遗产。2018年12月，“川菜传统烹饪技艺”入选第五批四川省省级非遗名录，由此谱写了川菜非遗保护的新篇章。2021年6月，“川菜烹饪技艺”成功入选国务院公布的第五批国家级非遗代表性名录。除了以整体技艺进入国家级非遗项目保护名录的“川菜烹饪技艺”项目之外，如前面几章所述，四川饮食类非物质文化遗产项目中还有一大批川式菜肴和面点小吃制作技艺等类别的非遗项目，它们都是川菜烹饪技艺类非遗项目的重要组成部分。

与非遗项目相对应且必不可少的是非遗代表性传承人。他们是非遗项目的重要承载者、传递者，也是传承的关键人物、主要力量，受到国家和各级政府的高度重视。非遗代表性传承人制度及其认定与管理，是我国非遗传承与发展体系的重要组成部分，对推动非遗保护与传承的意义和作用极大。在川菜烹饪技艺类非遗代表性传承人方面，2021年11月，王开发等10人入选四川省第七批省级非物质文化遗产代表性传承人。川菜非遗省级代表性传承人的认定，对健全川菜非遗保护体系、提升川菜非遗保护与传承水平具有十分重要的作用。此外，还有一批川菜烹饪技艺类非遗项目的省级和市级、县（区）级代表性传承人，他们也长期积极、主动地开展川菜烹饪技艺的传承和传播活动，坚持守正创新，努力推动川菜烹饪技艺的创造性转化和创新性发展，为保护、传承和弘扬中华优秀传统文化贡献了自己的力量。这里主要选取国家级非遗项目“川菜烹饪技艺”的10名省级代表性传承人和其他川菜烹饪技艺类非遗项目的部分市级、区级代表性传承人的从艺经历和主要传承实践活动进行访谈，通过资料收集、整理归纳加以进一步阐述。

第一节

王开发：荣乐园川菜的传承与发展

王开发（1945年生），男，首批元老级注册中国烹饪大师、首批中国烹饪大师名人堂尊师、特一级烹调师、成都市烹饪协会理事，曾担任成都“荣乐园”和美国纽约“荣乐园”厨师长，并荣获中国烹饪40年贡献奖、四川省烹饪协会川菜突出贡献奖等奖项。由他牵头组建了成都市旅游协会川菜老师傅传统技艺研习会，并被推选为创始会长，积极组织从事川菜烹饪的老师傅们整理传统川菜品种及其烹饪技艺，向中青年厨师们进行传授、推广。此外，他还编著出版了《新潮川菜》《精品川菜》《教学菜品》等书籍。2021年11月入选四川省第七批省级非物质文化遗产代表性传承人。

一、师承及授徒

（一）拜师学艺

王开发师承近现代川菜重要领军人物蓝光鉴的弟子张松云，于1980年正式拜张松云为师学习川菜烹饪技艺。以王开发为基础上溯两代，则构成了三代传承谱系。此外，王开发还积极向其他川菜师傅学习，通过不断提升，逐渐熟练掌握了川菜烹饪技艺。

◇ 第一代：蓝光鉴

蓝光鉴（1884—1962年），四川省成都市人，近现代川菜著名厨师，被誉为“近现代川菜的鼻祖”。清光绪二十三年（1897年），刚满13岁的蓝光鉴便进入“正兴园”川菜馆跟随名厨贵宝书学艺。他聪明灵慧，尚未满师便学得一手好本事，满师后正式在“正兴园”事厨。在“正兴园”学艺期间，蓝光鉴总结了京菜和苏菜的特点，并与“正兴园”的菜品融会贯通，互补长短，形成了自己的风格。“正兴园”歇业后，蓝光鉴兄弟与师叔戚乐斋合伙，于1911年在成都湖广会馆街街

1953年，《华西晚报》著名记者车辐先生（中），与蓝光鉴（左）、谢海泉（右）的合影照。

头的兴隆庵里开办了“荣乐园”，全面继承了“正兴园”包席馆的经营特色。1923年，又在成都梓潼桥街开设一分店，取名为“稷雪”，以经营面食为主。1933年，“荣乐园”迁至成都布后街，可容百桌宴席。1948年，“荣乐园”歇业。1950年初，蓝光鉴兄弟与人合伙，在成都梓潼桥街新开设了一家“劳工食堂”。1950年，蓝光鉴受聘为四川医学院营养保健系教师，执教十余年，讲授和示范的菜肴有葱酥鱼、猪肉松、板栗烧鸡、红烧肚条、海味什锦、清蒸鲫鱼，以及鸭丁粥、各类汤菜等数十种，培养了一大批高级厨师和学生。

蓝光鉴对于川菜烹饪的贡献是多方面的，他不仅开创了宴席的新格局，还对部分菜肴进行了改进与创新，并且培养了一批技术过硬的川菜烹饪技艺人才。蓝光鉴所提出的烹饪技术理论，其中最精到的见解，是对于“川味正宗”概念的确定。蓝光鉴认为，所谓“正宗川味”，是在原有基础上，甲南北之秀而自成格局也。他曾说过：“正宗川味，实际上乃是集南北烹调高手所制的地方名菜，融汇于四川味之中，又以四川人最喜嗜之味道出之。”蓝光鉴事厨一生，改进与创新了数以百计的菜肴。他把全国几大菜系的名菜和佛教菜肴、道教菜肴加以融合及改制，将其纳入川菜体系制作，使川菜变得更加丰富多彩，美不胜收。如广东的生片火锅，江浙的虾爆鳝、醋熘鱼，佛教菜肴中的罗汉菜、素烩等，在经过改制后，都成了适合四川人口味的川菜。此外，他还大胆引进西菜，改为西菜中吃，非常成功。当今四川餐馆的一些传统川菜，也有不少菜式蕴藏着蓝光鉴的心血。蓝光鉴培养了一大批川菜烹饪技艺人才，川菜著名厨师张松云、孔道生、刘笃云、周海秋、曾国华、孔道生、华欣昌、毛齐成等人，都曾师从蓝光鉴。蓝光鉴的徒弟们在其饮食之道的指导下和精心培养下成长起来，也对川菜烹饪作出了重大贡献。

1979年，张松云（右二）在骡马市“荣乐园”指导王开发（右一）制作菜品。

◇ 第二代：张松云

张松云与周海秋、曾国华、孔道生、华兴昌等人，同为蓝光鉴的徒弟。

张松云（1900—1982年），四川省成都市人，1962年经商业部批准命名为特级厨师。他14岁时进入“荣乐园”随名厨蓝光鉴学艺，出师后曾“挑着酒席担子走江湖”，也曾先后为川军将领做家厨。后来，张松云在成都“大安食堂”“重庆白玫瑰”“成都耀华餐厅”“成都餐厅”“玉龙餐厅”等多家著名川菜馆事厨。中华人民共和国成立后，他还经常到成都“金牛宾馆”为来蓉工作、考察的党和国家领导人烹制川菜，并参与大型宴会的制作。晚年时，张松云又回到他事厨生涯的始发地——“荣乐园”。他技术全面，独具一格，除擅长山珍海味菜肴的制作外，所制家常风味菜肴也很有特色，如坛子肉、南边鸭子、酸辣海参、软炸鸡糕、家常鱼面、口蘑舌掌等都是他的拿手好戏。自1958年起，张松云多次参与川菜行业的技术培训工作，其足迹遍布川西和川南。1958年为《中国名菜谱（第七辑）》提供资料。1959年与孔道生等人共同口述、经人整理出版了《四川满汉全席》一书。此后，他还曾多次参与《四川菜谱》的编写工作。1980年，他为中、日合编的《中国名菜集锦》（四川卷）制作四川名菜以供拍摄入书之用。同年入选成都市西城区人民代表。他不仅精心制作川菜、编撰川菜书籍，而且还积极参与川菜烹饪技艺人才的培养。20世纪70年代末，张松云是成都市饮食公司在“荣乐园”餐厅开办的厨师培训班的主要指导教师，对川菜文化的发展和传承川菜烹饪技艺作出了显著贡献，其弟子王开发、杨孝成、谌国富等都逐渐成长为川菜领域里的中坚力量。

◇ 第三代：王开发

王开发与杨孝成、唐志华、曹赵国、谌国富等人，皆是张松云的徒弟。

王开发于1961年参加工作，被分配到成都市饮食公司“齐鲁食堂”事厨。“齐鲁食堂”是鲁菜馆，厨房师傅都是山东人，师傅们给他传授了许多烹饪技艺。繁忙的厨房工作和师兄间的良性竞争，使王开发的厨艺基本功得到进一步扎实的训练和提升。他不仅学会了鲁菜的烹制方法，也旁通了北方餐馆白案名点的制作技艺。在“齐鲁食堂”工作的十余年间，为王开发后来的烹饪之路打下了坚实的基础。

王开发在纽约“荣乐园”的工作场景

1977年，王开发调入“荣乐园”（当时已更名为“红旗餐厅”），接触到许多著名的川菜烹饪大师，如张松云、孔道生、曾国华、华兴昌、姜松亭等，他们毫无保留地教会了他许多经典川菜的制作技艺，如神仙鸭、烤乳猪、坛子肉、蹄燕鸽蛋、清汤燕菜、干烧鱼翅、红烧牛头方、肝油海参等高端川菜。1980年，王开发正式拜师张松云师傅。为更好地传承“荣乐园”的烹饪技艺，他还积极向其他老师傅学习烹饪技艺，如向蒋伯春学习了软炸酥方、软炸扳指、辣子鸡、冬瓜盅等经典川菜的制作技艺，还向从北京“四川饭店”调回的王跃全学习了叉烧云腿、蜜汁火方、肝膏汤、冬菜腰方汤等经典川菜的制作技艺。接触的老师傅越多，他就越想学习，越爱做菜。如果说，在“齐鲁食堂”的工作时期是王开发大练基本功的阶段，那么在“荣乐园”的工作经历，就是他接受川菜烹饪技艺传授，使自身烹饪技艺突飞猛进的重要提升进程。

（二）收徒传艺

王开发从前辈川菜大师的悉心教导中学习并掌握了川菜烹饪技艺之后，便积极收徒传艺，向徒弟们认真传授川菜烹饪技艺。他非常重视传统川菜的传承与发展，在对徒弟的传艺过程中，他不仅要求徒弟掌握川菜的选料、刀工、火候、调味、装盘等基础要领，还非常重视徒弟的创新能力，要求他们不断改进菜品的选材、用料、烹饪方法以适应时代的发展和人们健康观念的转变。他强调为厨必须德才兼备，从历史汲取创新的源泉，在现代守住传承的底线，使徒弟们的川菜烹饪技艺得以迅速提升。

王开发的徒弟较多，其中一部分已在川菜领域里做出了一定的成绩，获得较大声誉和影响力。其徒弟有陈子明、陈善君、吴森全、张元富、奂成明、曾树彬、王有癸、麦大军、昝义成、骆绍全、王加强、李作民、王有凌等。其中，陈子明为特二级烹调大师，中国烹饪名师；张元富为注册资深级烹饪大师，川菜特殊贡献奖获得者，“松云泽”包席馆主理人，四川省总工会“四川工匠”称号获得者，“有云·鹿洄天府1911中国川菜体验中心”和“蓝光鉴川菜博物馆”创办者；奂成明为特一级厨师，“环球中心洲际酒店”中餐行政总厨，成都首届青工大赛全能冠军，全国第三届中国烹饪大赛金牌得主，还荣获第十二届厨师节金厨奖，2003年中国烹饪世界大赛金牌；王有癸为特三级厨师，“荣泽缘”包席馆主厨，荣派“玉麒麟”饭店技术顾问；曾树彬为特三级厨师，四川省三名认证川菜烹饪名师之一，盛和力诚餐饮管理公司董事长，“酱鸭传奇”品牌创始人；李作民为四川省历史学会川菜口述历史专业委员会副会长兼秘书长，致力于中国川菜口述历史的采集、整理与研究工作，著有《师父教我吃川菜》，2023年，该书在中国台湾地区出版时更名为《正宗川菜大典》。如今，这些徒弟又继续收徒传艺，使他们也成为川菜烹饪领域的生力军。如张元富的徒弟苏柏荣、苏永超分别任“悟园”行政总厨、“松云泽”行政总厨，弟子井桁良树被誉为日本餐饮界“中国料理厨神”；骆绍全的徒弟乔建军、付军分别为“怪味干锅”创始人、“麒麟胖子火锅”总厨等。

王开发（右）传授川菜烹饪技艺

二、川菜烹饪技艺的传承实践活动

（一）从事川菜烹饪技艺的主要经历

王开发从1961年开始事厨，到1980年拜师张松云，同时向“荣乐园”其他老师傅学习，逐渐熟练掌握了川菜烹饪技艺。此后，他长期从事川菜烹饪技艺的实践。1981年，他参加全国第一次特级厨师考核，以优异的成绩被评为特三级厨师。1982—1988年被派往美国纽约，在四川省与美国合资的第一家餐饮企业——“荣乐园”工作，并担任厨师长。1988年回国后，经成都市饮食业业务技术考评委员会命名为特二级烹调师。1990年被商业部聘为全国食品金鼎奖评委。1992年被评为特一级厨师，任成都市烹饪协会理事、成都市特一级厨师考核评委、成都市首届职工岗位技术大赛决赛评委。1996—1997年，在天津“塘沽川菜酒楼”担任行政总厨、成都市沙湾“会展中心”首任行政总厨。2001—

2004年，在贵阳“馨园食府”任技术总监;2002年，担任第十二届全国厨师节副总裁判长。

王开发于2005年退休。此后，一直积极致力于川菜文化的传承与推广。2012年，王开发在成都市窄巷子筹备“隐园”包席馆，并担任技术总监；2015年，筹建成都市旅游协会川菜老师傅传统技艺研习会。2016年1月，成都市旅游协会川菜老师傅传统技艺研习会正式成立，王开发被推选为创始会长。2017年，王开发创立了以其师父张松云大师命名的“松云”门派。2018年至今，王开发担任四川川商总会川菜专业学术委员会主席。

（二）开展川菜烹饪技艺传承的主要实践

王开发从事川菜烹饪工作六十多年来，一直致力于该技艺的传承推广，其主要工作实践如下。

第一，川菜烹饪技艺的培训工作。参与20世纪90年代川菜厨师的技术培训和从三级到特一级厨师的技术培训和考核，任培训技术教师和考核评委。培训了来自四川、贵州、云南、陕西、新疆等地许多相关单位的川菜厨师，其中包括铁路系统、部队、武警、大专院校、工厂的川菜厨师，还对厨师的技艺提升和传承进行技术培训和考核，如技术讲解、培训、示范、考核，总人数约四千人次。2022年，作为四川旅游学院首届川菜非遗传承人研修班的讲师，王开发为学员们讲解了凉粉鲫鱼、油淋仔鸡等四川经典名菜，并在现场进行制作、演示。

第二，长期参加各级、各类川菜烹饪大赛和美食节并担任评委，指导中青年厨师提高川菜烹饪技术。如全国第三届“中国烹饪大赛”时期，王开发作为四川省代表团随队教练，参加西安赛区的个人赛和北京的团体赛，均取得优异成绩。

第三，川菜烹饪技艺的海外推广。在美国纽约“荣乐园”担任厨师长时期，王开发积极推广传统川菜和开发新品川菜，得到了广大食客和国际政要的好评，如时任柬埔寨国家元首的西哈努克亲王夫妇就是“荣乐园”的常客，当时的纽约市长和美国国务卿等也曾光顾美国纽约“荣乐园”。1987 年新年，受美国哥伦比亚广播公司(CBS)之邀，现场制作川菜名菜——鱼香八块鸡，纽约电视台进行全程直播，为川菜在国外的传播作出了应有的贡献。

第四，组建协会保护和传承川菜传统技艺。他发起组建了成都市旅游协会川菜老师傅传统技艺研习会(简称“川老会”)，并被推选为创始会长，组织川菜老师傅们整理传统川菜，向中青年厨师积极传授相关烹饪技艺、推广川菜文化。他还带领一百多位“川老会”的老师傅们走进瓦屋山，结对帮扶传授川菜烹饪技艺，助力精准扶贫。此外，他还参与四川省历史学会川菜口述历史专业委员会的筹备和推进工作，积极推动该专业委员会梳理川菜的重大事件、访谈记录，保存川菜重大事件及传统技艺史料。

第五，编写出版川菜相关书籍。他积极总结川菜烹饪技艺，先后编著出版了《新潮川菜》《精品川菜》和《教学菜品》三本书籍。自2017年始，他将川菜经典菜品的核心技艺以音视频记录的方式口述给徒弟李作民，李作民再将其整理成书——《师父教我吃川菜》，已于2022年出版，2023年在中国台湾地区出版时更名为《正宗川菜大典》。书中将开水白菜、雪花鸡淖、坛子肉、红烧牛头方、口袋豆腐等34道川菜经典菜品，从食材及调料的选择、刀法、烹饪手法与火候、菜品的历史渊源和典故等方面进行了归纳与整理，将川菜核心技艺传播给喜爱川菜和致力于川菜事业之人。

第六，创办川菜餐厅，开展实践传承。王开发与弟子张元富合作开办“松云泽”包席馆，旨在传承“荣乐园”创始人蓝光鉴先生的传统川菜技术和理念，培养后继人才。此后，其弟子及再传弟子创办了“荣泽缘”“玉麒麟”“有云·鹿洄天府1911中国川菜体验中心”等川菜餐厅，不断传承川菜烹饪技艺。

张中尢：海外川菜的传承与创新

张中尢（1948年生），男，四川旅游学院烹饪学院荣誉教授，中国烹饪大师，川菜烹饪大师，四川省劳动模范，成都市第九届、第十届人大代表，曾担任中国常驻联合国代表团厨师长，先后在日本“楼蘭”餐厅、德国的“四川饭店”担任厨师长。回国后，在成都“皇冠假日酒店”等五星级酒店担任中餐总厨和高级顾问；还是成都市第31届世界大学生夏季运动会餐饮服务顾问。他曾荣获中国烹饪大师终身成就奖、中国餐饮30年杰出人物奖、改革开放40年中国餐饮行业突出贡献奖、改革开放40年中国餐饮行业技艺传承突出贡献人物奖等荣誉。2021年11月入选四川省第七批省级非物质文化遗产代表性传承人。

一、师承及授徒

（一）拜师学艺

张中尢先后拜师两人，一位是近现代四川泸州市面点小吃师傅高其山的弟子林家治；另一位是近现代川菜名厨陈吉山的徒弟李德明，分别向他们二位虚心学习川菜白案和红案制作技艺。由此，以张中尢为基础上溯两代，则构成了三代传承谱系。

◇ 第一代：高其山

高其山，清代光绪年间人，生卒年不详，曾在成都事厨，还在一户官宦人家担任过家厨，尤以白案见长，擅长各种点心制作，对细腻爽口的各式米制品点心尤为得心应手。后来，因年迈体衰回到泸州老家，晚年在家中传授白案技术。其徒弟林家治就是在高师傅家里参师学艺，学到了米制品点心的制作绝技。

陈吉山（1877—1932年），四川省成都市人，又名陈金鳌。与其弟陈达山（1879—1947年）同时学艺于成都著名包席馆——“秀珍园”。其后，陈氏兄弟二人又同在“怡新饭店”等处主厨。陈氏兄弟的徒弟有李德明、刘建成、张志国、林汉章、刘代正等。

◇ 第二代：林家治、李德明

1977年，张中尤（右）与白案师傅林家治在祠堂街老努力餐合影。

张中尤在其所著的《回望炊烟——我的川菜岁月》一书中对他的两位师傅林家治和李德明有详细介绍。林家治（1901—1991年），四川省资中人。1984年经四川省商业厅任命为技术顾问（相当于特三级厨师）。林家治14岁起在资中县城的“利胖园”餐馆学艺，满师后，先后在泸州“顶风园”、重庆“四风惠”、永川“时食餐厅”、贵州“仁维餐厅”和“名生餐厅”、成都“小园地”任白案厨师。1936年起，自营“大指拇”餐馆。他在融合各地面点风味的基础上，自创了多种点心花样，对川式面食点心和米食点心都很有心得，在制作手法上更是游刃有余、花样百出，在当时的成都餐饮业里名气很大，认可度很高，同行中人送了他一个雅号——“面状元”。从1958年起，林家治先后在成都“芙蓉餐厅”“综合餐厅”“努力餐”担任烹饪技术培训教学工作，与他人一起合作编写了《席桌点心》一书。林家治还多次为当时我国的党和国家领导人制作川菜点心、小吃，并担任成都市及西城区川菜烹饪技艺的技术职称考核评委，为行业带徒多人，张中尤、钟世雄、刘晓旭、李跃华、陈光泉等都出自其门下。其代表品种有鲜花饼、鸳鸯酥、猪油发糕、白蜂糕、四喜米饺、大米蒸饺等。

李德明（1915—1985年），四川省郫县人（今成都市郫都区）。1984年经四川省商业厅任命为技术顾问（相当于特三级厨师）。李德明15岁时事厨成都“怡新饭店”，师从名师陈吉山、陈达山两兄弟，满师后先后在成都“味腴楼”“杏花村”“中西餐馆”“和合酒店”“雅安馔芬餐馆”“重庆西大公司”“成都蜀风饭店”等知名餐厅事厨。1958年后，他又在成都“食时饭店”“龙餐厅”“杏花村”“新民食堂”和“努力餐”任厨师，曾多次被派往“金牛宾馆”“锦江宾馆”参与接待国家领导人和外宾的川菜菜品及宴席制作。曾为编写《中国名菜谱》提供了宝贵资料。1963年，李德明当选为成都市人民代表、成都市饮食服务业技委会委员、西城区饮食公司技委会副主任。从20世纪60年代起，李德明多次参与行业技术培训，20世纪80年代后，多次担任成都市及西城区饮食行业技术职称考核评委。李德明技术全面，特别擅长墩炉技术，其代表菜有叉烧乳猪、烧烤酥方、蝴蝶竹荪汤、清汤腰方、兰花肚丝等。李德明先后带徒多人，其中有张中尤、马华仪、许志龙、简奎光、徐长锡、吴晓华、何顺成、陈仲明、黄志远等。

◇ 第三代：张中尤

张中尤师从林家治学习川菜白案技艺，也与徐长锡、马华仪、吴晓华、许志龙、简奎光等一同师从李德明学习川菜红案技艺。

张中尤在联合国工作期间留影

张中尤于1961年开始学习川菜烹饪技艺，至今已六十余年。他曾在成都“炳新园饭店”“武陵春”“回民饭店”“努力餐”等川菜馆学艺和工作。其间，在1963年不仅拜了被誉为“面状元”的林家治为师，还拜了著名的川菜红案大师李德明为师，研修、学习和提高川菜红案技艺。李德明师傅与林家治师傅都是四川名厨，都在培训班当过老师。对张中尤来说，两位大师不仅是单纯地教他烹饪川菜，更是教会了他对川菜烹饪技艺的整体把握，并且要求徒弟一定要超过自己。尤其是林家治师傅和李德明师傅从技术上教会他很多，还希望他多读书、多看报、多学习,不断提高文化水平和思想觉悟。

（二）收徒传艺

张中尤从1982年开始收徒，通过言传身教，不仅向徒弟们传授川菜烹饪技艺，而且讲授做人之礼、做厨之德，讲述川菜烹饪技艺传承与创新的关系，培养和提升弟子们的川菜烹饪技艺与职业道德修养。改革开放四十多年来，张中尤和他的徒弟们先后到三十多个国家和地区表演、宣传川菜传统烹饪技艺。

截至2023年，张中尤收徒五十多名，徒孙及以下近两万人，分布在国内多个省、市和十余个国家从事川菜烹饪，交流和传播川菜文化。其徒弟有舒国重、兰桂均、叶奇男、程云生、李治成、陈实、赵艳斌、李丹梅、周跃先、明信江、胡奇伦、熊冬华、周子玲、谢超、彭勇、陈建军、傅锟、唐舟、梁磊、黄天勇、廖聪波、郑奇、李红（男）、苏勇、余刚、杨华、李红（女）、张泉林、熊江华、陈琴、冯涛等。

徒孙有朱建忠、陈平、孙文亮、舒召平、向健、任涛、李建波、李正华、陈兴宇、黄步林、李登超、魏延兵、黄成基、赵小春、杨锡辉、张鹏、曹晓军、朱祥波、许基清等。在其弟子中，有十余位获得中国烹饪大师、川菜大师称号，有的获得四川省劳动模范、成都市劳动模范、成都工匠荣誉。如其弟子舒国重（1956年生），为中国烹饪大师，最初事厨于原成都市西城区饮食公司“麦邱面店”，1982年师从特级面点师张中尤，1988年参加成都市烹饪技能比赛获优秀菜品奖，并应邀赴马来西亚吉隆坡表演献艺。1991年以后，舒国重相继被派往巴布亚新几内亚的“四川饭店”、斐济的“四川楼”，以及日本等国的餐饮企业担任厨师或厨师长。1997年回国后，舒国重先后在多家餐饮店担任餐饮部经理、总厨等职。此外，他还多次被成都市饮食服务业职称考评委员会和四川省成都市饮食公司聘为职称考核评委，并在四川省饮食服务技工学校、四川烹饪高等专科学校、成都市总工会厨师培训班等学校和培训班任教，长期担任《四川烹饪》杂志的栏目主持，同时也收徒传艺，已培养出特级烹调师数名。

张中尤开展川菜非遗传承活动

二、川菜烹饪技艺的传承实践活动

（一）从事川菜烹饪技艺的主要经历

张中尤于1961年开始事厨，曾在成都“炳新园”“回民饭店”“武陵春”等餐馆学习川菜烹饪技艺。1977年调到成都“努力餐”工作，先后担任厨师、厨师长和经理等职务。1984年被任命为四川省川菜表演专家组的厨师长到埃及首都开罗进行川菜技术表演。1987—1989年被派往美国纽约联合国总部，并出任中国常驻联合国代表团厨师长。1990—1993年，在日本本田汽车公司铃鹿赛车场的“楼蘭”餐厅工作，担任厨师长职务。1994—1996年，在德国杜塞尔多夫市的“四川饭店”工作，担任厨师长。1996—1998年，在筹备成都“天府丽都喜来登大酒店”期间担任餐饮部经理，酒店开业后担任中餐行政副总厨师长。1998—2008年，先后在成都“皇冠假日酒店”“谭氏官府菜”“望江宾馆”“潮皇阁”餐饮公司担任副总经理、中餐行政总厨、餐饮高级顾问等职务。2008年退休以后，一直在为餐饮企业、部队、宾馆进行义务教学培训，传授川菜烹饪技艺。

（二）开展川菜烹饪技艺传承的主要实践

张中尤从事川菜烹饪工作六十余年来，一直致力川菜烹饪技艺的传承和推广，对川菜文化在海外的传承与创新作出了重要贡献，其主要传承实践如下。

第一，多次赴海外多国烹制川菜，积极从事川菜烹饪技艺的海外推广。自改革开放以来，张中尤除了在国内餐饮名店制作川菜外，还在国外积极进行川菜烹饪技艺和文化的宣传、交流、表演，尤其是他在国外的工作经历，使他在川菜烹饪技艺的对外交流方面作出了重要贡献。他先后赴埃及、美国、加拿大、日本、德国等国家工作或演示川菜烹饪技艺，特别是在美国纽约联合国总部出任中国常驻联合国代

2022年，张中尤在四川旅游学院开展川菜非遗传承实践。

表团厨师长期间，其制作出的美味川菜赢得了众多外国友人的广泛赞誉，为弘扬川菜烹饪技艺及中国饮食文化作出了显著贡献。

第二，积极开展教学培训，传授川菜烹饪的传统技艺。张中尤不仅向其弟子传授川菜烹饪技艺和烹饪文化，还对其他川菜厨师进行川菜烹饪技艺的培训与教学，尤其是在2008年退休后的十余年间，一直为餐饮企业、宾馆、酒店和部队食堂等进行义务教学培训，如成都大蓉和餐饮管理有限公司、上海辛香汇餐饮管理有限公司、钦善斋食府及成都金河宾馆等。他特别注重四川传统米制品点心制作技艺的传承培训，使许多濒临失传的川式米制品点心得以重获新生，其中一些品种已由其徒弟和社会餐饮企业大量制作。2022年11月，张中尤作为四川省文化和旅游厅主办的首届川菜非遗传承人研修班的讲师，为学员们现场制作和传授了白菜米饺、梅花米烧卖、芙蓉花包等四川经典米制品点心的制作技艺，其栩栩如生的造型和美味得到了学员们的交口称赞，学员们也深感收获颇丰。

第三，参与编撰川菜书籍，传承川菜烹饪技艺。20世纪80年代，作为编委成员之一，张中尤参与了《川菜烹饪事典》的编撰工作。此后还参加了多部川菜菜谱、烹饪教材的编写工作，并在《四川烹饪》杂志上发表多篇文章。2018年出版了其工作回忆录《回望炊烟——我的川菜岁月》一书，对自己一生的从厨经历、海内外工作情况，乃至对川菜文化的理解等，都进行了翔实、生动而精彩的阐述。2022年出版了他的烹饪作品集《流香》一书，集中展示了他在传承经典川菜、经典川式面点方面的创新和实践。

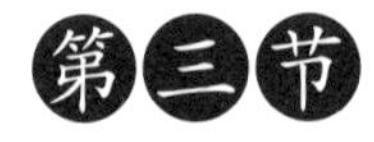

第三节 卢朝华：锦江宾馆川菜的传承与创新

卢朝华（1952年生），男，原“锦江宾馆”厨政部总监，特一级烹调师、首届中国烹饪大师、四川省首批中式烹调高级技师、餐饮业国家一级评委、劳动部国家级烹饪比赛裁判员、原中国烹饪协会理事、原中国烹饪协会名厨专业委员会委员、原四川省烹饪协会常务理事。在四川省商务厅主办的四川省

第一届川菜大赛及国内外烹饪大赛中荣获多枚金牌、银牌，先后担任国家级、省级、市级烹饪技能大赛主考官及评委上百次，荣获美中餐饮业联合会授予的全球弘扬中华饮食文化终身成就奖、全国食文化研究会联盟及四川省食品文化研究会颁发的川菜50年终身成就奖。2021年11月入选四川省第七批省级非物质文化遗产代表性传承人。

卢朝华整理川菜老菜谱

一、师承及授徒

（一）拜师学艺

卢朝华师承近现代川菜厨师高鹤廷的著名弟子张德善，于1978年正式拜其为师学习川菜烹饪技艺。以卢朝华为基础上溯两代，则构成了三代传承谱系。

◇ 第一代:高鹤廷

高鹤廷（生卒年不详），近现代时期成都市“四宜君”餐馆名师。

◇ 第二代:张德善

张德善（1909—1996年），师从高鹤廷。事厨六十余年。1962年被商业部评为特一级厨师，通晓川菜的各种烹饪技艺和绝招，丰富和发展了四川菜系。1958—1976年,受国家派遣，先后多次到波兰、朝鲜传授川菜烹饪技艺，并获得朝鲜一级劳动勋章。20世纪60年代，张德善被聘为四川省和成都市红专学校教师，从事川菜烹饪技艺教学和教材的编写工作。1980年后，担任中国烹饪协会理事、四川烹饪协会副理事长，并特邀为第二届中国烹饪大赛评委。在长期的烹饪工作和教学实践中，他不断钻研、探索和总结烹饪经验，善于博采众家菜系之长，结合川菜特点加以创新，通晓川菜的各种烹饪技艺和绝招，在切配、烧烤方面尤为擅长。其拿手名菜佳肴有仙鹤玉脊翅、干烧岩鲤、金鱼戏莲、锅贴鸽蛋、凤巢花菇虾、苹果烤炉鸡、香酥芋泥鸭、湘莲夹心苕糕等。他在“锦江宾馆”事厨期间，还创制了梅花鱼肚、金凤还巢、菊花鲍鱼、金球狮子鱼、鸳鸯戏水、丹凤朝阳、彩色花篮等堪称艺术作品的大菜。他制作的各种菜肴不仅深受中外美食家的欢迎，且博得很多国家元首、政府首脑的高度赞扬。

张德善不仅具有丰富的实践经验，而且还有较高的理论水平。他亲自动手整理出版了一本22万字的《锦江宾馆菜谱》，为后人留下了宝贵的第一手资料。张德善在“锦江宾馆”培训出特级、一级、二级、三级厨师近百名，并为国内各大宾馆、饭店、酒家培训了大批川菜烹饪技艺人才，许多徒弟逐渐成长为川菜领域的领军人物，使川菜烹饪技艺得到极大的继承和弘扬。他的徒弟有卢朝华、刘金松、黄启群、陈家全等。其中，徒弟刘金松将四川名菜“鸡豆花”引入国宴，成为国宴的经典汤品。

卢朝华（中）传授川菜烹饪技艺

◇ 第三代：卢朝华、刘金松、陈家全、黄启群等

卢朝华与刘金松、黄启群、陈家全等人，同为张德善的徒弟。

卢朝华于1975年进入“锦江宾馆”开始学徒生涯。他勤奋学习，刻苦钻研，从最基础的生火、烧火、钩炭、烧水、杀猪、下肉等杂活做起，一干就是整整三年，其吃苦耐劳的精神，为日后从师及个人成长打下了坚实的基础。1978年，张德善从朝鲜回到“锦江宾馆”，卢朝华被张德善选为川菜传承弟子后，先后学习了白案、凉菜、热菜、切配、食材搭配等技艺。与此同时，卢朝华在学艺期间还得到代志金、苏云、陈志新、林光荣等人的真传，让他的川菜烹饪技艺在老师傅们的口传心授中日臻完善。

（二）收徒传艺

为了让博大精深的川菜烹饪技艺后继有人，卢朝华积极收徒传艺。他对弟子们要求严格，倡导“七匹半围腰”精神，主要从三个方面进行传授和教导：第一，将川菜烹饪技艺及其关键环节都毫无保留地传授给后代弟子，让弟子熟悉、了解、精通各个工艺环节，从而夯实基本功，同时要求在继承传统的基础上勇于创新，学习借鉴别的风味流派，包括粤菜、淮扬菜、鲁菜、湘菜和西餐的精髓。第二，将自己在五星级宾馆从事后厨管理和接待客人的经验传授给弟子，抓好细节，抓好出品，抓好品质，抓好队伍建设，研究客人心理，针对不同消费者进行相应调整，做高素质的餐饮人和餐饮管理者。第三，采取理论与实践相结合的方式传授川菜烹饪技艺。理论上，他从选材用料、刀功切配、色彩搭配、火候运用、烹制方法、合理用味、准确调味、美观装盘、保持热度、营养卫生、食用方式等各个方面进行阐述，待徒弟充分理解后，他再亲自操作给徒弟们观摩，边做边讲解。

在从事川菜烹饪的传艺过程中，他培养了许多徒弟，如陈天福、张新荣、彭文锋、张伟川、李兵、黄德芳、曾怀君、蓝峰、李文彬、 赵志新等。其中数十名弟子已成长为川菜烹饪的高级技师，多位获得中国烹饪大师荣誉称号，在国内外的烹饪交流活动和大赛中多次获得优异成绩和金奖，部分徒弟在高星级酒店、高档酒楼或餐厅担任主厨、总厨、总监、总经理。如徒弟陈天福，在师父卢朝华的教导下，对传统经典川菜的味型和烹饪技艺进行了全方位的梳理与创新，研发出了“川式鱼类烹饪”系列产品，其中包括番茄火锅鱼、茴香泡菜鳜鱼、泡椒烧大翘壳等具有代表性的川菜菜品，创立了“柴门”系川菜品牌，直营门店有二十余家，分布于成都、上海、重庆、厦门等地。弟子张新荣为中式烹调特一级厨师、中国烹饪大师，目前在澳洲“蜀湘坊”任总经理，创建川菜酒楼十一家。弟子曾怀君为中式烹调特一级厨师、中国烹饪大师，广州“宋·川菜”总厨。弟子蓝峰为中式烹调特一级厨师、中国烹饪大师、“锦江宾馆”餐饮行政总厨，擅长高档宴席制作。弟子彭文锋为中式烹调特一级厨师、中国烹饪大师，创建并主理了“简单味道”川菜酒楼七家。弟子张伟川为中式烹调特一级厨师、中国烹饪大师，创建了“399餐厅”。弟子李兵为中式烹调特一级厨师、中国烹饪大师，从“锦江宾馆”调任“岷山饭店”总厨，后创建“得闲小院”自主经营，突出传统川菜特色。弟子封景翔为“兴蜀府”创始人、董事长、高级职业经理人、荣耀奥古斯精英汇大中华区荣誉会长、管理大使，二十多年来一直致力于川菜的传承和创新。弟子冯小松为“兴蜀府”出品总监、国家注册特级烹调师、高级烹调技师，营养搭配师。弟子李文彬为“兴蜀府”厨政总监、特技烹调师、川菜烹饪名师，对粤菜、淮扬菜及西餐有深入研究。

二、川菜烹饪技艺传承的实践活动

（一）从事川菜烹饪技艺的主要经历

卢朝华于1975年进入“锦江宾馆”事厨，此后参加“锦江宾馆”高级厨师培训班的培训,通过潜心学习和苦练，以优异成绩考取一级厨师称号,成为张德善的得意门生,并与之一起为广大川菜烹饪技艺人员进行川菜理论讲解及川菜烹饪技艺示范操作,受到广泛好评。1979年成为“锦江宾馆”凉菜组副组长、组长。1980年成为“锦江宾馆”热菜组副组长。1982年任“锦江宾馆”副厨。1983年任“锦江宾馆”厨师长。1985年报考国家特三级厨师，获绿色通道，直升为国家特一级厨师。1988年任“锦江宾馆”一部行政总厨、经理。1990年成为“锦江宾馆”二部经理、行政总厨。2000年获得商务部授予的首届中国烹饪大师称号，在四川当时仅有两人获此殊荣。2002年成为“锦江宾馆”厨部总监，一直从事宾馆、酒店类川菜的制作和研发。2003年，他带领川菜研发小组潜心挖掘川菜精髓，研究传统川菜的烹饪理论知识，结合现代市场发展的需要，创制出许多既适应市场需求，又体现出川菜风味的菜品，得到了市场的广泛认可。退休以后，卢朝华一直在徒弟们的餐饮企业进行川菜烹饪技艺的义务教学、培训和推广工作。

（二）开展川菜烹饪技艺传承的主要工作实践

卢朝华从事川菜烹饪工作五十年来，一直致力于川菜烹饪技艺的传承与推广，其主要工作实践如下。

第一，在熟练和全面掌握川菜烹饪技艺的基础上不断传承创新、研发菜点。卢朝华长期在要求严格的“锦江宾馆”工作，全面而熟练地掌握了川菜烹饪的相关知识和技能。在烹饪技法上，擅长川式炒、爆、熘、烧、烤等多种菜肴烹饪技艺，如火爆腰块、香花熘鸡丝、干烧岩鲤、太白酥鸡、烤酥方等；在调味方面，熟练掌握了川菜的多种基本味型，如麻辣味、怪味、蒜泥味、煳辣味、鱼香味等，并对川式二十四味

卢朝华（右三）传授川菜烹饪技艺

衍生的各类小味型颇有研究。因长期在“锦江宾馆”工作，故擅长制作宾馆类川菜及川式高级汤品，如开水白菜、奶汤葱黄、萝卜丝鲫鱼汤等传统菜品。他善于观察和总结不同厨师对食材、味道的处理方式，注重记录各种菜谱和厨艺内容并加以反复实操。在传承传统川式汤品的基础上，还研发出翡翠海鲜羹、晶花血燕汤等羹汤类菜品，受到食客喜欢，其指导研发的功夫酱肉包等产品被评为成都名菜。

第二，参与接待国内外名人，积极向海外人士推广川菜文化。在锦江宾馆任职期间，卢朝华曾参与接待过许多国家元首、政要，以及政府官员、社会名流。每一次接待，卢朝华都会带领团队充分利用长期接待重要贵宾积累的成功经验制作菜点和宴席，既坚持传统又善于融合创新，其精湛的川菜烹饪技艺获得了许多嘉宾的高度认可和广泛赞誉，有效地推动了川菜烹饪技艺和饮食文化的对外交流和推广。

第三，积极参加川菜烹饪技艺的教育培训与相关烹饪大赛。卢朝华不仅在“锦江宾馆”言传身教，而且在退休后仍然积极发挥自己多年在川菜烹饪技艺和管理上积累的经验优势，先后又招收了许多优秀的社会餐饮从业者、厨师与职业经理人为徒，还到多家企业义务担任技术顾问，通过现场教学与实战指导相结合的方式，向众多餐饮从业者传授经典川菜的传统烹饪技艺，用川菜烹饪技艺和合理膳食搭配去打动客人、深耕市场。他经常告诉弟子们传承不守旧，创新不忘本。此外，他还担任国家级、省级、市级烹饪技能大赛主考官及评委上百次，以赛促学，通过相关烹饪大赛，指导参赛厨师提升川菜烹饪技艺水平。

第四，长期坚持参加川菜烹饪技艺的公益活动。2004年开始，他致力于整理蓝光鉴先生在四川医学院营养保健系担任教师期间向学生们授课时用的菜品讲义手稿。卢朝华与四川美食家协会的各位大师一起，指导和帮助许多川菜餐馆酒楼提高出品质量；曾义务担任“柴门”、“恒德酒店”、洛带“供销社饭店”、窄巷子“38号上席”、“泰和园”、“蜀水别院”等餐厅的技术顾问，也曾担任成都熊猫亚洲美食节餐饮顾问，传授川菜烹饪技艺。

第五，通过媒体宣传、撰写书籍和建立工作室传承川菜技艺与川菜文化。2016年，《华西都市报》发表《十位顶尖川菜大师》一文，在该文中，卢朝华谈及川菜的误区，并希望坚持传统川菜技艺，传承老一辈的思想精髓和技艺。2019年，《川报观察》登载了《川菜大师的故事》，卢朝华认为，“传承不是一成不变，创新不能没有来路”。2019年，搜狐《名厨》发表了《川菜泰斗卢朝华：传承不是一成不变,创新不能来路》及《卢朝华、刘国柱:传承不是一成不变，创新之路早已启程》两文，在文中，他再次对川菜的传承和创新发出倡导。同年，卢朝华参与拍摄《风味人间》第五集“鸡肉风情说”。此外，他还著有《中国烹饪大师作品精粹——卢朝华专辑》等书籍。现已建立卢朝华工作室，收藏了川菜烹饪技艺类资料一百余种及不同年代的川菜烹饪器具数十件，并与徒弟们一起定期研讨川菜烹饪技艺、积极开展川菜文化的保护与传承活动。

第四节 杨国钦：大千风味的传承与创新

杨国钦（1948年生），男，高级烹调技师，中国烹饪协会名人堂尊师、四川省烹饪协会轮值会长、国家级评委、国家级裁判员，曾获得中国烹饪大师金爵奖、全国百名烹饪大师等荣誉，2007 年被载入国家邮电部邮电局发行的纪念邮票。他致力于研究著名国画大师、美食家张大千的“大千风味”菜肴，并编著出版了《大千风味菜肴》一书，获四川省科学技术协会颁发的优秀科技成果奖。杨国钦曾举办了二十余期厨师培训班，培养了上千名厨师学员。荣获内江市市中区第一届、第二届突出贡献科技人才拔尖人才称号，同时获得内江市委、市政府颁发的第一届、第二届有突出贡献的拔尖人才奖，享受政府专家津贴，杨国钦还荣获四川省劳动厅授予的四川技术能手称号，以及中国烹饪协会颁发的中国餐饮业功勋匠人奖及川菜传承卓越贡献人物奖。曾当选内江市市中区第九届至第十四届区政协委员，以及内江市第三届、第四届、第五届市政协委员。2021年11月入选四川省第七批省级非物质文化遗产代表性传承人。

一、师承及授徒

（一）拜师学艺

杨国钦师承近现代川菜名厨罗国荣的弟子陈志刚，于1976年正式拜师陈志刚学习和提升川菜烹饪技艺。以杨国钦为基础上溯两代，则构成了三代传承谱系。

◇ 第一代：罗国荣

王海泉（1858—1930年），近现代著名川菜厨师，四川省新津县（今成都市新津区）人，早年曾在贵州一清朝官员家中事厨。据《四川省志·川菜志》记载，清末民初，王海泉在成都创办“三合园”，因其烹饪技艺全面，在成都餐饮行业享有较高声誉，故被尊称为“川菜大王”。王海泉的烹饪理念是“烹饪技术要立足于变，要刻意创新，不能墨守成规”，逐渐在四川餐饮业形成了共识。王海泉的徒弟王金延、黄绍清、邵开全、罗国荣等，均为那个时期有一定影响力的川菜厨师。

罗国荣（1911—1969年），四川省新津县（今成都市新津区）人，近现代川菜大师，系著名川菜“南堂派”代表人物。罗国荣在12岁时经人介绍拜名厨王海泉为师，从打杂入门，不断循序渐进，经过七八年时间的磨炼，逐步掌握了川菜红案、白案制作技艺，后受聘为民国时期西康省政府主席刘文辉家的家厨。1933年，罗国荣到“姑姑筵”事厨，又得到“御厨”黄敬临的指点，烹饪技艺愈加精进，成为新津县花园乡的又一名厨。1941年，罗国荣在成都华兴正街锦江剧场旁创办了“颐之时”餐馆，之后又在重庆新开了“颐之时”分店。他创新了一系列川菜风味菜品，如一品酥方、干烧虾仁、开水白菜、口蘑肝膏汤等。当时，“颐之时”的川菜风格可与成都“荣乐园”相媲美。1953年，罗国荣到“北京饭店”川菜部主理厨政，曾多次随我国政府代表团在莫斯科、日内瓦、万隆等地为外出访问的政府代表团宴客事厨，深得好评。他曾当选北京市政协委员。1959年，罗国荣被北京市政府授予特级厨师称号。罗国荣从事川菜烹饪四十余年，培养了一大批重量级川菜厨师，在四川，有汪再元、黄子云、白茂洲、陈志刚、王耀全等拜其为师，后来到北京又收有于存、李士宽、魏金亭、高望久等二十余位徒弟。这些弟子后来大多成了川菜行业有影响的人物。由于罗国荣在川菜烹饪方面技艺精湛，对传承、发展川菜及对外传播川菜方面作出了重要贡献，被郭沫若先生称为“川菜圣手”。

杨国钦（后排正中）与早年恩师黄福财（前排正中右边）、张仲文（前排正中左边）一起烹调制作大千风味菜品

◇ 第二代：陈志刚

陈志刚与汪再元、黄子云、白茂洲、王耀全等人，同为罗国荣的徒弟。

陈志刚（1927—2003年），四川省简阳人。1978年经四川省人民政府评定为特级厨师。1945年，陈志刚18岁时涉足饮食业，在成都“颐之时”拜罗国荣为师学艺，潜心钻研墩子、炉子、烧烤、冷菜、笼锅等技艺，尤其擅长炉子和烧烤技艺。1949年，他随“颐之时”迁到重庆继续事厨。1958年，陈志刚以专家身份赴捷克斯洛伐克首都布拉格的“中国饭店”担任主厨。回国后，又继续在“重庆饭店”、重庆“味苑餐厅”担任厨师长，同时兼任重庆饮食服务公司厨师培训班教研组组长等职务，为重庆市和川东片区培训了一批川菜烹饪技艺人才。1979年，他参加“四川省川菜烹饪小组”赴港表演川菜烹饪技艺，当地十多家中英文报纸予以报道并受到广泛好评，其借鉴冷菜“孔雀开屏”而创制的热菜“官燕孔雀”被赞誉为“艺术杰作”。1980年，陈志刚担任中国香港地区“静日春”川菜馆厨师长，其创制的“蛟龙献珍”在参加美心公司首届中菜创作比赛中夺得冠军。1983年，陈志刚在全国首届烹饪名师鉴定会上荣获优秀厨师称号；1989年荣获中国烹饪协会颁发的“从事烹饪工作30年”荣誉证书。陈志刚的代表菜品有芙蓉鱼翅、家常海参、雪花鸡淖、炸扳指、蜘蛛抱蛋、锅贴田鸡等。在传承川菜烹饪技艺的基础上，通过长期的烹饪实践，造就了其干烧、干煸、清汤吊制的技艺三绝。陈志刚编著的《川菜珍肴》一书，充分展示了他长期以来对川菜烹饪技艺的传承与创新。陈志刚的弟子有杨国钦、陈彪、陈亚飞、张平、贺习昌、蔚祖达、张克勤、杨联志、徐明德等三十余人，他们在川菜的传承与创新方面都发挥了重要作用。

◎ 杨国钦（右四）与早年恩师张仲文（右三）、黄福财（右五）一起研讨大千风味菜肴，墙上所挂“大千风味”题字是张大千女儿张心瑞所书题

◇ 第三代：杨国钦

杨国钦与陈彪、陈亚飞、张平、贺习昌、蔚祖达、张克勤等人，同为罗国荣徒弟。

1964年，杨国钦16岁时进入内江市商业学校学习烹饪，中专毕业后进入当地的川菜馆事厨。他早年曾跟随两位内江名厨学艺：一位是黄福财，擅长烹制川式家常风味菜，黄师傅常常叮嘱杨国钦，说年轻一代有文化，一定要继续传承川菜烹饪技艺、弘扬川菜文化；另一位是张仲文，以刀功精湛著称。他们俩是杨国钦学习川菜烹饪技艺的启蒙老师，他们的言传身教，深深地影响了杨国钦的未来，不但让他爱上了川菜烹饪这一行，还较好地掌握了川菜烹饪技艺。杨国钦曾与张仲文一同参加川南（宜宾市、泸州市、内江市）三地在丝绸上切肉丝的比赛，获得了第一名的佳绩。1973—1974年，杨国钦被派到重庆高级出国厨师培训班深造，得到了很多重庆烹饪大师的悉心指导，使其川菜烹饪技艺得以快速提升。他十分崇敬重庆川菜烹饪大师陈志刚，于1976年正式拜陈志刚为师，并签订了师徒合同，从此跟随陈志刚大师学艺，熟练掌握了师傅的技艺三绝——干烧、干煸、清汤吊制。杨国钦毕生追求川菜的传承与创新，逐渐形成了自己的艺术风格。因为内江是著名画家、美食家张大千的故乡，“大千美食”享誉海内外，杨国钦将“大千美食”加以融会贯通，在传承的基础上，先后研发了一系列“张大千饮食风味”菜品，并编撰出版了《大千风味菜肴》一书。如今，“大千风味”已成为川菜饮食文化的一张名片。

（二）收徒传艺

杨国钦跟随前辈川菜大师学习并掌握了川菜烹饪技艺之后，开始积极收徒传艺，其授徒的主要方式是“一讲解、二操作、三指导、四实践”。他不仅严格要求徒弟们要熟练掌握川菜烹饪技艺，更要求他们多领悟其中的道理，只有这样才能表现出菜品的特色风味。杨国钦门下弟子有陈德飞、李克跃、邓正波、康纪忠、蔡元斌等数十人，均按传统拜师仪式收徒，严格秉承师训、师规等授艺行规。为了更好地传承大千饮食文化风味，他还向邓正波、李克跃、蔡元斌颁发了大千菜第一代传人证书，向李波、潘化东、刘鸿军等颁发大千菜第二代传人证书。在这些徒弟中，有的已成为中国烹饪大师、餐饮企业家、劳动模范、三八红旗手。其徒弟中，有多人多次参加国家级、省级、市级各类烹饪大赛，并获得包括“中国金厨奖”在内的多项奖牌，还有人多次担任省级、市级烹饪大赛评委，成为传承大千饮食文化的中坚力量。近年来，随着大千风味菜的不断传播，其中的大千鸡、大千干烧鱼、大千丸子汤、大千樱桃鸡已载入多部川菜书籍中。

二、川菜烹饪技艺的传承实践活动

（一）从事川菜烹饪技艺的主要经历

杨国钦参加中央电视台《远方的家》北纬30° 中国行节目组来内江拍摄大千风味菜肴的合影

杨国钦于1964—1966年在内江市商业学校学习烹饪，1966—1975年在内江市“甜城饭店”任厨师，1975—1978年在内江市“培训餐厅”担任厨师培训教学，1978—1982年在内江市饮食公司任业务股长，1982—1986年在内江市饮食公司任技术培训科长，1986—2000年在内江市饮食服务公司任副总经理、工会主席。2000—2008年在内江民乐贸易有限责任公司任副董事长、工会主席。2008年至今，在四川省烹饪协会任职并承担相关行业的传承培训工作。2019—2021年，鉴于其对保护、传承川菜烹饪技艺，特别是大千风味系列菜肴所作出的特殊贡献，内江市委组织部、内江市人力资源和社会保障局为其授牌“杨国钦技能大师工作室”，让杨国钦继续开展川菜烹饪技艺的传承和人才培训。

杨国钦展示推广川菜烹饪技艺

（二）开展川菜烹饪技艺传承的主要工作实践

杨国钦从事川菜烹饪工作近六十年，一直致力于川菜烹饪技艺的传承与推广，其主要工作实践如下。

第一，在全面掌握川菜烹饪技艺的基础上，重点对大千风味菜进行传承和创新。他在传承川菜前辈干烧、干煸、清汤吊制等川菜烹饪技艺的同时，积极挖掘、整理、研发大千饮食风味系列菜品，如大千鸡块、大千干烧鱼、大千元子汤、干煸牛肉、甜城八宝果羹等。此外，他还积极参与众多川菜饮食文化的推广活动，助力内江市荣获了“四川大千美食之乡”的称号。杨国钦参与了十余届大千美食节活动，为推动内江地区的川菜文化、餐饮产业和地方经济发展作出了显著贡献。

第二，编撰川菜相关书籍，传播大千风味菜肴及川菜烹饪技艺。杨国钦对大千饮食文化情有独钟，他将自己多年收集的相关资料进行整理，于1989年出版了《大千风味菜肴》一书。2018年，他又出版了《张大千吃的艺术》一书。杨国钦对大千风味菜肴的研究成果显著，并先后获得内江市中区政府颁发的科技成果奖、四川省科学技术协会颁发的科技论文奖，还获得西北、西南地区科技图书成果奖。此外，他还编撰、出版了《风味甜食》《内江美食风味》等书籍。

第三，积极开展川菜烹饪技艺教学培训，悉心传授大千风味菜肴制作技艺。杨国钦曾先后举办了二十余期厨师培训班，培养了上千名学员，通过举办多期大千风味培训班，让数百名学员学到了大千风味菜肴的烹制技艺。此外，他还被四川旅游学院、重庆商务学院、内江师范学院聘为名誉教授、研究员、评审员等，同时还被多家大酒店聘为厨艺顾问，通过川菜烹饪技艺的讲授和指导进行言传身教。

第四，赴海外事厨和交流展示，积极参加烹饪大赛评比和相关活动，传播大千风味和川菜烹饪技艺。20世纪80至90年代，杨国钦曾先后赴德国、俄罗斯、泰国和中国香港等地担任主厨和演示川菜技艺，受到了《德国日报》《大公报》《明报》等媒体的称誉。此外，杨国钦还长期在全国及四川省各类烹饪大赛中担任评委，多次在全国各地举办的烹饪艺术研讨会、论坛会上传播川菜文化和大千风味菜肴。2019年，杨国钦赴中国台湾地区参加张大千烹饪艺术演讲，2021年参加海峡两岸川菜美食文化论坛演讲，多次走进中央电视台及四川电视台传播大千菜及川菜文化。为发展地方特色经济，杨国钦在助力内江市成功打造"四川大千美食之乡"和举办"大千美食节"活动中，均作出了重要贡献。其人其事被载入《内江市中心志》《内江市志》和《四川省志·川菜志》等多部书籍中。

第五节 其他代表性传承人与川菜传承实践活动

目前，川菜烹饪技艺类非遗代表性传承人已形成一定规模，人数较多，仅国家级非遗项目"川菜烹饪技艺"就有包括王开发、张中尤、卢朝华、杨国钦4位资深川菜大师在内的十位省级非遗代表性传承人。此外，还有其他各个保护等级的代表性传承人。他们一起构成了川菜烹饪技艺保护和传承的中坚力量。下文主要对另外六位川菜烹饪技艺省级代表性传承人，以及部分其他非遗项目市级和县级代表性传承人的从业经历、主要传承实践活动情况进行归纳和阐述。

一、川菜烹饪技艺省级非遗代表性传承人及其实践活动

陈祖明

陈祖明参与"东坡宴"研发

陈祖明（1966年生），男，四川旅游学院烹饪专业教授，四川省天府名厨、注册中国烹饪大师、注册裁判员、中式烹调高级技师、国家职业鉴定高级考评员、四川省文化和旅游专家、四川省商务厅"味美四川"川派餐饮活动省级评选委员会成员。

陈祖明曾赴美国、法国、爱尔兰、澳大利亚、斐济、墨西哥、俄罗斯等十多个国家表演川菜烹调技艺和学术交流。在参加多项烹饪大赛活动中，曾荣获团体特金、个人金

陈祖明（左一）在传承川菜烹饪技艺

牌、金牌菜等奖项；他还多次担任川菜烹饪赛事的裁判员和职业资格技能鉴定考评员；主编或参与编撰、出版著作二十余部，发表论文四十余篇，主持和参与国家级、部级、省级科研项目三十余项；先后荣获四川省社科三等奖两次、中餐科技进步一等奖两次。2021年11月入选四川省第七批省级非物质文化遗产代表性传承人。

1.从业经历

陈祖明于1985年通过高考进入四川烹饪高等专科学校，成为该校首届烹饪专业学生，在校学习期间，得到了多位烹饪专业教师的谆谆教诲。其中，李代全、罗长松作为主讲老师，更是对他进行了全方位的精心指导，毕业后又得到老字号“带江草堂”厨师邹瑞麟徒弟冯华云的指导。陈祖明认真学习烹饪理论知识，刻苦钻研川菜烹饪技艺，毕业后留校担任烹饪专业教师至今。主要从事烹饪教学、川菜烹饪技艺的对外交流与培训、菜品研究与开发、川菜工艺标准化等工作。他曾在法国都凯酒店管理学院进修法国烹饪，在意大利Enaipdi Ossana烹饪学院和The University of Gastronomic SciencesProspectus烹饪大学进修，学习意大利美食制作技艺，于2011年晋升为烹饪专业教授，全面而熟练地掌握了川菜的初加工工艺、成形工艺、涨发工艺、腌渍工艺、糊浆制备工艺、汤的制备工艺、预熟工艺、调味工艺、烹制工艺、装盘工艺等各个关键环节，尤其擅长经典川菜菜肴和主题宴席的制作。从2007年起，他开始带徒传艺，经过悉心培养，徒弟们已在工作岗位上积极开展川菜烹饪技艺的保护和传承，传播中国非物质文化遗产，有些徒弟还获取了多种称号和荣誉。

陈祖明（右二）在美国旧金山都柏林市鲤鱼门餐厅准备午宴。

2.川菜烹饪技艺的传承实践活动

陈祖明自1988年开始从事川菜烹饪技艺教学至今已三十余年，培养了大批川菜高级技术人才。其开展川菜烹饪技艺传承的主要实践活动如下：

第一，长期从事川菜烹饪教学与培训，致力于传承川菜烹饪技术。他在学校主讲“烹饪工艺学”“川菜制作技术”“厨房运作管理”等课程，培养本科、专科学生两千余人。为东方汽轮机有限公司、中铁文旅集团、郫都区川菜小镇和农家乐等行业的餐饮从业人员授课，授课人数达一千人次以上。同时还积极开展“老带新”技能提升活动，指导学校青年教师十二名。此外，他还承担了川菜技术职业考试命题和技能鉴定工作，鉴定人数一千人以上，其中，技师、高级技师三百余人。另外，他还多次担任省级、市级川菜技能大赛裁判十余次，其中包括四川省地方旅游特色菜大赛、成都市百万职工技能大赛、成都国际美食节国际美食大厨邀请赛等川菜烹饪赛事。

第二，积极与地方政府和企事业单位合作，着力推动产业发展。为了深入挖掘四川地区的川菜文化和传统技艺， 由陈祖明牵头的研发团队，先后为眉山市政府研发了“东坡饮食文化主题宴”，为成都市郫都区研发了“郫县豆瓣宴”，为资阳市政府研发了“资阳二十四节气宴”，为中铁文旅集团研发了“黑龙滩养生全鱼宴”。此外，还与成都多家餐饮企业及四川鹃城豆瓣股份有限公司等开展合作，规范及研发新款菜品。

第三，积极参加川菜烹饪技艺的宣传推广活动。陈祖明曾参与成都电视台大型系列纪录片《川菜的品格》的制作、拍摄工作。《川菜的品格》首次以文化的视角讲述川菜，在成都召开的世界财富论坛期间播出，宣传、推广了四川饮食文化。他还先后应邀参加了世界川菜大会、全国饮食类非物质文化遗产保护传承大会、川鄂电商食材交流会、建设国际美食之都研讨会等十多次技术交流会议。为海外侨领研习班、海底捞、洛带古镇餐饮协会、大型超市从业人员、在校学生等举办技术讲座三十余次。

第四，积极参与川菜技艺的对外交流活动，对推动中外友好交流、为川菜非遗“走出去”作出了应有的贡献。陈祖明先后为美国、英国、法国等三十多个国家和地区的五百余位美食爱好者讲授和演示川菜烹调技艺，还为美国烹饪学院、法国杜盖酒店学校、韩国草堂大学、美国熊猫集团等师生和员工传授川菜制作方法。他先后随四川省政府代表团赴加拿大、美国、爱尔兰等国家献艺。在加拿大举办的“天府名菜·综艺晚宴”，共设宴三十三桌，我国驻温哥华使馆人员及当地议员、总检察长、文化部长等政要和海外美食家共三百多人参加，陈祖明及其团队展示了高超的烹调技艺，用传统川菜的独特魅力赢得了各方人士的广泛赞誉。此外，他还参加了成都市文化局在法国安锡皇宫大酒店“中国—四川文化节”

的川菜表演及宴会制作，并随国务院侨务办公室组织的代表团到巴布亚新几内亚、澳大利亚、斐济三国参加“文化中国·中华美食”推广活动，弘扬中华饮食文化。他还随四川省侨务办公室组织的代表团两次前往美国、墨西哥、哥斯达黎加等国参加“四川美食文化周”推广交流活动，为当地社会名流、华侨华人奉献了四场精品川菜的展示及品鉴活动，受到了当地人民的普遍欢迎。此后又随成都市政府代表团到美国和日本参加“成都美食文化节”，在旧金山市政府大楼的活动主办现场，陈祖明烹制了多款“郫县豆瓣宴”中的经典川菜，观众无不交口称誉。此次交流活动引起了国内外多家媒体的关注，《人民日报·海外版》也对此进行了专题介绍。除上述活动外，他还参加了由成都市政府与莫斯科市政府合作举办的“Panda成都走进俄罗斯”莫斯科成都周系列活动中的“味道成都”美食品鉴活动。另外，他还赴爱尔兰都柏林大学孔子学院参与了“亚洲美食节”等活动。

第五，悉心研究和出版相关著述，有效地促进了川菜技艺的传承。陈祖明积极参与川菜标准体系的构建，并完成了十余个川菜系列标准的制定，其中两个为国家行业标准。这些标准对规范川菜制作工艺、提高菜品质量、推动地方餐饮业的发展均起到了很好的作用。他还组织拍摄了《中国经典菜肴制作工艺规范》等五部川菜国际化网络推广宣传片。陈祖明还担任了多部书籍的主编及撰写工作，其中包括《诱惑川菜全集》《新编家庭川菜》《厨师长手册》《中国川菜》（中英文标准对照版）《资阳美食文化》（中英文版）《中华二十四节气菜·川菜卷》（中英文版）《味之道》等，共计二十余部，并发表论文四十余篇，主持和参与国家级、部级、省级科研项目三十余项，如“川菜复合调味料标准化研究和产业化示范”“炸收类菜肴关键技术研究”“九寨沟旅游风景区营养及风味套餐设计研究”“高海拔地区抗氧化营养健康膳食研究”等。

2020—2023年，他积极参与“文旅中国”和四川旅游学院川菜发展研究中心开展的“川菜非遗讲堂·跟着大师学川菜”活动，共制作各类专题二十八期，其中，由他制作的经典川菜有宫保鸡丁、鱼香肉丝、折耳根拌蚕豆等十余款，通过四川旅游学院官微、文化和旅游部网站、四川省文化和旅游厅网站，以及成都市和各区的官网、广播电台定期推出，受到了海内外人士的高度关注，反响很好。文化和旅游部、四川省文化和旅游厅、四川省社会科学界联合会、《四川日报》及海外餐饮协会都对该项活动进行了报道和转载。此外，他还参与了七期《云上川菜·神奇魅力》宣传片的制作，在“文化和自然遗产日”期间，通过八大网络平台进行了展播。

◆ 钟志惠 ◆

钟志惠（1965年生），女，四川旅游学院烹饪专业教授，食品专业教授级高级工程师，国务院政府特殊津贴专家,四川省教学名师，中国烹饪名师，中式面点高级技师，国家职业技能竞赛裁判员，成都市钟志惠面点技能大师工作室领办人。

钟志惠长期致力于面点制作方面的相关教学、科研、技术运用与推广，主编职业教材和专业书籍二十余部，多次荣获教育部高等学校教学指导委员会、国家教材委员会教育教学成果奖和省级优秀教材奖。2021年11月入选四川省第七批省级非物质文化遗产代表性传承人。

钟志惠（左）展示推广川菜烹饪技艺

1.从业经历

1986 年，钟志惠从哈尔滨商学院（原黑龙江商学院）食品工程专业毕业后进入四川烹饪高等专科学校，拜李代全为师，主要从事面点教学与技艺传承、对外交流培训、川点研发及川点工艺标准化等工作。三十多年来，她在师傅的指导下，用理论指导实践，刻苦钻研川式面点技术，擅长经典川点小吃制作，特别对中西面点的技艺融合有独到见解。2002年，钟志惠赴法国都凯酒店管理学院进修法国烹饪，2003年晋升为烹饪学教授。任教至今，她主讲中式面点、川式面点相关课程。如今已培养出大量的川点高级技能人才，他们在各自的岗位上继续传承着川点制作技艺，其中不乏取得多种荣誉和称号的优秀学子。同时，作为面点工艺教学团队的带头人，她悉心指导青年教师，带领团队成员，在川式面点小吃的传承与创新发展上也取得了良好成绩。

2.川菜烹饪技艺的传承实践活动

第一，认真从事川式面点相关教学、技能培训，传承、创新和发展川式面点技艺。钟志惠在学校主讲“面点工艺学”“面点基础训练”“川式面点制作技术”等课程，培养本科、专科学生五千余人，指导、培养青年教师十五人。作为面点工艺教学团队带头人，她积极开展“老带新”技能提升活动，以此提高青年教师的技能水平。另外，她还积极参加职业教育国家规划教材建设，主持了“面点工艺学”省级本科示范课程建设。除了教学，她还为四川省相关院校及武警、成都铁路局和农家乐等行业的餐饮从业人员传授川式面点小吃制作技艺，并先后向美国、法国、新加坡、泰国、英国、澳大利亚、奥地利等十余个国家和地区的美食爱好者讲授和演示川式面点小吃制作技艺，为传承、传播川菜非物质文化遗产作出了积极努力。

第二，积极参与餐饮职业技能鉴定、技能大赛等活动。钟志惠作为四川省职业技能鉴定高级考评员，多次参加省级、市级中式面点师的职业技能鉴定，培养了许多川式面点高级技能人才。作为中国烹饪协会注册裁判员、四川省技能竞赛裁判员，她先后二十余次担任国家级、省级及市级烹饪技能大赛裁判，包括全国第一届职业技能大赛、全国烹饪大赛、四川工匠杯职业技能大赛、四川省烹饪技术大赛、四川省地方旅游特色菜大赛、成都市生活服务职业技能大赛等烹饪赛事。此外，她指导三十多人次的学生及青年教师参加各类别的烹饪技能竞赛，多次获得金、银、铜奖和相关荣誉，其中两人获得全国技术能手称号，两人获得四川省“五一”劳动奖，她本人也数次获得优秀指导教师称号。

第三，主持和参与川式及中式面点系列标准的制定及推广。钟志惠参与了《中国川点制作工艺规

钟志惠（中）传授川菜烹饪技艺

范》《中国经典川点工艺规范》两个四川省地方标准的制定，并参与了这两个标准的国际化网络推广宣传片的制作。作为第一作者，由她牵头起草了《中式面点师》（2018版）国家职业技能标准，同时还担任主编组织有关专业人员编写了国家职业技能等级认定《中式面点师》（共分为初级、中级、高级、技师与高级技四个级别的版本）培训教材， 从而让不同级别中式面点烹饪人才的等级认定有了明晰、规范和专业的职业标准。

第四，通过编写职业教材、专业书籍和开展学术研究，积极推动川点制作技艺的保护和传承。钟志惠先后主编了“十二五”“十三五”“十四五”职业教育国家规划教材《中式面点工艺与实训》、中等职业国家规划教材《中式面点技艺》、高等职业教育旅游管理类专业系列教材《面点制作工艺》、巴国布衣烹饪教材《川点制作技术》等。她还独立编写了《成都小吃》、经典川味家常菜口袋书《小吃》等书，同时还参与编撰了中华饮食文库《中国米面食大典》《厨师长手册》《厨艺培训经典教程》等书籍。从业期间，钟志惠共发表学术论文四十余篇，主持和参与省级、市级科研项目二十余项。此外，围绕川式面点制作技艺，由她指导学生申报和完成国家级、省级大学生创新创业项目十余项，多次获得大学生创业项目优秀指导教师称号。

◆ 徐孝洪 ◆

徐孝洪（1966年生），男，四川旅游学院教师，中国烹饪大师，黑珍珠餐厅主理人，米其林推荐餐厅主厨，世界中餐业联合会川菜产业委员会联席主席，中国烹饪协会总厨委员会常务副主席，美中餐饮联合会四川分会会长，四川烹饪名师状元，世界川菜领军人物，餐饮发展功勋人物，巴西华人华侨杰出贡献人物，第十四届成都美食旅游节杰出贡献人物。2021年11月入选四川省第七批省级非物质文化遗产代表性传承人。

1.从业经历

1986年，徐孝洪考入四川烹饪高等专科学校，主修“烹调工艺”和“川菜烹饪技术”等课程，通过系统学习，逐步掌握了原料选择、初加工、切配、烹饪、调制、装盘等川菜传统烹饪技艺。毕业后徐教洪拜苏树生为师，使其川菜烹饪技艺更加精进。他曾在成都邮政局系统从事川菜制作工作，后创立徐记“家婆菜”（现名“赤香”）“南贝”“银芭”等川菜品牌，于2004年受聘到四川旅游学院担任烹饪专业教师。

徐孝洪从事川菜烹饪教学近二十年，长期为徒弟和烹饪学子们传授川菜传统烹饪工艺，为川菜烹饪行业培养了一批专业后继人才，其中一部分已成为川菜烹饪教师、餐厅主厨，以及烹饪研究型、管理型人才，站在了川菜烹饪技艺传承的第一线。

2.川菜烹饪技艺的传承实践活动

第一，在传承川菜传统烹饪技艺的基础上，已形成“挖掘传统、科学烹饪、艺术表达”的烹饪技艺风格。徐孝洪跟随师傅苏树生和老一辈烹饪大师学习，熟练掌握了川菜烹饪的各种传统工艺，擅长川菜小炒、干煸、干烧、川式卤菜等烹饪技艺和川菜传统宴席的制作，尤其擅长运用自然发酵和量化发酵调味品进行调味。近年来，他在结合川菜非遗特色的基础上，推出了川菜非遗主题宴和“川菜酵宴”。

徐孝洪（右二）在中央电视台《非遗里的中国》展示推广川菜烹饪技艺

第二，积极开展川菜烹饪技艺的对外推广和交流。徐孝洪曾受国务院侨务办公室的邀请到巴西传授传统川菜，还受荷兰中饮公会邀请，在阿姆斯特丹参加“丝绸之路中华饮食文化传播与交流高峰论坛”暨“传统与创新川菜高级烹饪培训”，为传播川菜文化、传授川菜传统烹饪技艺助一臂之力。不仅如此，他还与西班牙米其林星厨进行厨艺交流，分享川菜文化和川菜烹饪技艺，并受世界中餐业联合会的邀请，走进法国总统府，与来自不同国家的大厨交流川菜烹饪技艺，之后又在巴黎费朗迪厨艺学院讲授“中餐川菜之美”，分享四川香辛料及调味品的运用方式。2019年1月，他受邀参加博古斯世界烹饪大赛，为到场嘉宾展示了“匠心川味”的独特魅力。

徐孝洪（中）传授川菜烹饪技艺

第三，积极通过参与电视节目宣传川菜烹饪技艺。在以成都美食旅游文化为主要表达内容的大型美食节目《甄文达天府舌尖之旅》中，徐孝洪通过与美食达人甄文达交流和互动的方式，充分展示了川菜烹饪的传统技艺。他还在大型纪录片《川味》第三季中，讲解了四川卤水的制作技艺。2023年5月，徐孝洪参加了中央电视台大型文化节目《非遗里的中国·四川篇》的录制，在节目中展示了川菜烹饪技艺传承人为守正创新所作出的努力。

第四，积极参与或组织有关川菜烹饪技艺的展示、演讲等活动。为了推广川菜烹饪技艺，徐孝洪参加了成都市麓湖社区举办的“渔获节”，为到场居民传授了川菜奶汤的吊制方法和河鲜的煎炸技法。2022年7月，他参与并承办了国家级非遗项目——“川菜烹饪技艺保护与传承研究座谈会”，并亲手制作了川菜非遗主题宴——“四际宴”。同年，他参加了在四川省非物质文化遗产保护中心举办的 “天府旅游美食荟”直播，现场演示和分享了“九色攒盒”等传统川菜的制作技艺。此外，他还参与了由四川省商务厅主办的“2021味美四川·川派餐饮汇活动”，作为名厨分享了“我眼中的四川名菜”。另外，作为“东坡美食大家谈”的参与嘉宾，他还分享了“东坡美食的创新与发展”这一主题思考。

第五，通过挖掘四川地方美食，收集有关川菜烹饪技艺的相关实物及文字资料，并潜心编撰成书进行推广。徐孝洪带领团队到雅安市宝兴县、汉源县等地挖掘当地特色食材及菜点品种，并将其运用到城市的餐桌上，有效地发挥了非遗传承的社会效应，用实际行动促进了乡村振兴。此外，他还成立了“川菜烹饪技艺非遗传习工作室”，先后收集、整理有关川菜传统烹饪技艺的书籍和菜单百余件，并且还收集了不同年代的烹饪工具和器具五十余件。他结合自己的烹饪实践和教学经验出版了《川菜食画》等书籍，并出任本科教材《川菜制作工艺》的主编之一。

◆ 兰桂均 ◆

兰桂均（1965年生），男，“玉芝兰餐厅”主厨，原特二级面点师，中国烹饪名师，高级烹调师，中餐国际化发展大会第三届海外中餐名厨研修班研修导师，百万职工技能大赛工种比赛专家裁判。

兰桂均在制作坐杠金丝面

兰桂均曾荣获成都市首届职工岗位技术大赛“擀金丝面”第一名、“酥点”第一名，还获得亚洲美食文化推广大使、成都美食节川菜烹饪形象大使等荣誉称号，并被推举为2019年黑珍珠餐厅指南年度主厨。2021年11月入选四川省第七批省级非物质文化遗产代表性传承人。

1.从艺经历

兰桂均于1983年进入四川省饮食服务技工学校学习，毕业后先后在成都市烹饪技术开发公司“蜀风园”餐厅工作和广州“泮溪酒家”学习，1992年2月至1994年2月在日本本田汽车公司铃鹿赛车场的“楼蘭”餐厅担任大厨，回国后先后担任“蜀风园”餐厅总厨、大连万达集团“天府食苑”川菜总厨、四川南方乡老坎餐饮有限公司行政总厨、成都乡厨子山清水秀餐饮有限公司总厨等。2011年，他创办“玉芝兰”餐厅并担任主理人至今。如今，兰桂均每天坚守在烹饪工作岗位的第一线，亲自操作，认真做好每件细小的事，在餐桌旁为食客讲解川菜文化，传承川菜烹饪技艺。近年来，其主理的“玉芝兰”餐厅获得很多殊荣。

2.川菜烹饪技艺的传承实践活动

第一，烹饪技艺精湛。兰桂均通过长期钻研，熟练掌握了川菜烹饪技艺，尤其在川式面点小吃的制作上更具独到之处。1991年，他在成都市首届职工岗位技术大赛的烹饪比赛中获得“酥点”第一名；1992年，他又在成都市首届职工岗位竞赛的烹饪比赛中获得“擀金丝面”第一名。他在创办“玉芝兰”之后，更加注重传承与创新，让推出的菜品既保留了传统本色，又具时尚风格和个性，如由他复原的坐杠大刀金丝面，原创的五彩怪味凉面、泡椒凤爪、虾冻膏，还有松茸锅边素、香煎羊肚菌、野菌花胶、本色原味吉品鲍、酸辣辽参、豆瓣鳗鱼等，都得到了客人的肯定。

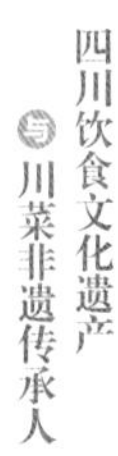

第二，形成了独特的美食理念。兰桂均通过长期的烹饪实践和思考，认为选用好的食材，在烹调中还原食材的本真，才是烹调的最高境界。他强调要“以汤定位，以食材定格，以调辅料定神”。他采用订单方式确定菜品制作，致力于在菜品中追求食材的本味，烹调中不使用任何食品增鲜剂、增香剂。除此之外，他还非常注重美食与美器的搭配，为了寻求到自己心目中满意的烹饪盛器，他为此专门于2007年4月至2008年5月在江西景德镇学习了传统手工陶瓷制作技术，并于2010年9月至2010年12月在景德镇亲自制作餐具，为“玉芝兰”餐厅的开业做好了必要的前期准备。

第三，积极参与宣传和展演有关川菜烹饪技艺的相关活动。他曾参加第十一届北京亚运会表演活动，在活动期间展示了食品雕刻和四川小吃制作技艺；他还参加了美国第七届世界之味国际会议，并在现场表演了成都特色小吃的制作技艺；他还应英国伦敦“水月巴山川菜馆”之邀，前往英国指导川菜烹饪技艺。2014年，他用师傅张中尤传给他的大刀及娴熟的刀工制作出大刀金丝面，征服了现场的美食评委，从而荣登凤凰卫视“斗味”节目单期擂主；2018—2019年，兰桂均还在我国澳门地区的“巴黎轩”“新濠月龙轩”表演川菜烹饪技艺。2020年，除了参加扬州、成都、澳门三地美食之都联合美食推广品鉴会外，他又赴澳门地区表演川菜烹饪技艺。

兰明路

兰明路（1974年生），男，四川兰亭十三厨餐饮管理有限公司技术总监、享受国务院特殊津贴专家、高级技师、国家级兰明路技能大师工作室领办人、中国烹饪协会名厨专业委员会常务副主席、注册中国烹饪大师、四川工匠、天府工匠、四川省人民政府专家评议委员会成员、全国餐饮业评委、世界厨师联合会国际评委、世界中餐业联合会名厨专业委员会副主席、四川省烹饪协会副会长。

兰明路曾荣获四川省技术能手、四川省突出贡献优秀专家、中国餐饮30年杰出人物、全国技术能手等荣誉称号。共出版烹饪专业书籍七部。2021年11月入选四川省第七批省级非物质文化遗产代表性传承人。

1.从艺经历

1988年，兰明路因家贫辍学，刚满14岁便进入绵阳市“临园宾馆”学习川菜烹饪技艺，逐渐掌握了川菜初加工及煮、氽、蒸、炒、烧等技法。此后，他又到青海、山东、广东、北京等地及新加坡学习烹饪技艺，逐渐掌

兰明路（右）传授川菜烹饪技艺

兰明路（第二排中）开展川菜烹饪技艺传承推广活动

握了鲁菜、粤菜、印度菜和日本菜的烹饪技法，并成为新加坡高级饭店的主厨。在新加坡工作期间，他多次被派往马来西亚、荷兰、菲律宾、印度、泰国等国和我国香港地区进行厨艺表演。1998年，兰明路在山东听到川菜厨师言及川菜大师史正良技高人和、德高望重，于是对史正良大师由衷敬仰和向往，他在心中暗自立志，一定努力勤奋、刻苦学习，待基础夯实后回乡拜师。经过一年多的严格考察，史正良大师正式收兰明路为徒。在恩师的悉心教导下，他专注研习传统川菜，极大地提升了川菜烹饪技艺。此后二十多年，兰明路不断收徒传艺，既向徒弟们讲授川菜烹饪技艺，更传授史正良大师提倡的“厨风厨德”及川菜理念和方法，培养了一批技高品良的徒弟，带着川菜烹饪技艺走向全国、走向海外，积极传承、传播川菜烹饪技艺及川菜文化。

2.川菜烹饪技艺的传承实践活动

第一，坚持传统不守旧，创新川菜不忘本，长期致力于传统川菜的守正与创新。兰明路向来主张在提炼川菜民间元素的基础上进行创新，他擅长的椒麻汁冲菜牛肉、烧椒茄子拌鲜鲍、菊花鱼、怪味鸡、水煮鹅肝、豆渣拱猪头等，都是在传统川菜上的再创作。他还大胆尝试粤料川烹，开发出众多色、香、味俱佳的川菜菜品。其独具个性的创意菜品，为他赢得了多个国际、国内烹饪大赛冠军。此外，他还特别注重菜品的营养价值，擅长制作减油、减盐但风味不减的健康川菜，提出了“一份菜、四钱油”的烹饪理念和减盐还原法，成功地将泡菜的盐分降到了最低程度。不仅如此，他还尝试运用“翻、晒、露”这一郫县豆瓣的传统制作方法，借助天然形成的氨基酸态氮来增加豆瓣酱的风味、降低盐度，再以此烹制川菜，从而达到既能减盐又不失菜品风味的效果，得到业界和大众的一致好评。多年来，兰明路积极为多家餐饮企业进行川菜产品研发，在为企业创收的同时，又为川菜的守正创新做出了有益的尝试。

第二，组建大师工作室，通过厨艺讲授，积极开展川菜烹饪技艺的人才培训。2016年，兰明路技能大师工作室宣告成立，每年培养川菜烹饪高级技术人才近百名。此外，他还担任了一百五十多期国内外高级厨艺培训班主讲教师，培训来自世界各地的烹饪学员上万人，曾被聘为2020年世界奥林匹克烹饪大赛中国国家烹饪队青年厨师队教练，为中国国家烹饪队取得优异成绩作出了该有的贡献。

第三，积极实施“以赛代训”高技能人才培养计划，进一步提升川菜高技能人才的业务能力。他充分利用兰明路技能大师工作室的平台优势，积极选拔、培养优秀选手参加省级、国家级和世界级烹饪技能大赛，经他培养的川菜烹饪人才，在全国各类烹饪大赛中共获得特等奖三十多枚、金奖六十余枚，如任景平获得2016年四川省第四届农民工技能大赛冠军；罗仕富获得2017年四川省第二届工匠杯技能大赛第一名；田孝彬获得2019年四川省第三届工匠杯技能大赛第一名；罗伟获得2020年成都百万职工技能大赛中式烹饪一类大赛第一名。他通过长期开展人才培养计划，推动了川菜烹饪高技能人才的培养步伐，为川菜行业、企业输送了一大批优质的职业厨师队伍。

第四，先后参与多部烹饪技艺书籍的编写，促进了川菜烹饪技艺的大众传播与普及。他参与编撰了《“家庭百分百”美食系列》、健康百味系列丛书《四季养生菜100例》和《川菜食经》《味道的传承》等书籍。其中，《川菜食经》《味道的传承》两书着重讲述了川菜烹饪技艺及他在长期烹饪实践中的心得、经验。

第五，积极参加与饮食文化相关的社会活动，主动承担社会责任，为传承、传播川菜文化不遗余力。兰明路曾到凉山彝族自治州昭觉县火普村调研，充分利用当地原生态绿色食材开发特色菜品，帮助当地群众开办农家乐，带动近三百人实现就业，推动了乡村旅游的发展。同时，他还为当地近千名餐饮从业人员进行了培训，并提供设备和人力支持，帮助火普村研发农副产品，协助做好包装、销售工作。他还应国家文化和旅游部及行业协会之邀，先后到法国、意大利、毛里求斯、新加坡、泰国、日本、韩国、西班牙等国进行川菜烹饪技艺的国际化传播和交流。不仅如此，兰明路还借助电台、电视、网络等媒体，以“兰大师讲菜”为专题讲解川菜制作技艺，引导大众增强对健康饮食的认知、了解和实践。

陈天福

陈天福（1977年生），男，“柴门”餐饮创始人、董事长兼总经理，四川旅游学院烹饪学院客座教授，第十四届、十五届成都市政协委员，四川省非物质文化遗产保护协会副会长，成都餐饮同业公会轮值会长。

陈天福（左）深入四川各地调研民间菜品制作技艺

陈天福擅长在守正中创新运用川菜烹饪技艺，先后创立了“柴门鱼鲜馆”“柴门头啖汤”“柴门公馆”“柴门饭儿”“柴门荟”等系列品牌。

2018年，陈天福被授予“天府杯—世界川菜领军人物”，2021年11月入选四川省第七批省级非物质文化遗产代表性传承人,2023年3月被评为四川省“省级天府名厨”。

1.从艺经历

陈天福从16岁时开始涉足川菜烹饪，从学习刀工、味型等川菜烹饪基本功入手，坚持自学和实操相结合。他善于观察、总结不同厨师对食材和味道的处理方式，并在反复实践中加以融会贯通。1996年，陈天福拜卢朝华为师。通过卢朝华大师的言传身教，陈天福对传统经典川菜的烹饪技艺得到了全面提升，由此通晓川式冷菜、热菜和面点烹制技艺。此外，他对中国各大菜系的烹饪特点也有深入了解，并游学欧洲、亚洲多个国家，而且热衷于对食材的研究，善于运用川菜烹饪技艺和全球优质食材进行菜品创作。

2.川菜烹饪技艺的传承实践活动

第一，在川菜保护传承、发展和创新实践中，陈天福不断探索守正与创新的关系，并通过长期实践总结出了“变与不变”的相关理念。他认为，守正是不变，守的是川菜的根本，守的是川菜的基本味型、烹饪技法及博大精深的文化内涵；创新是求变，变的是表现形式，是适应市场、引导市场。在他看来，烹饪技术在进步，原辅料同样在变化，必须适应它、研究它、应用它，只有不断迭代升级，才能推动川菜传统烹饪技艺走出去、走上去，要多维度打造川菜格局，持续提升川菜的美誉度，形成百花齐放、自成一格的局面。只有这样，川菜传统烹饪技艺才能以朝气蓬勃的姿态持续发展。

第二，注重理论与实践相结合。他将自己所掌握的烹饪技能毫无保留地传授给徒弟们，并嘱咐他们要多看、多学、多研究，并通过持之以恒的烹调实践来拓展徒弟们的国际视野。为了让徒弟们练就扎实的基本功，陈天福要求他们必须做到“懂味型、懂调料、善烹饪”，深刻理解川菜的基本味型，对川菜调味料要做到擅识别、懂制作，并且对烹饪手法要烂熟于心。在企业内部，陈天福要求徒弟们从基本味型的调味、切配、烹饪、摆盘等基本功练起，所学内容甚至包括厨政管理、门店经营等，从全方位入手提升徒弟的综合素质。其徒弟中的邓永伟、赵攀、周剑、陈军等，已经从昔日的普通学徒成长为如今能独当一面的总厨及管理者。陈天福非常重视川菜烹饪知识和技能的培训工作，并为此承担了川菜24味、川菜烹饪要点、中西餐饮烹饪技艺、食材与营养、色香味形器等知识的普及

陈天福（右二）传授川菜烹饪技艺

工作，坚持每月开展川菜烹饪技艺专题课程的讲解。

第三，善于学习和运用管理知识，重视川菜餐饮品牌的构建。为传承四川味道和川菜特色，陈天福紧扣四川地域文化、成都生活方式来挖掘川菜文化的内在价值，并于2006年开办了首家“柴门鱼鲜馆”。他将鱼鲜烹饪与众多川菜味型、制作方法加以结合，研发出一款既养生、又美味，还可以喝汤的鱼鲜锅底，把川菜的民间滋味成功地搬到了城市的餐桌上，不但改变了民间滋味的表达方式，也让都市人能够充分享用生态鱼鲜的美味。随后，陈天福又先后开创了“柴门头啖汤”“柴门公馆”“柴门饭儿”“柴门荟”等系列品牌，对标不同的消费群体与市场定位，其直营门店已分布在成都、上海、重庆、厦门等地。可以说，每一个“柴门”品牌的诞生，都是秉持在守正中创新的经营理念，从不同层面促进了川菜传统烹饪技艺的保护与传承。

第四，积极参与川菜多项大型对外推介活动。2018年，陈天福赴俄罗斯参加对外交流活动，2019年赴爱尔兰参加成都熊猫亚洲美食节；2019年参加澳门・成都美食之都交流推荐活动；2020年，在由四川美食家协会发起，华西都市报《封面新闻》等协办，世界中餐业联合会中国服务委员会、四川旅游学院川菜发展研究中心、成都市烹饪协会等支持的“成都十大名宴”打造与推介活动中，“柴门”率先推出将川菜国际化与四川特色食材相结合的“柴门蜀山宴”。“柴门蜀山宴”是以四川食材为核心、川菜味道为根本、创新烹饪为理念，由此打造出一台凸显四川“材”“味”“风情”，且具有国际化水准的风味宴席，“柴门蜀山宴”一经推出便受到广泛好评。2023年，受中国澳门旅游局之邀，陈天福参加了第十一届澳门国际旅游（产业）博览会——美食之都厨艺展示大型国际美食交流活动，向世界展示了“创意美食之都”独特的美食文化魅力。由陈天福创立的“柴门”品牌，多年获得米其林一星餐厅、黑珍珠餐厅、金梧桐大师餐厅、金梧桐三星餐厅等荣誉称号。

第五，积极开展非遗寻味工作，从美学体验和商业模式上带动上下游产业发展。自2021年以来，陈天福以拍摄短视频等方式，有计划、成系统地开展了一系列非遗寻味及推广活动。他坚持探味寻源，持续挖掘川内各地美食及调料品制作非遗技艺，以及优质农副产品和中国国家地理标志保护产品，利用川菜烹饪技艺开发美味川菜、非遗产品等，从美学体验和商业模式上带动上下游产业发展。除了在苍溪自建500亩（1亩≈677平方米）果园基地外，他还与汉源县蜀丰源花椒种植专业合作社、成都市郫都区绿业益康蔬菜种植专业合作社、苍溪县黄猫垭农业生物科技发展有限公司等单位和甘孜藏族自治州政府达成战略合作，在农产品种植、禽类及渔业养殖等方面签订长期收购协议，利用特色食材研发新菜品，在帮扶当地农户的同时，又促进了当地的社会经济发展。此外，陈天福还于2022年组织召开了“中国川菜非遗研讨会”，深入探讨了川菜非遗的保护、传承和发展等问题，还为探寻川菜烹饪技艺类非遗项目的传承与创新性发展路径等话题展开了广泛讨论。

二、部分市级与县（区）级非遗代表性传承人及其实践活动

川菜烹饪技艺类的市级与县（区）级传承人长期坚守在川菜行业第一线，为大众提供了丰富的川味

菜肴、面点小吃、火锅等美食，通过守正创新，不断将自己所掌握的川菜烹饪技艺发扬光大，造福百姓。因为川菜烹饪技艺类市级与县（区）级传承人数量较多，故不能一一罗列，仅能根据访谈和调查资料，简要介绍几位非遗代表性传承人及其实践活动。

（一）丹棱冻粑制作技艺代表性传承人

丹棱冻粑是以优质籼米浆和糯米为主要食材，通过自然发酵等传统技艺所制作的一种传统米制食品。在四川省眉山市丹棱县，丹棱冻粑历史上曾被当地民众作为节庆食品，现在则成为人们日常生活和节庆期间均可享用的地方美食。丹棱冻粑选料考究、制作工艺精细，须经过泡米、洗缸、磨浆、制浆、发酵、烙粑、调味、成型、蒸制、装盘（或凉粑）等十余道工序后方可。丹棱冻粑制作技艺于2008年先后列入丹棱县和眉山市非遗代表性项目，至十多年后的2023年，丹棱冻粑制作技艺得以入选四川省第六批省级非物质文化遗产项目名录。

丹棱冻粑在2008年列入眉山市非遗代表性项目之后，其制作技艺的保护与传承由此进入新阶段。2011年4月，丹棱县成立了丹棱县冻粑协会。2011年9月，丹棱冻粑被国家质量监督检验检疫总局正式批准为中国国家地理标志产品。此外，丹棱冻粑还获得四川省名优产品、眉山市十大特色旅游产品等称号。作为丹棱冻粑制作技艺保护与传承的重要群体，王玉清被认定为该非遗代表性项目的市级代表性传承人，向万东、祝莉琼为该项目的县级代表性人，由他们带头，积极开展和参与大量传承展示活动。他们从家庭自制开始，到开办作坊制作、销售冻粑，同时广泛开展各项活动，大力传授丹棱冻粑制作技艺。他们还收徒传艺，徒弟们学成出师后，又到蒲江、洪雅、乐山等地开设冻粑店铺，让丹棱冻粑走出了丹棱县，大大提升了丹棱冻粑的知名度。王玉清还带领丹棱冻粑协会成员前往眉山、成都、峨眉山等地推广丹棱冻粑，并积极参与政府部门组织的丹棱特产推广活动和非遗传承展示活动，为丹棱冻粑制作技艺的保护、传承和发展作出了极大贡献。2019年6月，由联合国教科文组织主办的“文化2030|城乡发展:历史村镇的未来”国际会议在丹棱县幸福古村举办，向万东夫妇在现场展示了丹棱冻粑的制作技艺，国内外嘉宾在品尝其所制“高西施丹棱冻粑”后，均给予了高度评价。2020年10月，该非遗项目传承人参加了第六届中国非物质文化遗产博览会的展示活动；2021年10月，该非遗项目传承人在丹棱县城区小学开展了一次“品味大雅美食、弘扬非遗文化、体验劳动乐趣”的非遗进校园活动。可以说，丹棱冻粑制作技艺在传统师徒传承的基础上，通过开展多种多样的展示交流活动，使得更多的国内外人士，尤其是青少年了解、制作和品尝到了丹棱冻粑的特有滋味，丹棱冻粑也因此得到了更为有效的保护与传承。

（二）杨氏西坝豆腐制作技艺代表性传承人

西坝豆腐是乐山市地方名食，具有清爽、细嫩、绵软、豆香浓郁的特点，迄今已有两千多年历史，因其出自乐山市五通桥区西坝场（今西溶镇）而得名。2009年7月，西坝豆腐制作技艺被列入四川省第二批非物质文化遗产项目。杨氏西坝豆腐是其中的著名品牌之一，它选用本地丘陵地区碱性土壤生长的小黄豆，经过选豆、取水、浸泡、磨浆、烧浆、过浆、点卤、包浆、上模、压制、成型、脱模等多道工序所制成，已形成一套完整而独具特色的工艺流程。采用传统手工制作而成的西坝豆腐，具有颜色洁白、质地细嫩、口感绵软、回味甜润的特点。此外，西坝豆腐还具有烹饪成菜时经久不化，反而越来越香、越来越筋道的特性。西坝豆腐的烹饪技艺在老字号“庆元店”第六代掌勺人杨俊华师傅手中得以发扬光大，由他制作的西坝豆腐品类繁多，味道出众，其代表菜品有熊掌豆腐、一品豆腐、灯笼豆腐、绣球豆腐、三鲜豆腐、盖碗豆腐等。2021年，杨氏西坝豆腐制作技艺被列入乐山市第六批非物质文化遗产代表性项目。

2009年，杨彦贵被认定为“西坝豆腐制作技艺”省级非物质文化遗产代表性传承人。杨彦贵曾跟随其父杨俊华学习制作西坝豆腐并熟练掌握了全套制作技艺，在传承前辈技艺的基础上，又开发出了西坝豆腐新的烹饪方法及成菜品种，通过不断地开拓创新，逐渐将西坝豆腐由最初的几十个菜品扩展到数百个品种，烹饪手法也发展到炸、煎、炒、烧、蒸、焖等，味型拓展到怪味、红油味、椒麻味、荔枝味、咸鲜味、麻辣味等，形成了红油型、白油型两大类别。其中，红油型以麻、辣、烫、鲜、嫩、香出彩；白油型则以洁白、绵软、淡雅、细嫩、清醇见长。2022年，杨玉明被认定为乐山市第八批非遗代表性传承人。他是杨俊华之孙，从1986年开始至今，一直从事杨氏西坝豆腐的制作，并担任“杨氏西坝豆腐饭店”的行政总厨，带有徒弟多人，其子杨文杰即是他的徒弟之一。如今，杨玉明还与其父杨彦贵一起到全国许多酒店、餐馆传授和推广杨氏西坝豆腐的传统制作技艺，为乐山西坝豆腐的传承和发展作出了积极贡献。

（三）阳氏田鸭肠火锅技艺代表性传承人

阳氏田鸭肠火锅是以成都彭州市九尺镇出产的鲜鸭肠为主要食材而制作的传统火锅，开创了以鸭肠进入火锅菜谱的先河。其主要原料为郫县豆瓣、干辣椒、汉源花椒、中药、香料、菜籽油、姜、葱、蒜、冰糖、醪糟、料酒、鸡精等；工艺流程包括底料制作、吊汤制作、鸭肠制作等步骤。成品五味调和、醇厚香溢、辣而不燥、久煮不黏。其特制鸭肠香脆可口，风味独特。阳氏田鸭肠火锅制作技艺是成都火锅普遍性与典型性的结合，该项技艺的演变过程体现出川人在不同时期的文化价值、饮食探索与创新精神。阳氏田鸭肠火锅技艺于2012年入选彭州市非物质文化遗产名录，2019年入选成都市非物质文化遗产代表项目，2022年入选四川省第六批非物质文化遗产代表性项目名录。

2023年，阳永强被认定为成都火锅传统制作技艺（阳氏田鸭肠火锅技艺）的市级代表性传承人。他曾师从其父欧阳云，学习并熟练掌握了阳氏田鸭肠火锅的完整制作技艺，先后在彭州市及上海、北京、咸阳等地开设多家火锅店。阳永强于2020年创办了成都阳家私坊职业技术学校，每年培养阳氏田鸭肠火锅技艺传承人30人左右。其徒弟王永波、徐鹏、徐启庸通过师傅传技授艺，已掌握了阳氏田鸭肠火锅的底料制作、高汤熬制、鸭肠秘制等技艺，并在一些火锅店担任技术总监。此外，阳永强还积极参加相关展示和推广活动，如参加国际非遗节主会场和彭州分会场活动、成都市“双创周”文创产品（非遗产品）展示展销活动、“彭州有品·生活有味”文创节等活动，还现场展示阳氏田鸭肠火锅制作技艺。目前，他不但建立了阳氏田鸭肠火锅图片、文献、理论文集收藏室，还建立了十家阳家示范非遗食材店，用于展示和销售四川省饮食类非遗产品。此外，阳永强还在河南、贵州、新疆，以及彭州市的濛阳镇、九尺镇等地建立了火锅原料种植基地，有效地促进了当地乡村振兴。

主要参考文献

一、著述

1.王文章著：《非物质文化遗产概论》，文化艺术出版社，2006年版。

2.乌丙安著：《非物质文化遗产保护理论与方法》，文化艺术出版社，2010年版。

3.宋俊华，王开桃著：《非物质文化遗产保护研究》，中山大学出版社，2013年版。

4.闵庆文著：《遗产类型的多样性与保护途径的多样性》，科学技术出版社，2007年版。

5.顾军，苑利著：《世界文化遗产保护运动的理论与实践》，社会科学文献出版社，2005年版。

6.潘年英著：《非物质文化遗产保护与本土经验》，贵州人民出版社，2009年版。

7.曹德明著：《国外非物质文化遗产保护的经验与启示》（欧洲与美洲卷上），社会科学文献出版社，2018年版。

8.国家图书馆中国记忆项目中心：《国家级非物质文化遗产代表性传承人抢救性记录十讲》，国家图书馆出版社，2017年版。

9.傅崇矩编著：《成都通览》，成都，天地出版社，2014年版。

10.李新主编：《川菜烹饪事典》，成都，四川科学技术出版社，2013年版。

11.熊四智，杜莉著：《举箸醉杯思吾蜀：巴蜀饮食文化纵横》，成都，四川人民出版社，2001年版。

12.杜莉编著：《川菜文化概论》，成都，四川大学出版社，2003年版。

13.张景明，王雁卿著：《中国饮食器具发展史》，上海，上海古籍出版社，2011年版。

14.四川博物院编：《四川博物院概览》，成都，四川美术出版社，2009年版。

15.车辐著：《川菜杂谈》，北京，三联书店，2012年版。

16.向东著：《百年川菜传奇》，南昌，江西科学技术出版社，2013年版。

17.王思明，李明著：《中国农业文化遗产研究》，中国工业科学技术出版社，2015年版。

18.（美）威廉·A. 哈维兰（William A.Haviland）著，瞿铁鹏译：《文化人类学》（*Cultural Anthropology: The Human Challenge*），上海社会科学出版社，2006年版。

二、论文

1.王云霞：《文化遗产的概念与分类探析》，《理论月刊》，2010年第11期。

2.孙华：《文化遗产概论（上）—文化遗产的类型与价值》，《自然与文化遗产研究》，2020年第1期。

3.邱庞同：《对中国饮食烹饪非物质文化遗产的几点看法》，《四川烹饪高等专科学校学报》，2012年第5期。

4.王金伟，韩宾娜：《线性文化遗产旅游发展潜力评价及实证研究》，《云南师范大学学报（哲学社会科学版）》，2008年第5期。

5.杨铭铎，孙文颖：《中国饮食类非物质文化遗产保护传承的现状与路径研究》，《四川旅游学院学报》，2020年第2期。

6.杜莉，王胜鹏：《新冠肺炎疫情影响下对餐饮业发展与饮食类非遗传承的思考》，《四川旅游学院学报》，2020年第3期。

7.曹岚等：《传统饮食文化类非物质文化遗产的保护及转型研究》，《中国调味品》，2015年第1期。

8.王瑛：《四川世界遗产地饮食文化资源旅游开发构想》，《安徽农业科学》，2013年第10期。

9.姚伟钧，于洪铃：《中国传统技艺类非物质文化遗产的分类研究》，《三峡论坛》，2013年第6期。

10.于千千，程小敏：《中国饮食文化申报世界非物质文化遗产的标准研究》，《思想在线》，2015年第2期。

11.余明社，谢定源：《中国饮食类非物质文化遗产生产性保护探讨》，《四川旅游学院学报》，2014年第6期。

四川饮食文化遗产

川菜非遗传承人